셜록 홈스
확률의 거짓말

Conned Again Watson
Copyright © 2000 by Colin Bruce
Korean Translation Copyright © 2019 by KYUNGMOONSA CO., Ltd.
Korean edition is published by arrangement with
Perseus Books Group, through Duran Kim Agency, Seoul.

이 책의 한국어판 저작권은 듀란킴 에이전시를 통한
Perseus Books Group와의 독점계약으로 경문사에 있습니다.
저작권법에 의하여 한국 내에서 보호를 받는 저작물이므로
무단전재와 무단복제를 금합니다.

Sherlock Holmes
셜록 홈스와 함께 해결하는
교묘한 확률 미스터리

셜록 홈스
확률의
거짓말

콜린 브루스 지음
이은희 옮김

KM 경문사

셜록 홈스
확률의
거짓말

지은이	콜린 브루스
옮긴이	이은희
펴낸이	조경희
펴낸곳	경문사
펴낸날	2019년 11월 1일 1판 1쇄
	2021년 3월 2일 1판 2쇄
등 록	1979년 11월 9일 제1979-000023호
주 소	04057, 서울특별시 마포구 와우산로 174
전 화	(02)332-2004 팩스 (02)336-5193
이메일	kyungmoon@kyungmoon.com

값 14,000원

ISBN 979-11-6073-184-2

★ 경문사의 다양한 도서와 콘텐츠를 만나보세요!

홈페이지	www.kyungmoon.com	페이스북	facebook.com/kyungmoonsa
포스트	m.post.naver.com/kyungmoonbooks	블로그	blog.naver.com/kyungmoonbooks
북이오	buk.io/@pa9309		

차례

글을 시작하며		7
1	재수 없는 사업가	9
2	노름에 빠진 귀족	29
3	상속인을 찾아라!	57
4	늙은 선원의 비밀	77
5	무덤을 찾아서	99
6	화성 침공	131
7	야누스의 두 얼굴	159
8	앤드루스의 처형	179
9	장교의 살인	199
10	불쌍한 관찰자	227
11	완벽한 회계장부	247
12	독이 든 사탕	269
글을 마치며		297

글을 시작하며

우리는 모두 잘못된 결정으로 매일 시간과 돈을 낭비한다. 게다가 그 사실을 인식하지도 못한다. 우리는 상식이 우리를 제대로 인도해 주고 있다는 무지와 환상에 빠져 마냥 행복해할 뿐이다.

몇 달 전 나는 이 사실을 뼈저리게 깨닫게 됐다. 어느 날 오후 런던 경영대학에서 의사결정론을 공부하는 친구 조 키페가 밝은 목소리로 전화를 걸었다.

"콜린, 네가 재미있어 할 것 같은 문제가 있어. 우리 교수님이 학생들에게 연습문제를 내줬거든. 아는 사람 6명한테 전화를 걸어서 아주 간단한 내기에 대해 얘기해 주고, 거기서 이길 확률이 얼마나 될 것 같은지 물어보라는 거야. 굳이 계산까지 할 필요는 없고, 그냥 떠오르는 대로 추측하기만 하면 돼. 너 한번 해볼래?"

"그래, 얘기해 봐."

나는 자신 있게 대답하며 속으로는 '하! 날 속일 수 있을 줄 아나보지?'라고 생각했다.

그녀가 낸 문제가 그리 어려워 보이지 않았기에 나는 주저 없이 대강 답을 얘기했다. 그리고 1주일 후, 내가 열 개나 틀렸다는 걸 알게 됐다. 하지만 조와 통화한 다른 사람들의 결과를 듣고는 다소 위안을 얻었다. 대부분이 그녀처럼 옥스퍼드 대학의 수학과 대학원생들이었는데, 나보다 훨씬 많이 틀렸다는 것이다.

물론 그 교수님은 인간의 탈을 쓴 악마가 틀림없다. 하지만 그가 낸 문제는 우리들 모두 아주 단순한 상황에서조차, 특히 확률이나 통계가 관련된 경우, 잘못된 선택을 할 수 있다는 것을 극명하게 일깨워주었다. 그리고 누구나 그렇겠지만, 내게도 그와 비슷한 잘못을 저지르는 바람에 자존심보다 더 큰 것을 잃은 친구들이 있다. 사업에 성공하는 사람들은 그 교수처럼 교활하면서도 양심의 가책은 거의 없는 사람들이다.

이 책에 나오는 주제를 다룬 수학책이나 경영 관련 도서는 무수히 많다. 하지만 대중적으로 읽기에는 너무 딱딱하고 부담스럽다. 나는 평소 이솝우화처럼 교훈적인 이야기를 좋아한다. 사소한 잘못이 끔찍한 결과를 낳았다는 이야기를 재미있게 들려주면 그 교훈은 쉽게 기억될 것이다.

이 책이 바로 그런 책이다. 셜록 홈스의 탐정소설 형식을 띤 교훈적인 현대판 우화집인 것이다. 그저 재미있게만 읽어 달라. 그 과정에서 여러분이 조금이나마 인생이라는 도박에서 승률을 높이는 법과 생활 속의 통계표와 사기행각에 속지 않는 법을 터득할 수 있다면 좋겠다.

1 재수 없는 사업가

　처음 그 남자가 내 눈길을 끈 이유는 음침한 얼굴 때문이었다. 그는 길고 깡마른 얼굴에 퀭한 눈으로 사람들을 쏘아보며 황급히 혼잡한 옥스퍼드 가(街)의 인파를 헤치며 지나가고 있었고, 쇼핑백을 들고 가던 사람들은 그와 부딪치지 않으려고 얼른 몸을 피하면서 불쾌한 표정을 지었던 것이다. 그 순간 갑자기 그가 누군지 떠올랐다. 사촌형이었다. 나는 얼른 팔로 그를 막아 세웠다.
　"제임스 형, 잘 지내셨습니까? 하마터면 못 알아볼 뻔했습니다!"
　제임스는 나를 바라보았다. 하지만 쾌활하게 건넨 내 인사에 아무런 대답도 하지 않았다. 그는 잠시 멈추었던 발걸음을 다시 재촉했다. 나는 거의 뛰다시피 그를 따라잡았다.
　제임스는 나를 힐끗 바라보며 차갑게 말했다.
　"그냥 가거라, 존. 난 말이야, 이제 완전히 파산했어. 게다가 다른 사람한테까지 피해를 입혔지. 불쌍한 맥팔레인. 그도 모든 걸 다 잃었어. 그건 다 내 잘못이야. 그냥 가라. 난 전염병 보균자 같아. 넌 좋아 보이는구나. 일가 친척을 이런 일에 끌어들이고 싶지 않다."

제임스는 몸을 돌렸다. 나는 아무 말도 할 수가 없었다. 그를 마지막으로 보았던 두 달 전, 그의 얼굴에는 알 수 없는 수심이 가득했다. 하지만 그 때는 그의 아버지 장례식이었으니 그리 이상한 일은 아니었다. 사실 제임스는 아버지와 사이가 그리 좋지 않았다. 맨손으로 시작해 크게 성공한 그의 아버지는 돈을 처들이다시피 교육받은 장남을 드러내고 욕했던 것이다. 하지만 이렇게까지 자포자기한 제임스의 모습을 보게 될 줄은 상상도 못했다.

난 제임스의 팔을 잡았다.

"형, 어떻게 그냥 지나칠 수 있겠습니까? 그건 도리가 아니죠. 저랑 같이 가서 술 한잔 하세요."

우리는 '세 개의 편자'라는 선술집으로 향했다. 평소에는 이런 데 잘 드나들지 않지만, 지금은 장소를 가릴 처지가 아니었다. 나는 제임스를 데리고 지저분한 술집에 들어가 브랜디를 주문했다. 술을 홀짝이던 제임스의 뺨이 어느새 붉어지고 있었다.

"제임스 형, 싫다면 간섭하지는 않겠습니다. 하지만 전 의사 아닙니까. 의사랑 얘기한다고 생각하십시오. 고통은 나누면 반으로 줄어든다고들 하지 않습니까. 그건 사실입니다. 제 환자들 중에도 약보다는 상담 덕분에 빨리 낫는 사람들이 많았답니다. 대체 무슨 일이 있었던 겁니까?"

제임스는 머뭇거렸다.

"그래, 얘기를 하면 속이 후련해지겠지. 하지만 존, 약속해 주렴. 간섭하지도 않고 다른 사람한테 내 얘기를 하지 않겠다고 말이다. 존, 난 어리석었어. 끔찍할 만큼 어리석었지."

"절 믿으세요. 간섭하지도 않고 다른 사람한테도 말하지 않겠습니다."

제임스는 구석진 자리로 날 데려가더니 사방을 둘러보았다. 다른 사람들이 엿들을까 봐 조심하는 것이었다. 그는 다시 한 번 브랜디를 들이키고는 힘들게 입을 열었다.

"아버지가 돌아가신 뒤 내가 왓슨 마차회사를 물려받았다는 건 너도 알겠지."

나는 고개를 끄덕였다. 녹색마차 옆에 커다란 금색 'W'자가 새겨진 그 화려한 이륜마차는 어릴 적부터 눈에 익었던 런던의 명물이었을 뿐 아니라, 우리 가문이 일구어낸 위대한 유산이었다.

"사실 난 사업가가 되고 싶은 생각이 없었단다. 하지만 장남이니 사업을 이어받는 게 당연하다고 생각했고 최선을 다했어. 하루도 빠짐없이 열심히 일하면서 미국에서 나온 최신 경영서적을 닥치는 대로 읽고 거기 나온 사업원리를 응용했지. 미국인들은 회사를 굉장히 과학적으로 운영하더구나. 정말 대단해. 난 아버지가 회사를 구시대적으로 운영하셨다고 생각했어. 미국인들의 경영 방법을 동원하면 수익을 두 배로 늘릴 수 있다고 생각했지!"

제임스는 서글픈 듯 머리를 절레절레 저었다.

"하지만 난 아버지같이 대단한 사업가적 자질은 없었나 봐. 수익이 늘기는커녕 내가 내린 결정 때문이 나날이 수익이 줄더니, 나중엔 아예 한푼도 건질 수 없었지. 한 달 전 회계사가 파산이라는 말을 꺼내기 시작했어. 완전 절망에 빠졌어. 파산하고 나면 가족들을 어떻게 부양해야 하나? 맥팔레인 씨가 사업 계획을 갖고 날 찾아온 건 바로 그때였어.

그분은 아버지의 옛날 친구였지. 사실 장례식에서 그분을 처음 뵈었는데, 어릴 적부터 아버지랑 아주 친했다고 하시더구나. 가끔씩 회사에 들러 딱한 얘기도 들어주고 아버지처럼 충고도 해주셨지. 그러면서도 커피 한 잔 외에는 아무런 보답도 바라지 않았어. 차츰 난 그분을 신뢰하게 됐단다. 사실 그분은 우리 회사가 서서히 망해가고 있다는 걸 아는 유일한 사람이었으니까.

그분이 날 돕고 싶다고 하더구나. 그분 사업도 힘들어지고 있었을 때였는데, 미국에서 차※를 수입하기 시작했다는 거야. 내게 최고급 차를 보여 주면서 원산지에서 헐값에 사들였다고 했어. 그런데 문제는 관세를 내고 나면 남는 게 없다는 거였지."

형은 날 바라보았다.

"너, 우리 나라 차 사업을 보호하려고 수입 차에 대해서는 엄청나게 높은 관세를 붙인다는 거 알고 있니?"

"그럼요. 말들이 많았잖아요. 언젠가 보스턴에서도 그것 때문에 시끄러웠다는 얘길 들었어요."

"그래. 맥팔레인 씨는 관세만 안 낼 수 있다면 엄청난 돈을 벌 수 있을 거라고 했어."

제임스는 이렇게 말하고는 손을 절레절레 흔들었다.

"맥팔레인 씨를 비난할 생각은 마라, 절대로! 그분은 한 번도 그런 얘길 한 적이 없었어. 사실 그런 얘길 하면서 그분을 억지로 끌어들인 건 나야. 내가 우리 마차를 이용하면 눈에 띄지 않게 런던의 모든 찻집에 차를 공급할 수 있다고 고집부렸지.

그분은 런던 동부에 사는 라즈라는 전직 선장 얘기를 들었다고 하더구나. 밀수는 거의 그 사람 손을 거치는데, 세관원 같은 사람들과 짜고 물건을 몰래 하적해 주는 대신 돈을 받는다는 거였지. 물건을 운반하는 배 선장한테도 돈을 줘야 하지만, 차를 한꺼번에 많이 들여올 수만 있다면 그 정도야 관세에 비하면 새 발의 피도 안 된다고 하는 거야.

하지만 맥팔레인 씨는 한 번도 그렇게 해본 적이 없었단다. 담이 크지 못했거든. 솔직히 말하면 돈이 없기도 했고. 그러려면 총 5백 파운드가 드는데, 맥팔레인 씨가 가진 돈은 다 합해야 그 반밖에는 안 됐던 거야. 솔직히 귀가 솔깃하더구나. 바로 그날 내 수중에는 250파운드 약간 넘는 사업자금이 있었거든. 물론 빨리 처리해야 할 어음이 있긴 했지만, 그 돈이 하룻밤 사이 세 배로 불어날 거란 말이야. 그 돈이면 평생 놀고 먹을 수도 있지 않겠니. 그래서 은행에서 필요한 돈을 인출한 다음, 라즈에게 데려다 달라고 맥팔레인 씨를 졸랐단다."

목이 마른 듯 그의 목소리가 갈라졌다. 나는 소다수를 넣은 약한 브랜디를 한 잔 더 주문했다. 제임스는 불안한 눈으로 주위를 둘러보고는 다시 이야기를 계속했다.

"우린 결국 화이트채플 가 끝에 있는 싸구려 하숙집을 찾아갔단다. 맥팔레인 씨는 곧 기절이라도 할 것처럼 긴장했지만, 난 라즈를 만나고 싶다고 말했지. 하숙집 주인이 가구도 거의 없는 썰렁한 뒷방으로 안내해 주더구나. 조금 있으니까, 덩치가 아주 크고 흉측하게 생긴 사람이 들어와 의심스럽다는 눈초리로 우릴 바라봤지. 어찌나 징그럽게 생겼는지 꿈에라도 나타날까 무섭더구나. 게다가 외국인인지 억양도 이상해서 무슨 소릴 하는지 잘 알아들을 수도 없었지. 하지만 잘 들어보니, 마침 그날 밤이 좋은 기회라는 거였어. 그날 동인도 창고의 야간 경비원에게 시간 맞춰 돈을 주면, 자기가 조금 전 부두에 들어온 배의 선장과 일을 다 꾸며놓고 다음 날 아침 차를 부두에서 멀리 떨어진 창고에 갖다놓겠다는 얘기더구나.

경비대원은 '푸른 닻'이라는 술집에 있을 거라고 했단다. 라즈 말이, 자기는 거기 가면 안 되니까 우리 중 한 명이 라즈가 써준 편지와 돈이 든 봉투를 그 경비대원에게 주면 바로 일을 진행할 거라더구나. 경비대원은 예전에 부두에서 윈치를 돌리다가 사고로 손 하나를 잃었기 때문에 찾기 쉬울 거라고 했어. 그러고는 그에게 돈을 주고 돌아오면, 다음 날 아침 어디어디로 가라고 일러주겠다고 했단다.

맥팔레인 씨는 내게 봉투를 내밀더구나. '제임스, 자네가 가게. 자네가 투자한 돈이 훨씬 많지 않은가. 게다가 난 겁이 나서 못하겠어. 여기서 기다리겠네.' 그런데 라즈가 반대하더구나. 이런 곳에서는 내가 돌아다니면 사람들 눈에 잘 띄는데, 맥팔레인 씨는 선원 모자만 푹 눌러쓰면 아무도 눈여겨보지 않을 거라는 거야. 그래서 우린 그를 보냈단다. 얼굴이 허옇게 질려 부들부들 떨기는 했지만 어쩔 수 없었지.

그런데 한참이 지났는데도 맥팔레인 씨가 돌아오질 않는 거야. 솔직히 조금씩 불안해졌지. 돈을 갖고 도망친 게 아닐까 싶기도 하고. 하지만 그건 기우였단다. 마침내 그가 문을 돌아왔어. 휘파람을 부는 것까진 아니었지만, 그 전처럼 불안해하지는 않았지.

'잘 됐습니다. 당신이 말한 남자가 술집에 있었습니다. 탁자에 봉투를 내려놓자 조금 의아한 표정을 짓더니, 라즈가 보냈다고 속삭이니까 고개를 끄덕이곤 잽싸게 봉투를 챙기더군요. 어찌나 빠르던지, 태어날 때부터 왼손잡이가 아니었다면 왼손을 자유자재로 쓰려고 무진장 연습했던가 봐요.'

그때 라즈가 맥팔레인 씨를 뚫어지게 바라보더니, 천천히 말하더구나. '이보슈, 그 녀석 없는 손이 오른손이었소?' 맥팔레인 씨가 고개를 끄덕였지. 그러자 느닷없이 라즈가 맥팔레인 씨에게 달려들어 먹살을 잡아 벽에다 내다 꽂고는 고래고래 소리지르는 거였어. '야, 이 멍청한 놈! 왼손이 없는 놈한테 돈을 주라고 했잖아! 그것도 못 알아들었어? 너도 못 들었냐?' 버럭버럭 고함을 치며 이번엔 나를 노려보더구나. '술집에 가서 왼손이 없는 녀석한테 돈을 주라고 똑똑히 말했잖아!' 난 어안이 벙벙했지. 솔직히 그런 말을 했는지 정확히 기억나질 않았어. 내가 입도 뻥긋 하기 전에 라즈는 다시 맥팔레인 씨의 뺨을 후려쳤지. '이 멍청한 자식!' 물론 더 심한 말도 했지만, 그 말은 차마 입에 못 담겠구나. '이 자식아, 네 녀석 돈도 돈이지만 그 녀석이 떠들고 다니면 난 앞으로 몇 달 동안 이 짓도 못해 먹는단 말이야!'

맥팔레인 씨와 나는 서둘러 술집으로 달려갔단다. 이번엔 남들 눈을 신경 쓸 이유가 없었지. 하지만 돈을 받은 남자는 벌써 사라지고 없었어. 술집에 있는 사람들을 아무리 붙잡고 물어봐도 그런 남자는 본 적이 없다는 거야. 너도 그 술집을 봤어야 했는데. 거기 비하면 여긴 진짜 궁전이야! 더 물어보고 다녀야 쓸모도 없고, 또 위험하기 짝이 없는 곳이어서 그냥 돌아올 수밖에 없었단다."

"정말이지, 그 맥팔레인이라는 사람 너무하군요!"

내 말에 제임스는 기운 없이 고개를 저었다.

"진짜 불쌍한 사람은 바로 맥팔레인 씨란다. 존, 250파운드는 나한테도 큰 돈이지만, 나야 회사를 팔 수도 있고 어떻게 해서든 가족을 부양할 방법이 있을 거야. 하지만 맥팔레인 씨한테 그 돈은 평생 모은 전 재산이야. 그걸 도박 한 판에 다 날린 거지. 그보다 더 무서운 건 암흑가의 복수란다. 맥팔레인 씨가 잘못한 것 때문에 라즈 일당이 영영 사기를 못 치게 되면 귀를 잘라갈지도 몰라. 더 심하면 쥐도 새도 모르게 살해당할지도 모르고."

나는 한숨을 내쉬었다.

"형이 잘못한 건 사실이지만, 정말 어이없으셨겠어요. 어쩌면 그렇게 재수가 없었죠? 똑같은 술집에 손 하나가 없는 사람이 둘씩이나 있을지 누가 알았겠어요! 그럴 가능성은 거의 없을 텐데. 하지만 맥팔레인 씨가 돈을 줬다는 그 손 하나밖에 없는 남자를 잡으면 문제는 해결되겠지요, 뭐. 그런 사람은 쉽게 변장하지 못할 테니까 금방 찾을 수 있을 거예요."

제임스는 풀 죽은 얼굴로 고개를 저었다.

"경찰에 신고하면 그땐 정말 끝장이다. 그러면 내가 공무원한테 뇌물을 먹이려 했다는 게 드러날 거야. 그런 마당에 돈을 잃었다고 누가 날 불쌍하게 생각해 주겠니."

"경찰 얘기가 아닙니다. 제 친구 셜록 홈스 얘기예요. 런던에서 제일 가는 사립탐정."

"너 미쳤구나!"

술을 들이키던 제임스는 놀란 나머지 입 안에 있던 술을 내뿜었다. 그러고는 몇몇 사람들이 우리 쪽을 돌아보자 얼른 목소리를 낮추었다.

"네 말을 들어보니, 그 홈스라는 사람, 경찰과 아주 친할 것 같은데. 아니, 어쩌면 진짜 경찰일지도 모르지. 왜, 날더러 저쪽에 있는 경찰서에 제 발로 들어가 수갑 채우십쇼, 하고 손을 내밀라고 하지 그러냐? 그럼 시간도 절약될 텐데."

"아닙니다, 제임스 형. 셜록 홈스랑 전 오래 전부터 친하게 지냈어요. 그 친구가 도와줄 겁니다. 아까 약속했던 것처럼 형 얘기는 하지 않겠습니다. 하지만 생각이 있으면 오늘 저녁 6시쯤 홈스를 찾아가 충고나 한번 들어보세요."

나는 셜록 홈스에게 아무 말도 하지 않았다. 그저 어리석은 일을 저지른 사촌이 찾아올지도 모른다는 말만 했다. 그래 놓고도 제임스가 6시 조금 넘은 시간에 진짜로 우리 집에 찾아왔을 땐 깜짝 놀랐다. 조금 머뭇거리던 제임스는 내게 했던 이야기를 반복했다. 셜록 홈스는 흥미를 보이며 귀를 기울이더니, 맥팔레인이 봉투를 건네주었다는 이야기를 했을 때 갑자기 끼어들었다.

"나중에 돈을 엉뚱한 사람한테 줬다는 걸 알고 나서 어떻게 했습니까?"

제임스는 날 원망하는 듯한 눈으로 바라보았다.

"아무한테도 얘기하지 않겠다고 약속하고는!"

"왓슨은 아무 말도 하지 않았습니다. 당신 같은 얘기를 전에도 들은 적이 있어서 넘겨짚은 것뿐이지요."

"그래요, 들어보셨겠지요! 존이 말했을 때 말입니다. 그게 아니라면 그런 일이 또 있었단 말입니까?"

"별로 특별한 일이 아닙니다. 흔한 사건이지요. 당신은 속임수에 걸려든 겁니다. 사법 체계가 아직 제대로 자리잡히지 않은 미국에서는 흔한 일이지만, 요즘은 우리 나라에서도 종종 발생하더군요. 당신은 교활한 구식 사기사건에 휘말린 겁니다. 사기꾼 둘이 계획을 세웁니다. 한 명은 '바람잡이'라고 하고, 또 한 명은 '내통자'라고 합니다. 먼저 바람잡이가 '표적'에게 접근해 신용을 얻은 다음, 쉽게 속일 만한 사람인지 탐색해 봅니다. 그 다음 내통자에게 소개하죠. 보통 내통자는 인상이 험악하게 생긴 인물이 맡는데, 바람잡이는 그를 무서워하는 척하면서 표적도 그를 무서워하게끔 말 그대로 바람을 잡습니다."

"경찰들이 범인을 심문할 때 '좋은 경찰, 나쁜 경찰' 역할을 맡는 것처럼 말인가, 홈스?"

"그보다 훨씬 치밀하네, 왓슨. 공범들이 서로 적대적인 것처럼 보이기 때문에 표적은 그들의 사업 계획이 그럴 듯하다고 믿을 수밖에 없어. 둘이 공모했으리라고는 꿈에도 생각하지 못해. 그래서 선뜻 돈을 넘겨주네. 하지만 이 게임의 진짜 묘미는 '마무리'에 있어. 표적이 그 일을 경찰에 신고하지 못하게 하고, 동시에 범죄자에게 보복할 수도 없게 만드는 거야.

완벽한 마무리의 요인은 세 가지일세. 첫째, 바람잡이가 훨씬 큰 손해를 본 것처럼 표적을 속여야 하네. 그래서 바람잡이에게 앙심을 품기는커녕 오히려 동정심을 갖게 만들지. 둘째, 표적이 내통자를 두려워하게 만들어야 해. 그래야 나중에 찾아다니려 하지 않을 테니까. 셋째, 표적에게 자신이 범죄에 가담했다는 인상을 심어주어야 하네. 감히 경찰에 신고할 생각을 꿈에도 못 하게 만드는 거지. 맥팔레인과 라즈는 자기 역할을 완벽하게 소화한 걸세. 그리고 이렇게 말하기는 좀 뭣하지만, 제임스 씨, 당신도 그런 거구요."

제임스는 홈스의 말에 뒤통수를 얻어맞은 듯 입을 벌린 채 아무 말도 하지 못했다. 그러곤 한참 후에야 가까스로 입을 열었다.

"그, 그럼 손이 하나밖에 없는 남자는요?"

"그런 사람은 존재하지 않습니다. 당신은 맥팔레인과 라즈만 만난 겁니다."

"그럼 제 돈을 찾을 수는 없습니까?"

셜록 홈스는 미소를 지었다.

"제게 좋은 생각이 있습니다. 그들을 찾아다녀 봤자 소용없을 겁니다. 이름도 가명일 테니까요. 하지만 분명히 맥팔레인은 당신을 다시 찾아올 겁니다. 마무리 절차가 하나 더 남았거든요. 잘만 하면 표적을 한 번 더 속일 수 있다는 생각에 다시 접근하는 겁니다. 당신은 더없이 완벽한 표적이었으니, 틀림없이 얼마 안 있어 맥팔레인이 미안한 표정을 지으며 나타나 전보다 더 완벽해 보이는 사기행각을 벌이자고 할 겁니다. 지난 번 당신이 입은 손해를 보상해 주고 싶다면서 말이지요. 그때 덫을 놓으면 됩니다."

제임스는 안도의 한숨을 쉬었다.

"뭐라고 감사의 말을 드려야 좋을지 모르겠습니다. 홈스 씨, 제가 정말 바보 같은 짓을 저질렀군요. 다음에 또 그런 일이 있으면 그땐 좀 더 잘 대처할 수 있겠지요."

홈스가 손을 들었다.

"아직 끝나지 않았습니다. 당신 이야기 중에 이상한 점이 하나 있습니다."

"하나라니요! 이상하지 않은 구석이라곤 한 군데도 없는 사건인데."

"사건 얘기가 아닙니다. 사건이야 처음부터 짐작할 수 있었습니다. 하지만 당신이 채택한 미국식 경영 방법 때문에 회사가 번창하기는커녕 오히려 파산 지경에 이르렀고, 그래서 사기 사건에 휘말려들었다고 하셨습니다.

그 점이 이상하다는 겁니다. 그 미국식 경영 방법이라는 것에 대해 자세히 말씀해 주시겠습니까?"

제임스는 고개를 끄덕였다.

"전 경영 관련 책을 여러 권 읽었습니다. 세부적인 내용은 달랐지만 기본적인 원칙 세 가지는 한결같았지요.

첫째는 목표에 대한 것입니다. 목표를 정하고 직원들에게 목표를 달성하도록 매진시키라고 하더군요. 목표가 없으면 최선을 다해 일할 사람은 없다는 것이었지요.

둘째는 수익과 지출에 대한 것입니다. 수입과 지출을 잘 따져보면, 약간만 바꾸어서 큰 수익을 남길 수 있는 지출 내역이 있을 거라는 얘기였습니다. 이때 퍼센트로 계산해야 한다더군요. 예를 들어 작은 부품 하나를 만드는 데 비용이 10펜스 들고 그걸 11펜스에 판다고 칩시다. 그런데 비용을 10퍼센트 낮추면, 다시 말해 10펜스에서 9펜스로 낮출 수 있다면 소득은 100퍼센트, 즉 1페니에서 2페니로 늘어난다는 것이지요.

셋째는 사업 활동에 대한 것이었습니다. 모든 사업 분야의 소득을 따로따로 계산하라더군요. 그리고 그 모두가 수익을 올려야 한다고 했습니다. 그렇지 않으면 한 군데에서 번 돈으로 결국 다른 분야의 적자를 메우게 될 테니까요."

홈스는 고개를 끄덕였다.

"지금까지는 다 맞는 말이군요. 그럼 그 원칙을 어떻게 활용하셨는지 구체적으로 말씀해 주십시오."

"먼저 목표에 대해 말씀 드리겠습니다. 아버지께선 마부들에게 매일 일정 시간 동안만 일하게 하셨습니다. 많이 벌든 적게 벌든 상관 없이 말이지요. 그런데 몇 번 직접 마차를 몰고 다니다 보니, 일일매출액을 정해놓으면 좋을 것 같다는 생각이 들었지요. 운이 좋을 때도 있었고 나쁠 때도 있었지만, 손님을 찾아 열심히 돌아다니면 하루 평균 30실링은 벌리더군요. 그래서 하루 8시간이라는 고정 근무시간을 폐지하고 30실링만 벌면 그날은 바로 퇴근해도 좋다고 마부들에게 말했습니다. '열심히 일해서 일을 일찍 끝내든, 게으름을 피우면서 늦게까지 일하든 그건 여러분의 선택입니다'라고 얘기했지요. 하지만 그게 잘한 일이었는지는 잘 모르겠습니다. 어떤 날은 모두 일찍 퇴근했는데, 날이 어두워지기도 전에 마차가 창고에 멍청히 서 있는 걸 보니 짜증이 나더군요. 그런데 또 어떤 날은 아무리 돌아다녀도 손님이 없었는지, 마부들이 자정에야 돌아와서는 그래도 목표량을 못 채웠다며 투덜거렸습니다."

그러자 홈스는 제임스를 나무랐다.

"그걸 '마부의 오류cab-driver's fallacy'라고 합니다. 개인 마차를 운영하는 마부들이 그런 오류에 쉽게 빠지지요. 나름대로 하루 목표량을 정해놓고 그걸 달성하면 일을 놓습니다. 문제는 마차 수요량이 날씨나 여러 요인에 따라 매일매일 엄청나게 달라진다는 것이죠. 어떤 날은 눈 씻고 찾아봐도 빈 마차가 없는데, 또 어떤 날은 텅 빈 마차들이 거리에 널려 있지 않던가요. 목표를 정하지 말고 그때그때 융통성 있게 일하면 훨씬 많은 수익을 올릴 수 있을 겁니다. 그러니까 일이 잘 되는 날엔 더 많이 일하고, 반대로 일이 잘 안 되는 날엔 일찍 손을 놓는 겁니다."

"아이러니컬하군. 하지만 돈이 안 벌려 일찍 퇴근했다는 말을 아내에게 어떻게 할 수 있겠나."

"왓슨, 그 말도 일리가 있군. 그렇다면 총각 마부들이 좀 더 많아야겠는걸."

제임스가 머리를 저었다.

"아니오, 총각 마부보다는 똑똑한 마차회사 사장이 있어야겠지요. 어쨌든 그 다음엔 수익과 지출로 관심을 돌렸습니다. 그건 사업 운영의 기본 바탕이지요. 마차회사의 가장 큰 지출 내역은 마구간 임대료와 말 사료비입니다. 둘 다 지역마다 엄청난 차이가 있지요. 저희 회사는 오래 전부터 런던 동부에 있었는데, 거긴 마구간 임대료가 싼 대신 말 사료가 비쌌습니다. 그런데 햄스테드로 이전하면 유원지에서 말을 공짜로 방목할 수 있어서 사료비를 50퍼센트나 줄일 수 있다는 걸 알게 됐지요. 임대료가 조금 더 들긴 하지만 그래봤자 겨우 20퍼센트 정도밖엔 안 됐습니다."

홈스는 눈살을 찌푸렸다.

"그렇군요. 원래 사료비와 임대료는 얼마였습니까?"

"동부에서는 임대료로 일 년에 100파운드, 사료비로는 일 년에 20파운드가 들었습니다. 하지만 햄스테드에서는 임대료가 120파운드인 대신 사료비는 겨우 10파운드밖에 안 됐지요."

"그렇게 따지면 다 합해서 비용이 120파운드에서 130파운드로 올라가는 거 아닙니까. 그게 무슨 비용 개선이란 말입니까!"

제임스의 얼굴이 벌겋게 달아올랐다.

"그러니까, 그게, 그렇게 따지면…… 하지만 거의 공짜로 먹일 수 있는 사료에 너무 큰 돈을 내는 건 낭비 같았어요."

"'푼돈 아끼려다 큰 돈 잃는다penny-wise, pound-foolish'는 격언을 잊으셨군요. 비율을 낮추기보다는 절대적인 비용을 줄이는 게 먼저인데 말입니다. 일상 생활에서 그런 잘못을 저지르는 사람들이 많지요. 계속하십시오."

"사업 활동에 대해서 말씀드리자면, 제일 중요한 마차 사업 외에 몇 가지 다른 사업을 구상했습니다. 그래서 새로 만든 게 '기차역 서비스'라는 것이었습니다. 미리 마차를 예약하면 손님을 제 시간까지 기차역에 모셔다주는 거였지요. 또 '야외 소풍 서비스'라고 해서, 시골 소풍을 안내해 주는 서비스도 시작했지요. 기차역 서비스는 그럭저럭 잘 됐는데, 소풍은 단 한 번도 출발해 본 적이 없었습니다. 게다가 기차역 서비스는 초기 비용이 거의 안 들었지만, 소풍 서비스는 버드나무 광주리니 근사한 식기니 뭐니 해서 초기 비용이 많이 들었지요. 모든 분야에서 소득을 올려야 한다고 해서, 기차역 서비스 광고는 중단하고 소풍 상품을 광고하는 데 엄청 돈을 쏟아부었습니다. 덕분에 손님이 조금 늘기는 했지만, 그래도 큰 재미는 못 봤지요."

홈스가 고개를 끄덕였다.

"'우선 투자의 오류prior investment fallacy'를 저지르셨군요. 손실을 보상할 생각에 쓸데없는 일에 큰 돈을 투자한다는 얘기지요. 사실 논리적으로 따지자면, 지난 일은 돌아보지 말고 앞으로 나가기만 하면 되는데 말입니다. 어떤 상품을 개발하기 위해선 크든 작든 어쨌든 돈이 듭니다. 문제는 그 상품이 수익을 낼 수 있느냐는 것입니다. 팔리는 상품에만 전념하면 됩니다. 과거에 쓴 돈은 잊어버리고 말이지요. 그 경우엔 아깝더라도 초기 비용에 대해선 잊고 소풍 상품을 없앤 다음, 기차역 서비스에만 집중하는 게 좋았을 것입니다."

제임스는 한숨을 내쉬고는 몸을 일으켰다.

"선생님께 큰 빚을 졌군요, 홈스 씨. 그리고 존, 너도 고맙구나. 앞으로는 말씀해 주신 대로 해보겠습니다. 다음엔 좀 더 좋은 얼굴로 만났으면 좋겠군요."

제임스를 배웅한 뒤, 나는 홈스를 향해 돌아섰다.

"난 평소에 미국식 경영 방식이 굉장히 좋다고 들었는데, 과장됐던 것인가 보지?"

"그렇지 않네, 왓슨. 아까 제임스가 말했던 것처럼 수익과 지출을 따져봐야 한다든지, 모든 분야에서 수익을 올리도록 해야 한다든지, 또 목표를 설정해야 한다는 말은 맞아. 모두 사업 성공의 필수조건들이네. 하지만 지식은 제대로 활용해야 값진 걸세. 돈을 아끼는 것도 좋지만, 한쪽 비용이 조금 줄어든 대신 다른 쪽 비용이 올라간다면 그건 잘못된 거지. 그리고 수익을 내지 못하는 일을 마냥 내버려둬서도 안 되겠지만, 개선의 여지가 없다면 빨리 정리하는 게 상책이네. 초기 투자비를 그냥 날린다 해도 말이야. 또 목표도 중요하네. 하지만 그것도 제대로 세워야 의미 있는 일일세. 그래야 쓸데없는 일 대신 꼭 필요한 일을 할 수 있으니 말이야."

"난 대기업이라면 그런 일을 모두 잘 할 거라고 생각했는데?"

"왓슨, 이상하게도 그렇지 않네. 중소기업이나 대기업들도 자네 사촌이 저지른 잘못을 흔히 저지른다네. 대기업이 갖고 있는 문제는 개개 부서와 경영진의 이익이 곧 회사 전체의 이익이 아니라는 점이야. 예를 들어 회사에 사무 기기를 담당하는 직원이 있는데 그가 병가를 냈다고 해보세. 책임자가 없는 그 사이 부상을 일으킬 수 있는 싸구려 장비를 구입할 수도 있어. 또 어떤 계획이 쓸모 없다는 것을 오래 전부터 알고 있으면서도, 그 사실이 드러나는 날에는 회사에서 쫓겨날까 봐 계획을 계속 진행시켜야 한다고 주장하는 직원도 있을 걸세. 또 본사가 지사의 문제에 대해 간섭할 수 없다는 것을 교묘히 이용해 비현실적으로 너무 높거나 낮은 목표를 세울 수도 있고 말이지."

"홈스, 나한테 어느 정도 상식이 있다는 게 정말 다행이군. 난 거물이 되기는커녕 제임스 형만한 사업체를 갖고 싶다는 야망도 없지만, 최소한 내 작은 병원은 그럭저럭 잘 꾸려나가니 말이야!"

셜록 홈스가 예언했던 것처럼 맥팔레인은 정말로 제임스에게 다시 연락했고, 우리는 그와 공범 라즈를 붙잡기 위해 덫을 놓았다. 그들을 함정에 빠뜨리기로 한 바로 그날, 홈스는 평소보다 일찍 아침 식사를 하러 내려왔다가 서둘러 편지봉투를 봉하는 나를 보고 눈썹을 치켜올렸다.

"잘 잤나, 왓슨. 아침부터 뭐가 그렇게 신이 난 건가?"

"방금 기막힌 제안을 받았네, 홈스. 어떤 건축업자가 우리 병원의 문이랑 창문을 공짜로 전부 바꿔준다는 거야."

"정말인가, 왓슨! 그래서 그렇게 기분이 좋은 거군. 하지만 왜 그렇게 해준다는 건지 생각해 봤나?"

"편지에 적혀 있네. 우리 병원처럼 사람들이 많이 드나드는 유명한 건물에 자기네 작품을 전시하면 광고 효과가 있어서 그러는 거라네. 하지만 맨 처음 답장을 보낸 사람에게만 무료 공사를 해준다고 해서 서둘러 계약서에 서명하려던 참이야."

"갈수록 이상하군. 자네 병원이 쾌적하고 깨끗하다는 건 사실이지만, '유명한 건물'이라는 말은 거의 아부 수준인걸. 봉투를 봉하기 전에 잠깐 계약서 좀 보여주겠나?"

나는 마지못해 계약서를 넘겨주었다. 홈스는 재빨리 훑어보더니, 돋보기를 들고 맨 밑에 있는 조그만 글자를 꼼꼼히 읽었다.

"왓슨, 서명하기 전에 이 계약서를 끝까지 읽어보았나?"

"물론이지, 홈스."

"그렇다면 당장 교황께 편지를 써야겠군!"

"바티칸에, 왜?"

"기적이 일어났다고 전하려 말일세! 왓슨, 자네 시력이 나보다 훨씬 나쁘지 않나. 그런데 난 돋보기로 겨우 읽을 수 있는 글자를 자넨 맨눈으로 보았으니 그게 기적이 아니고 뭐란 말인가. 돋보기는 어젯밤 내가 둔 자리에 그대로 있으니 자넨 손도 안 댄 게 틀림없고. 그렇다면 자네 눈은 성령의 도움을 받았단 얘기잖아."

그리고 나서 홈스는 갑자기 계약서를 찢어 난로에 던져버렸다.

"나한테 고마워하게, 왓슨. 내 덕분에 엄청난 돈을 아낀 거야. 이 계약서는 멀리 내다보면 일류 건축가한테 일을 맡긴 것보다 훨씬 비싸게 들 걸세.

더구나 솔직히 자네 병원은 굳이 공사할 이유도 없고, 창문 닦는 세제와 페인트만 있으면 새 것처럼 깨끗해질 걸세."

그는 한숨을 내쉬었다.

"이게 새로운 형태의 사기 행각이 아닐까 걱정이야. 옛날처럼 큰 규모의 사기 사건은 많이 줄었지만, 대신 자잘한 사기 행각은 갈수록 늘어나는 것 같네. 왓슨, 이렇게 할인해 주는 것처럼 편지를 보내 사기 치는 일이 앞으로도 많이 늘어날 걸세. 이런 식으로 서민들의 주머니에서 빼낸 푼돈을 모두 합치면, 부자들한테 한 번 사기친 돈보다 훨씬 많을 게야."

그는 한심하다는 듯 고개를 절레절레 흔들었다. 나는 화제를 바꿔야겠다고 생각했다.

"홈스, 점심으로 햄 샌드위치 어때?"

"햄 샌드위치? 좋지. 허드슨 부인이 안 계시니까. 좋아, 아주 좋아. 참, 오는 길에 담배 가게에 들러서 '올드세일러' 좀 사다주겠나? 하루이틀 정도 피울 건 있지만, 혹 바닥나면 곤란하니까. 그렇다고 너무 멀리 가지는 말게. 맥팔레인이 언제 올지도 모르고, 또 그가 라즈를 데리고 오면 자네가 도와줘야 하니까."

하지만 이것저것 장을 보다보니 거의 한 시간이나 걸렸다. 서둘러 달려와 보니, 다행히 아직 홈스밖에 없었다. 그는 쌍안경으로 창 밖을 내다보고 있었다.

"왜 이렇게 오래 걸린 건가, 왓슨!"

"가게에 담배가 떨어졌더군. 내일이나 돼야 온다는 거야. 게다가 자네가 피우는 담배는 흔한 것도 아니잖아. 그래서 여섯 군데나 들러 겨우 샀네."

"저런, 괜히 자넬 귀찮게 했군. 아직 조금은 남아 있다고 했지 않은가. 그냥 내일 사면 되는데."

"내 성격 잘 알지 않나, 홈스. 난 뭘 하겠다고 마음먹으면 확실히 해야 직성이 풀린다네. 할 수 있는 한 최선을 다해야지."

홈스가 중얼거렸다.

"마부의 오류를 저질렀군. 그래, 샌드위치는 베이커 가 위쪽에서 샀나 아래쪽에서 샀나?" (당시엔 상점이 많지 않아, 거리 양끝에만 빵집과 정육점 등이 모여 있었다.)

"아래쪽에서 샀네. 거기선 빵을 1페니에 팔거든. 위쪽에선 2페니에 파는데 말이네. 정말 터무니없는 바가지 아닌가. 똑같은 빵을 두 배나 비싸게 받다니. 바가지야, 바가지!"

"하지만 정육점은 아래가 더 비싸지 않나?"

"그건 그래. 하지만 다른 것에 비하면 햄은 별로 안 비싸. 위쪽에선 12펜스에 팔지만, 거기선 15펜스에 팔지."

"그럼 우리 점심 값이 총 16펜스로군. 위로 갔으면 14펜스였을 텐데. 정말 이상한 경제학이로군, 왓슨. 그거야말로 푼돈 아끼려다 큰 돈 잃는 격이 아닌가."

"난 그냥, 빵을 두 배나 비싸게 사지 않으려 했을 뿐인데."

"사실 자네가 아래로 가는 걸 봤네. 아까부터 제임스가 오는지 거리를 내다보고 있었거든. 그런데 아주 재미있는 걸 봤어. 자네가 빵집에서 나와 정육점으로 가고 있을 때 샌드위치 파는 밀리를 지나치더군. 그녀의 바구니에는 아직 다 못 판 샌드위치가 있었네. 아침에 다 못 팔면 그냥 버려야 하니까 정오가 되면 1페니에 파는데. 자네의 샌드위치 실력을 얕잡아보는 건 아니지만, 그녀가 파는 샌드위치는 정말 맛있거든. 자네도 알 걸세. 그런데 왜 굳이 햄을 산 건가? 더 싸고 맛있는 샌드위치를 먹을 수 있는데, 왜 고생은 고생대로 하고 돈은 돈대로 날린 거지?"

나는 신선한 빵을 흔들어 보였다.

"벌써 빵을 샀으니까. 내일이면 곰팡이가 필 거고, 그러면 버려야 할 텐데. 아프리카에서 굶는 아이들 생각을 해야지, 홈스! 그렇게 하면 몇 푼 절약할 수도 있고 고생을 좀 덜할지는 모르겠지만, 음식을 낭비하는 건 죄라네."

"자네가 고생을 하든, 밀리가 만든 맛있는 샌드위치 대신 자네의 그 엉터리 샌드위치를 먹든, 그게 아프리카 아이들한테 무슨 도움이 되겠나. 차라리 밀리한테 샌드위치를 사고 빵을 포기하는 대신, 선교사들한테 몇 펜스 기부하는 게 훨씬 낫지. 자넨 우선 투자의 오류를 범한 거야.

대단하군, 왓슨. 점심을 먹기 위해 몇 번의 결정을 내리는 과정에서 자넨 사촌이 파산하기까지 저질렀던 오류들을 하나도 빼놓지 않고 모조리 반복했으니 말이야! 저런, 너무 기죽지 말게나! 연습하다 보면 차차 나아질 거야. 연습할 시간은 충분하다네. 허드슨 부인이 돌아오려면 아직도 1주일이나 있어야 하니까."

2 노름에 빠진 귀족

하얀 눈발이 베이커 가의 우리 하숙집 창문에 부딪쳤다. 하지만 나는, 홈스가 땀이 쏟아지도록 벽난로 불을 지핀 탓에 오히려 차가운 겨울 날씨에 감사하며 창가에 서 있었다. 셜록 홈스는 입에서 파이프 담배를 떼고는 짓궂은 눈으로 나를 바라보았다.

"새해 결심이라고, 왓슨? 전에는 그런 사소한 일에는 신경도 안 쓰더니, 갑자기 무슨 바람이 든 건가?"

나는 달력을 가리켰다. 1899년이 하루밖에 남지 않았다.

"이번엔 보통 새해가 아니니까. 홈스, 백년맞이 결심을 세울 수 있는 기회는 날이면 날마다 오는 게 아니야!"

그는 빙그레 미소 지으며 불룩 튀어나온 내 배를 힐끗 바라보았다.

"올해에는 치즈를 좀 덜 먹겠다든가 아침에 일찍 일어나 운동하겠다든가 하는 결심 정도론 성미에 안 차는 모양이지? 좀 더 멋들어진 계획이 필요한 거렸다."

그러고는 뭐라고 말할 듯 말 듯 머뭇거렸다.

"솔직하게 말해도 되겠나, 왓슨?"

"물론이지!"

"그럼 이렇게 충고하고 싶군. 자네가 조금만 말이야, 그러니까, 사람들은 누구나 태어날 때부터 두뇌에 한계가 있지만, 자넨 아직도…… 내가 무슨 말을 하고 싶은고 하니, 왓슨, 자네가 조금만 더 머리를 써서 사소한 일이라도 조금만 더 논리적이고 과학적으로 결정한다면 더 행복하고 멋진 사나이가 될 거야."

나는 얼굴이 벌겋게 달아올랐다.

"내가 자네처럼 탐정 노릇을 하기엔 좀 부족하다는 거 나도 인정하네. 하지만 난 지극히 건전하고 상식적으로 살아가고 있어!"

홈스는 고개를 저었다.

"자네가 매일매일 하는 도박에서 승산을 조금만 높일 수 있다면—"

"난 도박 같은 거 안하네, 홈스!"

"왜 안하나, 왓슨. 인생은 도박의 연속이라고 하지 않은가."

홈스와의 말싸움에선 도무지 이길 재간이 없었다. 내 본능은 즐거운 새해 이브를 짜증나는 말싸움으로 망치지 말고 이제 그만 화제를 바꾸는 게 현명한 것 같다고 말해주고 있었다.

"어쨌든 조금 있다가 나랑 새해 축배는 들겠지?"

"아니, 왓슨. 달력 숫자 하나 바뀌는 게 뭐 대단한 일이라고 축배씩이나 한단 말인가? 난 일찍 잠자리에 들 걸세. 쓸데없는 짓은 하기 싫어. 술에 취해 흥청거리느니 잠이나 푹 자는 게 훨씬 좋네."

"온 세상이 축제 분위기에 싸여 있는 이 좋은 날에 자넨 왜 그렇게 비뚤어졌나!"

홈스는 고개를 저었다.

"매년 크리스마스나 새해엔 밤새도록 파티를 하지만 대부분 별 재미가 없지 않은가. 창 밖 거리를 좀 내다보게. 뭐가 보이지?"

창 밖을 내려다보았다. 확실히 행복한 얼굴이 많지 않았다.

"저쪽에 서 있는 경찰 좀 보게. 저렇게 우울한 얼굴을 본 적이 있나?"

난 깜짝 놀라 홈스를 바라보았다. 그는 벽난로 앞의 팔걸이 의자에 앉아 있기 때문에, 도저히 그 자리에서는 창 밖을 내다볼 수 없기 때문이었다. 홈스는 미소를 지었다.

"그 정도야 쉽게 추측할 수 있네. 사람들이 많은 곳에는 늘 근처에 경찰 한 명씩 있게 마련이거든. 그리고 얼마 전 교대 시간 체계가 새로 바뀌었으니, 오늘밤 저 사람이 순찰을 섰다면 크리스마스에도 순찰을 섰을 걸세. 남들 다 흥청거리는 휴일에 일하고 싶은 경찰은 없을 테고, 그럼 우울한 표정을 짓는 게 당연하지."

"설마 지난 크리스마스에도 저렇게 우울해했을까!"

"아니, 왓슨, 그랬을 걸세. 그 이유도 사실 별 것 아니라네. 요즘 사람들은 크리스마스엔 누구나 행복하고 즐거워야 한다고 생각해. 그래서 비참한 사람들은 더욱 비참해지지. 그중 어떤 사람에겐 그 비참함을 이겨낼 방법이 하나밖에 없을 걸세. 하지만 다행히 자네가 지금 보고 있는 경찰이 그 불행을 줄이는 데 일조할 거야."

홈스의 목소리가 갑자기 낮아졌다.

"내일도 비슷한 일이 벌어질까 봐 걱정이네. 행복한 크리스마스를 바라는 것처럼 새해엔 만사 형통을 기원하지. 그러다 연말이 되면 사람들은 자기가 이 세상에서 얼마나 하잘것없는 존재인가, 못 가진 것이 얼마나 많은가, 또 빚은 또 얼마나 엄청난지를 생각하네. 희망이 아니라 절망의 새벽이 동틀 때까지 말이야."

희망찬 새 백년이 시작되려는 이 마당에 더 이상 홈스의 우울한 얘기를 듣고 싶지 않았다.

"글쎄, 가진 것이 없다고 생각하는 사람들은 게으르거나 어리석은 사람이라고 생각하는데."

놀랍게도 홈스는 고개를 가로저었다.

"예전에는 나도 그렇게 말했지, 왓슨. 하지만 인생을 알면 알수록 얼마나 많은 일이 지식이나 능력, 혹은 인격이 아니라 사소한 우연으로 이루어지는지 깨닫게 된다네. 사업이나 결혼, 전쟁 등의 성패가 치밀한 계획보다는 아무렇게 굴린 운명의 주사위에 더 크게 좌우될 수 있어. 인생은 무질서해. 예기치 못한 사건 하나가 한 사람의 인생이나 한 나라의 운명을 좌우할 수 있네. 행운의 여신이 어떤 변덕을 부리냐에 따라 달라진단 말이야.

성공한 사업가는 단순히 운이 좋아서가 아니라 자기가 능력이 있어서 성공했다고 생각하고 싶을 걸세. 부유한 주식중개인은 거지를 보면서 자기 능력 덕분에 거지보다 잘살고 있다고 우쭐대겠지. 하지만 그렇다고 주식중개인이 거지보다 시장 흐름을 더 잘 예측할 수 있다고는 말할 수 없네. 샴페인과 캐비어로 식사할 사람과 돼지죽으로 식사할 사람을 결정짓는 건 순전히 우연한 행운인 거야."

홈스는 잠시 말을 멈추고 파이프에 담배를 채웠다. 그가 왜 이렇게 뒤틀렸는지는 알 수 없지만, 자기 생각을 지나치게 과장하고 있다는 생각이 들었다.

"왓슨, 물론 지혜를 이용해 기회를 극대화할 수는 있을 걸세. 인생이 도박의 연속이라는 말은 맞지만, 적절한 순간에 기회를 잡고 상황을 제대로 파악할 줄도 알아야 하니까. 나폴레옹은 부하를 승진시킬 때 그가 그럴 가치가 있는 사람인지 파악하기 위해 이상한 질문을 하기로 유명했네. 그는 부하의 전략적 지식에 대해선 한 마디도 묻지 않았다지. 그저 '그 사람은 운이 좋은 사람인가?'라고만 물었어. 남들이 그를 행운아라고 인정하면, 그 사람은 인생에서처럼 전쟁터에서도 가장 중요한 기술인 도박 확률 계산의 달인이라는 걸 나폴레옹은 알고 있었던 거야."

홈스는 잠시 말을 멈추었다. 교회 종소리가 잦아들고 잠시 정적이 감돌더니, 이내 거리의 취객들이 일제히 함성을 올렸다.

"자네 말이 맞는 것 같군, 홈스. 오늘밤엔 밖에 나가면 안 되겠어."

"말 한번 잘했네, 왓슨! 살다보면 어쩔 수 없는 고난도 겪을 수 있고 또 엄청난 불행도 겪을 수 있지만, 오늘 같은 날 이렇게 맛있는 담배와 포도주 한 병이 곁들여져 있는데 뭐 하러 이 의자에서 일어나겠나."

그 순간 문을 세게 두드리는 소리가 들렸다. 문을 열어보니, 예상과 달리 남자가 아니라 젊은 여자가 서 있었다. 아름답다기보다 건강해 보이는 수수한 차림의 여인이었다. 단아한 얼굴과 굳게 다문 입술이 상당히 인상적이었다. 그녀는 나를 위아래로 훑어보더니, 들어오라는 말도 하지 않았는데 방안으로 성큼 들어서서는 홈스에게 곧장 다가갔다.

"홈스 씨, 당신이 런던에서 가장 현명한 분이라고 들었습니다. 그런 선생님께 세상에서 가장 어리석은 사람에게 충고해 주십사 부탁드리러 왔습니다."

그녀는 미국식 억양이 강한 어투로 말했다.

홈스의 입술이 약간 일그러졌다. 하지만 그건 여자의 말을 듣고 기분 좋다는 뜻이었다. 그는 맞은편 의자를 권하고는 그녀가 장갑 벗기를 기다렸다가 그녀가 내민 손에 입을 맞추었다.

"과찬이십니다, 아가씨. 제 지력에 견줄 만한 사람을 전 적어도 세 명은 알고 있지요. 더구나 그중 한 사람은 이곳 런던에 살고 있을 뿐만 아니라, 저보다 훨씬 뛰어나답니다. 자, 돈은 많지만 성실하지 못한 약혼자에 대한 아가씨의 생각 역시 과장된 것이었으면 좋겠군요."

여자가 어리둥절한 표정을 짓자 홈스는 미소를 지었다.

"약혼반지를 끼고 있는 젊은 여인이 남자 문제로 저를 찾아왔다면, 십중팔구 약혼자 얘기일 겁니다. 게다가 다이아몬드로 장식한 반지를 사줄 만한 남자라면 돈이 많을 테지요. 하지만 반지에 남아 있는 전당포 표시를 보고 안 겁니다만, 잠깐이나마 약혼반지를 저당잡혀야 할 정도였다면 별로 성실한 분이 아니겠지요."

"생각보다 훨씬 예리하시군요, 홈스 씨. 제 소개를 하겠습니다. 전 캐서린 로렌스라고 합니다."

"무슨 일로 오셨습니까?"

"제 약혼자는 화이트브리지 후작입니다. 가끔 신문 사회면에서 그 이의 이름을 보셨을 거예요. 그는 겉보기엔 부족한 게 없어보이지만, 사실은 경제적으로 무척 힘듭니다. 언젠가는 전 재산을 물려받겠지만, 후작이라는 직위에 걸맞은 재산은 이제 거의 남아 있지 않기 때문이에요. 그의 아버지와 할아버지 두 분 다 투자에 실패해 허덕이는 실정이지요."

그녀는 한숨을 내쉬었다.

"물론 제게 돈은 그다지 중요하지 않습니다. 하지만 리오넬은 부끄러워합니다. 자신의 미래가 좀 더 확실해질 때까지는 저와 결혼할 수 없다고 생각하고 있지요. 그런데도 취직해서 착실하게 돈 벌 생각은 하지 않고 단번에 재산을 늘릴 방법만 궁리하고 있습니다. 그래서 아버지와 할아버지처럼 위험한 사업에 여러 번 뛰어들었지요. 한두 번은 그럭저럭 괜찮았어요. 아까 말씀하신 것처럼, 저당잡혔던 반지를 되찾을 수 있던 것도 그 덕분입니다. 하지만 대부분은 실패해서, 그럭저럭 남아 있던 재산을 거의 다 날렸지요."

그러면서 로렌스 양은 어깨를 으쓱했다.

"새해가 가까워오자 리오넬은 점점 더 힘들어했어요. 새로운 백년이 시작되기 전에 지난 백년 간 잃었던 재산을 되찾겠다고 결심했는데, 과연 가능할지 모르겠어요. 그가 새로 시작한 사업은 정말 황당한 거랍니다. 리오넬은 케임브리지 대학에서 고대 철학을 공부했는데, 자기가 요즘 학생들보다 수학 법칙에 대해 더 잘 알고 있다고 생각했지요. 그러면서 도박 규칙을 공식화하겠다고 나섰습니다. 그 어떤 사업보다 훨씬 빨리 돈을 벌 수 있을 거라고 생각했지요."

그녀는 셜록 홈스를 바라보았지만, 그는 아무 말도 하지 않았다. 그녀는 이야기를 계속했다.

"리오넬의 첫 번째 계획은 굉장히 단순했어요. 그가 말하길, 확률은 단기적으로 보면 공식이 없는 것 같지만, 장기적으로 보면 공식을 만들 수 있다더군요. 유명한 얘기라면서요. 예를 들어 동전을 두세 번 던졌을 땐 계속 똑같은 쪽이 나올 수 있지만, 수백 번 던지면 앞뒷면이 나올 확률은 거의 같아진다는 것이었습니다. 동전 던지는 횟수가 무한에 가까울수록, 앞뒷면이 나올 확률은 반반이라고 장담할 수 있다 했어요."

"그건 사실입니다."

"그래서 룰렛 휠 중 한 색깔에만 돈을 걸면 된다고 하더군요. 검은색이든 빨간색이든 한동안 한쪽 색깔만 계속 나오기를 기다렸다가 다른 색깔에 큰 돈을 걸었지요. 확률 법칙에 의하면, 반드시 다른 색깔이 나올 테니까요."

셜록 홈스는 한숨을 쉬었다.

"그래, 성과가 있던가요?"

"예, 한 달 전에는요. 리오넬은 며칠 동안 밤마다 피카딜리에 있는 로열 카지노에 갔어요. 제게 게임을 설명해 주더군요. 휠에는 검은색과 빨간색 눈금이 18개씩 있는데, 검은색이나 빨간색을 골라 돈을 건다고 했어요. 돈을 건 색깔에 주사위가 들어가지 않으면 돈을 잃고, 들어가면 승률에 따라 돈을 딴다고 했지요. 그런데 휠에는 0이라고 써 있는 37번째 흰색 눈금이 있는데, 가끔 주사위가 거기 들어가면 모두 잃는다고 하더군요. 도박장은 그 돈으로 수입을 올리는 거구요."

"그래서 얼마나 재미를 봤습니까?"

"사실 염려했던 것보다는 꽤 괜찮았어요. 전 리오넬과 도박장에 같이 가지는 않았지만, 그가 노트에 도박 내용을 꼼꼼히 기록해 와서 보여줬습니다. 판돈은 총 4백 파운드 정도였어요." 그녀는 고개를 저었다. "그 돈을 모두 잃었다면 남아 있던 재산을 모두 탕진했을 거예요. 하지만 다행히 잃은 건 1백 파운드밖에 안 됐어요. 사실 그만한 돈도 여유 있는 건 아니지만 말이에요. 그때 리오넬은 어느 정도 제정신이 남아 있었는지, 자기 방법이 썩 좋지 않다는 걸 인정하고는 포기했어요."

"왜 안 좋았다는 겁니까?"

"아까 말씀 드린 그 0 때문이죠! 리오넬은 원칙적으로는 자기 생각이 맞는 것 같았다고 했어요. 검은색이 계속 나온 다음에는 한두 번만 기다리면 진짜 빨간색이 나왔으니까요. 하지만 도박장이 챙기는 수입이 그가 딴 돈보다 훨씬 많았다고 하더군요. 그래서 저도 말했어요. 그렇게 쉽게 돈을 내줄 것 같으면 카지노들은 금방 문을 닫을 거라고요."

"그가 도박이 쓸데없는 짓이라는 걸 깨달았다면, 왜 저를 찾아오신 겁니까?"

로렌스 양은 입술을 오므렸다가 낮은 목소리로 화를 냈다.

"오늘 아침에 연락 없이 리오넬을 찾아갔어요. 새해 각오에 대해 얘기하려고요. 새로운 백년에는 좀 더 의젓하게 행동하자는 얘길 하고 싶었거든요. 그런데 도착해 보니 아직 일어나지 않았더군요. 그가 옷 갈아입는 동안 거실에서 기다리고 있었는데, 탁자에 은행에서 발행한 환어음이 보이는 것이었어요. 1만 파운드짜리 어음 말이에요! 벌써 로열 카지노에 배서했더군요. 분명히 남아 있는 부동산을 모두 저당잡혔을 겁니다."

로렌스 양은 이성을 잃지 않으려고 애쓰는 기색이 역력했다.

"리오넬이 내려왔을 때 그게 뭐냐고 물어봤어요. 아무리 다그쳐도 소용없더군요. 막무가내로 전에 잃었던 돈을 다시 회수할 방법이 있다고만 하는 것이었어요. 오늘밤 카지노에 가서 가문의 재산을 모두 되찾아온다더군요. 그러면서 새로운 백년이 시작되는 날 아침에 결혼날짜를 잡자고 했지요. 홈스 씨, 그 사람 제정신이 아닌 것 같아요! 당장이라도 반지를 되돌려 주고 싶었습니다만, 그 순간 선생님을 찾아뵈어야겠다고 생각했어요."

홈스는 미소를 지었다.

"전 평소 이런 사건은 잘 맡지 않지만, 어리석은 짓을 말리는 일엔 익숙하지요. 걱정 마십시오. 왓슨과 제가 곧장 카지노로 달려가겠습니다. 후작님이 도착하시면 그분의 도박병을 영원히 완치할 만한 이야기를 해드리지요."

그는 위로의 말을 몇 마디 더 하고는 로렌스 양을 배웅했다. 그녀가 나가자마자 나는 의자가 뒤로 넘어갈 듯 웃음을 터뜨렸다.

"나 원, 저런 멍청한 놈이 다 있나!"

"그럼 자넨 리오넬의 도박 요령이 엉터리라고 생각하는 건가?"

"당연하지. 룰렛 휠이 어떻게 먼젓번에 나온 색깔을 기억 했다가 다음엔 다른 색깔을 고른단 말인가? 먼젓번에 어떤 결과가 나왔든지 간에, 다음에 검은색이 나올 확률과 빨간색이 나올 확률은 항상 똑같단 말이야."

"보통은 그렇게들 생각하지, 왓슨. 하지만 길게 보면 확률 공식을 세울 수 있다는 말을 부인하지는 않겠지? 룰렛 휠을 10번만 돌렸을 때는 예를 들어 빨간색이 7번, 검은색이 3번 나올 수도 있지만, 만 번을 돌렸을 땐 빨간색과 검은색이 나올 확률이 거의 비슷할 걸세."

"수학자들이 그렇게 말했으니 사실이겠지."

"그러면 한번 대답해 보게, 왓슨. 자네가 휠을 만 번 돌린다고 해보세. 10번 돌렸을 때 빨간색이 7번, 검은색이 3번 나왔어. 계속 돌리면 비율이 1에 근접하리라는 건 알고 있을 거야. 하지만 어떤 신비한 힘이 검은색을 더 자주 나오게 하는 게 아니라면, 어떻게 그런 일이 일어날 수 있겠나?"

"왜냐면 그건, 글쎄 잘 모르겠는걸. 검은색이 나올 횟수와 빨간색이 나오는 횟수를 비슷하게 만들어주는 어떤 신비한 힘이 있는 걸까?"
"그럴지도 모르지."
홈스가 나지막이 얘기했다.
"그렇다면 자연법칙 중에는 아직 발견되지는 않았지만 어떤 불가사의한 힘이 존재한다고 생각할 수밖에 없겠군. 신기한 일이긴 하지만, 우주가 과거를 기억하고 있다가 어느 정도 시간이 지나면 균형을 잡아주나 보지?"
그때 갑자기 홈스가 주먹으로 창 턱을 소리나게 내리쳤다. 나는 깜짝 놀라 그를 바라보았다.
"말도 안돼, 왓슨. 자네 내 말을 제대로 듣지 않았군. 난 빨간색과 검은색이 나오는 **횟수**가 같아질 거라고 하지 않았네. 빨간색과 검은색이 나올 비**율**이 같아질 거라고 했지."
"그게 그 소리 아닌가. 대체 무슨 소리야."
홈스는 한숨을 쉬었다.
"대수학으로 쉽게 설명해 주지, 왓슨. 저런, 겁먹지 말게. 자네의 수학 알레르기는 익히 알고 있으니까."
그는 창문 쪽으로 몸을 돌리더니 갑자기 코웃음을 쳤다.
"기막힌 우연인 걸, 왓슨. 굳이 대수학까지 들먹이지 않아도 설명할 수 있겠군. 저기 저 사람 좀 보게."
나는 서둘러 창가로 달려갔다. 조금 전까지만 해도 거리를 꽉 메웠던 인파는 심한 눈보라에 밀려 집 안으로 사라진 것 같았다. 눈발이 거의 그쳤지만, 이미 거리는 텅 비어 있었다. 눈이 온 세상을 뒤덮고 있었다. 하얀 담요가 지저분한 쓰레기와 홈통을 가린 거리는 크리스마스 카드처럼 아름다웠다. 단 하나, 길을 따라 길게 지그재그로 난 발자국이 그 아름다운 광경을 망치고 있었다. 그리니치에 정박한 배에서 상륙 허가를 받은 게 분명한 한

주정뱅이의 발자국

선원이 만취한 채 이리저리 비틀거리며 북쪽으로 걸어가고 있었던 것이다. 길엔 그 사람 말고는 아무도 없었다. 내가 곤혹스러운 눈으로 홈스를 바라보자 그는 고개를 끄덕였다.

"맞네, 왓슨. 저기 선원을 말한 거야."

"홈스, 저 주정뱅이로 무슨 설명을 하겠다는 건가!"

"말로 설명하겠다는 게 아닐세, 왓슨. 저 사람 발자국 좀 보게. 아주 절묘하게 표현하고 있지 않은가. 완벽한 '주정뱅이의 발자국'을 말이야!"

홈스는 탁자에 있던 종이에 그림을 그렸다.

"'주정뱅이의 발자국'이란 무작위 계열을 도표로 만들기 위한 유명한 기법을 말하네. 저 사람이 자네 코앞에서부터 가운데 점선을 따라 북쪽으로 가려 한다고 가정해 보게. 하지만 한 발 내딛은 다음에는 동전을 던져 앞뒷면에 따라 왼쪽이나 오른쪽으로 발을 내딛는 거야. 그래서 저 사람처럼 지그재그로 걸어가면, 그 발자국은 한 발 한 발 내딛을 때마다 앞면이 나왔는지 뒷면이 나왔는지를 기록한 그래프 같겠지. 어느 정도 시간이 흐른 다음 저 사람의 위치를 보면, 앞면이 뒷면보다 많이 나왔는지, 혹은 뒷면이 앞면보다 많이 나왔는지 알 수 있을 거야. 점선 위에 서 있다면 앞면이 나온 횟수와 뒷면이 나온 횟수가 똑같은 거겠지. 하지만 저 사람이 점선보다 세 발짝 왼쪽으로 가 있다면, 앞면이 뒷면보다 세 번 더 나온 걸 테고.”

홈스가 눈을 가늘게 떴다.

“이번엔 저 사람이 점선을 보지 못한다고 가정해 보게. 그를 다시 점선으로 되돌아오게 하는 신비한 힘 따위는 없을 걸세! 자네도 알다시피, 저 사람이 멀리 갈수록 점선에서 벗어날 가능성이 훨씬 높네. 하지만 우리 위치에서 보면, 저 사람이 멀리 갈수록 똑바로 가는 것처럼 보일 거야. 그건 저 사람과 우리 사이의 거리 대 주정뱅이가 오른쪽이나 왼쪽으로 치우친 거리의 **비율**이 줄어들기 때문이지. 그러니까 저 사람이 지평선의 점처럼 작아질 때쯤 우리 눈에는 그가 정북쪽에 있는 것처럼 보일 거야.”

“무슨 말인지 알 것도 같군, 홈스. 그렇지만 비율이 왜 줄어든다는 건지 정확히 모르겠는걸.”

“그러면 저 사람이 점선에서 왼쪽으로 열 발짝 떨어졌을 때를 생각해 보세. 그가 다음 발을 디딜 때, 자네와 그의 측면 거리가 평균적으로 늘겠나, 줄겠나?”

“왼쪽으로 갈 수도 있고 오른쪽으로 갈 수도 있으니, 평균은 똑같겠지.”

“하지만 자네와 저 사람 사이의 거리는 한 발 내딛을 때마다 반드시 늘어날 걸세. 그러니까 자네와 그의 측면 거리 대 자네와 저 사람 사이의 거리 비율은 아주 조금이라 해도 반드시 줄어들 거야. 물론 반대 경우도 있겠지. 저 사람이 진짜 점선 위에 있다면, 어느 쪽으로 발을 내딛든 멀어질 거네.

그렇다 해도 그가 멀어질수록 좌우로 치우친 전체 거리와 앞으로 나간 전체 거리의 비율은 점점 줄어들 걸세. 앞으로 가는 동작은 항상 누적되지만, 옆으로 비껴난 거리는 줄 수도 있기 때문이지.

우연히 그가 맨 처음 세 번 연속 왼쪽으로 걸어갔다고 가정해 보게. 그렇게 한쪽으로만 치우쳐 갔다고 해서, 의식적으로 오른쪽으로 가려 하지는 않을 거야. 천 걸음 걸어간 다음에도 맨 처음 왼쪽으로 간 세 걸음을 보상하려고 오른쪽으로 가기는커녕 왼쪽으로 세 발 걸음 더 가서, 있어야 하는 자리보다 여섯 걸음 더 왼쪽에 있을지도 모를 일이지. 그가 천 걸음 가서 지평선의 점처럼 보일 때쯤에는 그 여섯 걸음과 자네의 위치 사이의 각도 정도는 무시해도 좋을 거야. 방향에 대해서도, 길게 보면 그는 어쨌든 북쪽으로 똑바로 가는 것처럼 보일 테고 말이지."

나는 아직도 차창에 부딪히는 눈송이를 바라보았다. 서서히 눈이 거리를 뒤덮고 있었다. 어디가 인도인지 어디가 차도인지 분간할 수 없었다.

"이제 알았네, 홈스. 앞면이 뒷면보다 많이 나왔든, 또 룰렛 휠에서 검은색보다 빨간색이 많이 나왔든, 길게 보면 똑같다는 거 아닌가. 정말로 똑같아서가 아니라 무작위로 발생하는 일종의 소거 작용 때문에 말이야. 그러니 장기적으로 보면 도박에서 요행히 돈을 딸 확률은 전체적으로 볼 때 점점 줄어든단 말이군. 이제야 확실히 이해가 가네!"

홈스는 흡족한 표정으로 의자에 깊숙이 눌러 앉았다.

"그 말을 들으니 안심이 되네, 왓슨. 그러면 이제는 후작을 잘 설득할 수 있겠지?"

갑자기 속이 거북해졌다.

"홈스, 나더러 후작을 설득하라고? 자네가 직접 갈 줄 알았는데."

"굳이 나까지 갈 필요가 있겠나, 왓슨? 이렇게 어려운 일을 믿음직한 자네에게 맡길 수 있어서 정말 안심일세. 나야 늘 자넬 철석같이 믿지만, 요즘 자네는 유난히 뛰어난 지력으로 날 깜짝 놀라게 하더군. 위스키 한 잔 따라주겠네. 아까보다 더 추워졌을 텐데, 위스키를 죽 들이키고 나면 뱃속이 뜨뜻해질 거야. 몇 분 있으면 바로 출발해야 할 걸세."

위스키를 들이키던 나는 홈스가 날 그리도 철석같이 믿고 있다는 말에 흐뭇하고 뿌듯해졌다. 잘 해낼 자신도 있었다. 하지만 그래도 의혹은 완전히 사라지지 않았다. 마음속에 뭔가 약간의 의혹이 아직 남아 있던 것이다. 룰렛 휠에는 분명히 0이라는 몹쓸 요인이 있기는 하지만, 후작이 그래도 자기가 개발한 방법으로 가끔은 돈을 땄다고 고집하면 어떻게 하나? 그는 검은색이 연속해서 여러 번 나온 다음에는 잠시 후에 반드시 빨간색이 나왔다고 주장했다. 그리 이상한 일은 아니다. 어쨌든 휠을 두 번 돌려 빨간색이 나오지 않을 확률은 항상 2분의 1 곱하기 2분의 1, 즉 4분의 1밖에는 안 되지 않는가. 0까지 감안하면 확률은 더 낮을 수도 있다. 그는 조금씩 총 4백 파운드 걸어서 겨우 1백 파운드밖엔 잃지 않았다. 하지만 또 한편으로 생각해 보면, 37번 중에 한 번은 반드시 0이 나와 영영 행운을 잡을 기회를 잃을 수도 있다.

오래 전의 어떤 기억이 자꾸만 마음에 걸렸다. 나는 방 건너편 의학서적들이 꽂힌 책꽂이를 바라보았다. 기억 속에 희미하게 떠오르는 페이지를 찾는 데에는 몇 초도 채 걸리지 않았다.

"이것 좀 보게, 홈스. 자넨 동전을 아주 여러 번 던졌을 때 앞면과 뒷면이 나올 **비율**은 같아지지만, 앞면과 뒷면이 나오는 **절대적** 횟수 차는 갈수록 벌어진다고 했었지."

"그랬지."

"하지만 자네 말과 정반대 되는 막대그래프가 여기 있네. 실제로 동전을 10번 던졌을 때와 500번 던졌을 때의 결과를 비교한 거야. 그런데 이걸 보면 오른쪽 막대그래프가 왼쪽 것보다 훨씬 비슷해 보이지 않나."

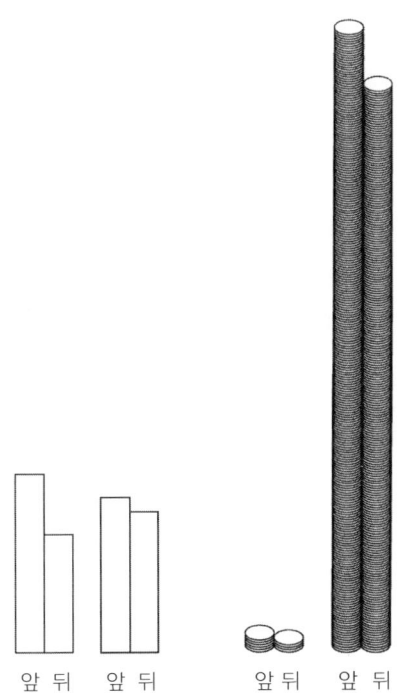

홈스는 웃음을 터뜨렸다.

"아닐세, 왓슨. 두 그래프가 다른 비례로 그려져 있다는 기본적인 사실을 간과했군. 여기 보면 첫 번째 실험에서는 앞면이 6번, 뒷면이 4번 나왔다고 했네. 그리고 두 번째 실험에서는 앞면이 262번, 뒷면이 238번 나왔다고 했지. 문제에 나온 동전을 실제로 한번 그려보세. 이제 알겠나? 오른쪽 동전더미의 절대적 높이 차가 훨씬 크다는 걸 말이야."

그는 오른쪽 막대그래프의 높이 차를 가리켰다. 난 얼굴이 화끈 달아올랐다.

"그렇군, 홈스."

"너무 부끄러워할 필요는 없네, 왓슨. 신문에서도 그래프를 다른 비례로 그려놓고는 말도 안 되는 말장난을 곧잘 치니까. 의도적이든 아니든, 이 그림도 그런 왜곡 사례 중 가장 간단한 거야. 또 다른 의문 있나? 좋아, 후작을 도중에 만나려면 당장 카지노로 출발해야겠네."

　나는 한 시간 후 몸이 푹 젖은 상태로 오들오들 떨며 돌아왔다. 그때까지도 계속 내리던 눈이 부츠와 외투 위에서 녹고 있던 탓이었다. 하지만 가슴은 자랑스러움으로 후끈 달아올랐다. 홈스에게 들려줄 확률 법칙에 대한 기막힌 정보를 갖고 돌아왔던 것이다. 분명히 홈스도 그것까지는 모르고 있을 게 틀림없었다.
　홈스는 책을 읽다가 나를 올려다보았다.
　"잘 됐나?"
　"물론이지, 홈스. 후작은 동전던지기든 룰렛이든, 무작위 사건의 확률은 앞선 게임 결과로부터 영향받지 않는다는 데 수긍하더군. 그리고 다시는 그런 도박 방법을 쓰지 않겠다고 약속했네."
　"잘했어, 왓슨! 그렇다면 그가 불쾌해하거나 그러진 않았단 말이지?"
　"정반대였네. 후작이 얼마나 흡족해했는지 몰라. 한술 더떠 신경 써줘서 고맙다며 클럽에서 위스키를 한 잔 사겠다고 고집 부리던 걸."
　"자네 뺨이 왜 그렇게 벌겋게 달아올랐나 했더니, 위스키 때문이었군! 그 다음은 내가 맞춰보겠네. 그러고 나서 후작은 자네와 나란히 카지노에서 나와 약혼녀에게 새해 인사를 하러 갔겠지?"
　"그 다음 일은 내가 설명해 주겠네, 홈스. 그 카지노, 정말이지 상상했던 것과 영 딴판이더군. 규모는 좀 클지 몰라도 조그만 마권업소 같은 곳일 거라고 생각했거든. 그런데 아니었네. 로열 카지노의 메인 홀만큼 넓은 곳은 생전 처음 봤어. 리츠 호텔의 무도회장보다 훨씬 더 크고 화려한 샹들리에가 환히 밝혀져 있는 곳을 생각하면 될 걸세. 게다가 바를 둘러싸고 특별석이 있는데, 거기 앉아 있으면 카지노를 한눈에 내려다볼 수 있지. 테이블이랑 딜러, 군인처럼 근사한 유니폼 차림의 보디가드까지, 아주 장관이더라구. 게다가 도박하러 온 사람들도 굉장하던 걸! 어마어마한 거물들이 많았지. 신문의 왕실 면에서 본 사람들도 꽤 많았는데, 이름은 말하지 않겠네. 사업가들도 물론 많았고, 모두 똑똑하기로 유명한 인사들이었지. 홈스, 따는 게 없다면 그런 사람들이 카지노에 갈 리 없겠지?"

홈스는 가만히 미소를 지었다.

"엄청난 부자라면 잃어도 간다네. 부자들이 카지노에서 잃는 돈이라봐야 우리 같은 사람들이 극장에 가는 티켓 값밖에는 안 되니까. 부자들이 도박에 거는 판돈은 전 재산에 비추어보면 푼돈에 지나지 않지. 지갑 속에 돈 1퍼센트만 써도 부인들의 환심을 살 수 있을 걸세. 하지만 도박은 자네나 나 같은 평범한 사람들이 즐기기엔 적당한 취미라 할 수 없지. 어쨌든 후작과 같이 나왔겠지? 아까 내 질문에 아직 대답하지 않은 것 같은데."

"아니, 후작은 나오지 않았어. 아주 좋은 방법을 생각해 냈거든. 확률 법칙에 기억력이 없는 건 사실이지만, 그래도 룰렛으로 확실하게 돈 딸 방법을 생각해낸 거야! 단번에 큰 돈을 따지는 못하겠지만, 그래도 큰 돈을 잃을 위험은 거의 없는 것이지."

홈스가 갑자기 내 말에 끼어들었다.

"잠깐, 왓슨. 부츠 벗지 말게. 나랑 같이 어디 좀 가야되겠네."

홈스는 황급히 외투와 모자를 걸치며 나를 데리고 베이커 가 남쪽으로 발길을 재촉했다. 내가 조금 전에 걸어왔던, 로열 카지노가 있는 피카딜리 방향이었다.

"홈스, 이해하네. 그 화려한 카지노를 직접 보고 싶은 게로군? 후작이 새로 개발한 도박 요령이 효과적인지도 확인할 겸 말이야."

홈스는 한숨을 내쉬었다.

"왓슨, 룰렛에서 돈을 딸 수 있는 확실한 방법은 세상에 없네. 잠깐 동안은 딸 수 있겠지만, 길게 보면 그 어떤 방법도 효험이 없어. 카지노는 베팅 한 번에 보통 3퍼센트 정도 수수료를 받네. 이기든 지든 상관 없이 말이지. 그렇다고 너무 자책하지는 말게나. 이렇게 될 걸 예상했어야 했는데. 지금 우리가 가는 동안에도 후작은 돈을 잃고 있을 테니, 그럼 내 말을 더 잘 이해할 테지. 그 새로운 요령이란 게 뭔지 말해보게."

"아주 간단하네. 처음엔 빨간색에 1파운드를 거는 걸세. 빨간색이 나오면 후작은 1파운드를 따는 거지. 빨간색이 안 나오면 다음엔 두 배를 거는 거야. 그러니까 빨간색에 2파운드를 건다는 얘기지. 이번에 이기면 아까 1파운드를 잃은 대신 2파운드를 따겠지. 그러면 1파운드를 더 얹어 돈을 거네. 빨간색이 나오지 않으면, 판돈을 두 배로 올려. 4파운드를 걸었을 때 빨간색이 나오면 1파운드를 더 얹어 돈을 걸고, 아니면 판돈을 다시 두 배로 올리는 거야. 확률 법칙에 따르면 언젠가는 반드시 빨간색이 나올 테니까 정말 확실한 방법 아닌가. 게다가 길든짧든 손을 털었을 땐 항상 1파운드는 딸 수 있는 거고 말이야. 그 다음엔 처음부터 새로 시작하는 걸세. 매번 조금씩밖에는 따지 못하겠지만 위험 수위가 낮으니 정말 좋은 방법이지."

홈스는 내 말을 들으며 발걸음을 더욱 재촉했다. 우리는 술집에서 쏟아져 나와 노래하고 흥청거리는 취객들과 뒤엉켰지만, 홈스는 이리저리 헤치며 잠시도 지체하지 않았다.

"더 빨리 가세, 왓슨! 위험 수위가 낮기는커녕, 후작은 매번 새로 시작할 때마다 전 재산을 잃을 위험에 처해 있는 걸세. 한 번 할 때는 위험 수위가 낮겠지. 하지만 불행이 닥치면 그야말로 끝장이네. 보통은 후작 말대로 최소 1파운드는 따겠지. 하지만 후작은 1만 파운드를 갖고 갔네. 말해 보게. 13번 연속해서 검은색이 나오거나 0이 나오면 어떻게 되겠나?"

나는 암산해 보았다.

"한 번 잃은 다음엔 2파운드를 걸 거고, 그 다음엔 4파운드. 4파운드를 잃으면 8파운드. 열 번 잃은 다음엔…… 세상에, 판돈이 엄청나게 커지는군! 그동안 잃은 돈을 모두 갚으려면 1천 파운드 넘게 걸어야겠네. 열세 번 잃은 다음엔 8천 파운드가 넘을 거야."

"지금쯤 그가 얼마를 걸고 있을 것 같나?"

"글쎄, 최소한 벌써 1 더하기 2 더하기 4 더하기 8까지는 잃었을 거야. 1파운드부터 걸기 시작했으니까, 8천 파운드까지 올라갔을 걸세."

"처음 1만 파운드를 갖고 갔으니, 이젠 돈이 얼마 안 남았을 거야. 그러면 전 재산이 모두 날아가는 거네!"

"이론적으로 그럴 듯하게 들렸는데. 하지만 솔직히 검은색만 열세 번이나 계속 나올 확률은 거의 없지 않은가?"

"그럴 확률은 8천분의 1이네. 그는 그저 8천 파운드를 잃을 확률은 낮지만 단돈 1파운드를 딸 확률은 높다고 생각했을 뿐이야. 하지만 새로 시작할 때마다 확률은 항상 똑같아지네. 게다가 0도 생각해야지. 한 번 베팅할 때마다 판돈을 잃을 확률은 정확히 1/2이 아니라 19/37일세. 13번 이상 휠을 돌리면, 그 차이는 엄청나게 벌어지지. 1파운드부터 새로 시작할 때마다 0이 나올 확률은 6천분의 1이 넘어. 그 정도의 확률은 카지노한테나 유리한 걸세."

"난 그 방법이라면 안전하게 돈을 딸 수 있을 거라고 생각했는데, 그러려면 돈이 무척 많아야 하겠군?"

나는 홈스를 따라가느라 숨을 헐떡였다. 홈스는 콧방귀를 뀌었다.

"그냥 많은 정도가 아니라, 무한정 있어야 할 걸세! 하지만 백만장자도 전 재산을 걸 수는 없다네. 카지노도 돈을 무한정 갖고 있는 건 아니니까 말이야. 그래서 카지노에선 판돈에 제한을 두지. 베팅할 수 있는 최대 금액을 정해놓는다는 말이야. 사실 한 번에 몇백 파운드 이상 걸 수 있는 룰렛은 몬테카를로에도 없을 걸세."

난 화이트브리지 후작을 찾으려면 특별석으로 올라가야 한다고 생각했다. 하지만 굳이 그럴 필요가 없었다. 한 테이블에 사람들이 모여들어 탄성을 지르고 있었던 것이다. 홈스는 서둘러 사람들을 헤치고 들어가 테이블 한가운데 앉아 있는 후작을 찾아냈다. 그는 의기양양한 표정으로 앞에 칩을 잔뜩 쌓아놓고 있었다. 하지만 우리를 보자마자 표정이 다소 일그러졌다. 나는 홈스를 소개해 주었다. 그는 마지못해 인사했다.

"만나서 반갑습니다, 홈스 씨. 하지만 아시다시피 이 방법을 쓰면 괜찮습니다. 벌써 42파운드나 땄어요. 갈수록 나아지고 있습니다."

셜록 홈스는 모자를 벗어 인사했다.

"그 방법이 좋다는 건 이미 확인했습니다. 하지만 약혼녀께서 부탁하신 대로 제가 후작님께 자문해 드리지 않는다면, 로렌스 양께서 무척 불쾌해 하실 텐데요."

화이트브리지 후작은 떨떠름한 표정으로 홈스를 따라 한쪽 구석으로 갔다. 홈스는 나지막한 목소리로 내게 했던 이야기를 들려주었다. 후작의 얼굴이 돌연 하얗게 질리는 게 보였다. 이윽고 그는 테이블로 돌아와 서둘러 칩을 챙겼다. 사람들의 실망스러운 탄성을 외면한 채 서둘러 칩을 바꾸고 클럽을 빠져나왔다.

"신경 써주셔서 정말 고맙습니다, 홈스 씨. 캐서린에게 가서 이 소식을 전해야겠군요."

홈스가 손가락을 치켜세웠다.

"잠깐만요, 후작님. 수수료를 잊으셨군요. 내역을 간단히 말씀드릴까요. 이런 시간, 이런 날, 게다가 이렇게 추운 날씨에 움직였으니, 다 합해 42파운드 되겠습니다."

후작은 마지못해 돈을 지불했고, 우리는 집으로 향했다. 거리엔 사람이 하나도 남아 있지 않았다. 후작이 사라진 쪽에서 들려오는 희미한 발걸음 소리를 제외하고는 정적만 감돌고 있었다. 시계를 들여다보았다. 억울하게도 벌써 1시 15분이었다.

"이런, 새로운 백년을 놓쳤군, 홈스. 하지만 사실 다른 새해와 별 다르지 않은 것 같아. 그래도 룰렛 휠에는 기억력이 없다는 걸 모르는 멍청한 남자를 구하느라 12시 종소리를 놓치다니, 좀 억울한걸."

홈스는 어깨를 으쓱했다.

"왓슨, 이상할 만큼 많은 사람들이 확률 법칙은 항상 균형을 이룬다고 생각한다네. 나쁜 일이 계속되면 좋은 일이 온다고, 혹은 좋은 일이 계속되면 나쁜 일이 온다고 말하지 않는가. 자네도 지금까지 나쁜 일만 겪었으니 좋은 일이 일어날지 모르겠군. 아마 사람들은 무의식적으로 행운의 여신은 똑같은 개수의 검은색과 흰색 조약돌을 자루에 갖고 다닌다고 생각하는 것 같아. 그래서 검은색 조약돌이 많이 나올수록 남아 있는 흰색 자갈의 비율이 높아져 흰색을 가질 확률이 높아진다고 생각하지. 하지만 사실 자루 안에는 무한한 개수의 자갈이 있어서, 여신이 변덕을 부리면 검은색이나 흰색만 계속 나올 수도 있다네. 그게 바로 확률 법칙을 오해했기 때문에 비롯된 인간의 첫 번째 대오류일세."

나는 코웃음을 쳤다.

"난 순전히 감으로 후작의 첫 번째 방법은 잘못됐다고 생각했어. 무작위에 대해 정확히 이해해서 그런 건 아니지만 말이야."

"두 번째 대오류는 어마어마하게 큰 돈을 잃거나 딸 확률은 지극히 낮아서 그 정도는 무시해도 된다고 생각하는 걸세. 후작의 두 번째 도박 요령이 비극으로 끝나리라는 걸 수학자들은 아무리 무한한 수라도 0으로 곱하면 소용없다고 설명하겠지만, 사실 그렇게까지 어렵게 생각할 필요도 없어.

자네가 그 말에 잠시나마 현혹됐던 게 걱정스럽네, 왓슨."

홈스가 내 팔을 잡고 다정하게 말했다.

"빨리 집으로 가세. 오늘밤 우린 가치 있는 일을 했고, 어쨌거나 아직 깨어 있으니 새해 축배를 들어야지. 선반에 좋은 위스키가 있다네. 새로운 백년맞이 건배를 하기에 아직 늦은 건 아니라네."

"행운의 여신을 위해서도 건배해야지!" 내가 엄숙하게 말했다. "그녀는 생각보다 훨씬 신비하고 강하니 말이야."

그 후 우리는 몇 잔 연거푸 건배했다. 새로운 백년을 여는 새벽은 자주 찾아오는 게 아니니 말이다. 얼마 후 내가 대담하게 행동한 것은 아마도 술기운 탓이었을 것이다.

"홈스, 후작과 자네 대화를 듣다가 내가 얼마나 놀랐는지 아나?"

"그래? 내가 무슨 말을 했기에?"

"자네가 무슨 말을 해서가 아니네. 정확히 말하면 자네가 하지 않은 말 때문이지. 자네가 빠뜨린 부분이 있어서 놀랐던 거네."

"말해 보게, 왓슨."

그의 말투는 별로 탐탁지 않은 것 같았지만 난 용기를 내어 입을 열었다.

"자넨 후작이 생각해낸 도박 요령이 반드시 실패하리란 이유를 아주 설득력 있게 설명했어. 하지만 좀 더 쉽게 말할 수도 있었을 걸세. 이 세상 모든 도박은 어떤 상황에서든 바보 같은 일이다, 결국엔 돈을 잃게 될 거다 하고 딱 잘라 말해도 되는 것 아닌가. 나중에 또 도박의 유혹에 넘어가지 않도록 따끔하게 경고했어야지. 사실 룰렛 말고도 도박의 종류가 얼마나 많은가."

"그렇게 말할 수 없었네, 왓슨."

"왜?"

"그건 사실이 아니니까."

"무슨 소리야!"

홈스는 한숨을 내쉬었다.

"왓슨, 설명해 보게. 자네가 어떻게 '도박은 절대로 하면 안 된다'라는 결론에 이르게 됐는지."

나는 단어 선택을 조금 신중하게 했어야 했다는 것을 깨달았다.

"그러니까, 홈스, 나는 주식과 도박이 같다는 말이 일리 있다고 생각하네. 주가는 오르락내리락하니 말이야. 하지만 나도 그렇고 자네도 주식을 갖고 있지. 주식은 도박과 조금 다르네. 누군가 내 자본을 적절히 활용할 테고, 난 장기적으로 봐서 투자액보다 더 많이 받을 거라고 기대하지. 그 정도는 해도 돼. 하지만 도박은 절대로 현명한 행동이 아니야. 카지노든 경마든 도박장은 직원들의 임금이나 건물 임대료 등을 마련하기 위해 반드시 수수료를 챙겨야 하네. 따라서 판돈은 항상 그보다 적게 돌려받지. 그러니까 절대로 하면 안 되는 거 아닌가."

"왓슨, 자네한테는 늘 가르치듯 말하게 되는군. 간단히 말하면, 자넨 세 가지 오류를 고스란히 반복하고 있네. 하나씩 설명해 보겠네.

첫째, 자넨 도박을 하면 반드시 판돈보다 더 많이 딸 수 없다고 했네. 룰렛에서는 그 말이 맞지. 하지만 그렇지 않은 게임도 많네. 카지노에도 있지. 예를 들면 블랙잭을 할 때, 어떤 카드가 나왔는지 정확히 기억하고 머릿속으로 패를 계산할 수만 있다면 확실하게 돈을 딸 수 있어. 하지만 우리 같이 평범한 사람들은 그런 재주가 없지. 그래서 카지노에서 블랙잭을 하는 거야. 게다가 자주 이기는 '꾼'을 알아내면 출입을 금지시키기도 하는 거고.

더 좋은 예를 경마장에서 찾아볼 수 있네. 마권업자들은 승률을 항상 1보다 약간 낮게 정하지. 동등한 실력을 가진 두 마리가 경주할 때는 각각에 대해 약간 낮은 확률을 제시할 걸세. 그래야 어느 말이 이기든 조금이나마 수익을 올릴 수 있으니까. 마권업자는 판돈이 많이 걸리는 특정 말의 승률을 계속 낮게 조정할 걸세. 그러면 어느 말이 이기든 수익이 대강 비슷해지니 말이지.

경마에 돈을 거는 사람들이 모두 다 지각 있고 현명하다면, 마권업자들은 절대로 수익을 올리지 못할 걸세. 하지만 사실은 그렇지 않네. 사람들은 승률이 높은 말에게 돈을 더 많이 거는 경향이 있지. 그래서 좋은 말의 승률이 조금 더 높은 거고. 그런데 특이한 현상이 하나 있어. 실력과는 상관없이 이름만 유명한 말에 돈을 거는 거 말일세. 예전에 경주에서 여러 번 이겼다거나 납치됐던 사건 때문에 이름이 널리 알려진 말이―"

"자네도 그렇게 해서 돈을 따지 않았나, 홈스!"

"그 말이 더비 경마처럼 큰 대회에 출전했을 때, 경마에 무지한 사람들은 아무 생각 없이 그 말에 돈을 거는 사람들이 많지. 마권업자 편에서는 사람들이 그럴 듯한 말에 돈을 더 많이 거는 게 좋지. 그래서 유명한 말이 이길 거라는 터무니없는 가능성을 던져주고 자기네들은 수익을 챙기는 걸세. 가끔이기는 하지만 정말 엉뚱한 말이 이기면, 경마장은 적당한 수익을 올리고 무지한 사람들의 돈은 약삭빠른 사람들의 주머니로 들어가는 거야.

전문 도박꾼이 계속해서 사업할 수 있는 방법은 그 외에 또 있네. 친구들끼리 포커 게임을 할 때처럼 도박장 수수료가 없는 곳이 좋은 예가 될 걸세. 소위 '꾼'들은 같이 카드 게임을 하는 아마추어보다는 훨씬 정확하게 한 사람 한 사람의 승률을 계산하지. 그래서 미리 선수를 치는 거야.

그러니 도박에서 절대로 돈을 딸 수 없다는 말은 하지 말게나! 물론 확실하게 돈을 따려면 그 게임의 내용과 확률에 정통해야지. 후작 같은 사람들은 아예 뛰어들면 안 되는 것이고."

"홈스, 난 그래도 도박은 건전하지 않다고 생각하네. 이유야 어찌 됐든,

그 수익은 다른 사람이 잃은 돈 아닌가."

홈스는 내 말을 무시했다.

"둘째, 이번엔 예상되는 수입이 투자액보다 크기만 하다면 얼마든 도박을 하겠다는 자네 주장에 대해 생각해 보세. 왓슨, 미국의 몇몇 주에서는 복권이 수백만 장씩 팔리는데, 복권 한 장이 엄청나게 큰 당첨금을 받을 수 있는 확률은 대단히 낮네. 복권 판매액의 일정 비율, 약 3분의 2가 당첨자에게 돌아가지. 그러니까 어떤 주에서 1센트짜리 복권이 3백만 장 팔렸다면, 당첨자는 무려 2만 달러를 챙길 수 있어."

"홈스, 그것 보게, 1달러 투자했을 때 겨우 평균 67센트만 돌아오는 거잖아. 그래서 난 복권을 사지 않네."

"왓슨, 한번 잘 생각해 보게. 복권 당첨자가 없을 때도 있다네. 일 년에 몇 주 정도는 당첨된 숫자가 적힌 복권을 아무도 사지 않은 거야. 그러면 상금은 '넘어간다'고 하지. 다음 주 상금에 더해지는 거야. 그러니까 다음 주에 똑같은 개수의 복권이 팔리면, 예상되는 수익은 3만 달러로 올라가네. 3백만분의 1로 나눠서 말이야. 그러면 1센트를 투자해서 1과 1/3센트를 챙기는 거 아닌가. 가만히 두고 보기만 하는 주식 수익보다는 훨씬 좋지! 사실 지난 주 상금이 넘어가는 주에는 복권이 평소보다 많이 팔리기 때문에 이익은 다소 줄기는 하지만, 그래도 평균 수익이 복권 값보다 훨씬 높은 경우가 많아. 그런 경우라면 복권을 사는 데 전 재산을 다 쏟아 붓고 싶은 생각이 들지 않겠나?"

나는 잠시 머뭇거렸다.

"내가 합리적이라면, 그렇겠지."

"말도 안 돼, 왓슨! 난 자네가 그렇게 바보 같은 짓을 할 만큼 지각 없다고는 생각지 않네. 진짜로 그렇게 하면 틀림없이 알거지가 될 걸세. 수학자들은 그런 자제력을 '효용'이라는 말로 설명한다네. 효용이란 똑같은 액수의 돈이 모든 사람에게 다 똑같지 않다는 것을 간단하게 설명할 때 쓰는 말이지. 예를 들어 가난한 고학생에게 단돈 1달러는 부자가 생각하는 1천 달러보다 훨씬 크다는 말이야. 보통 돈이 많을수록 돈의 의미는 점점 줄어드네. 2백만 달러가 1백만 달러보다 자네를 두 배 더 행복하게 만들어주지는 못할 거야. 사실 자네가 평생 모은 돈을 잃어버렸을 때의 절망은 어떤 식으로든 백만장자가 되었을 때의 기쁨보다 훨씬 크게 느껴지겠지. 그러니 자넨 지난 주 당첨금이 넘어간다 해도 전 재산을 복권 사는 데 써서는 안 되는 걸세.

효용이라는 개념으로 아까 자네가 말했던 세 번째 오류도 설명할 수 있네. 자넨 예상된 수익이 투자 총액보다 적다면 **절대로** 도박을 하지 않겠다고 했네. 왓슨. 말해 보게, 자네도 의료사고 책임보험을 들고 있지?"

"당연하지. 책임보험은 당연히 들여야 하네. 아무리 명의라도 실수할 수 있으니 말이야."

"하지만 실제로 보험금을 청구하는 의사는 별로 없네. 그리고 자네처럼 성실한 의사라면 다른 의사들보다 환자들의 신뢰를 훨씬 많이 받을 걸세. 다른 보험사처럼 의료보험조합도 지불 총액이 보험금 총액보다 많으면 파산하고 말 거야. 따라서 자네가 평생 동안 내는 보험금 총액이 보험으로 얻는 혜택보다 많을 걸세. 물론 그렇다 해도 자넨 현명하게 보험을 들 테지. 약간의 보험금을 매년 냄으로써, 언제 어느 때 일어날지 모르는 비극으로부터 보호받을 수도 있고 마음의 평화까지 덤으로 얻을 수 있으니 말이야."

그는 한숨을 내쉬었다.

"왓슨, 이제 알겠나. 그래서 자네 말대로 도박은 절대로 해선 안 된다고 딱 부러지게 말하지 못했던 걸세."

"최소한 룰렛은 어떤 경우에도 해선 안 된다고 말할 수 있었잖아."

홈스가 장난기 어린 미소를 지었다.

"그 말에도 예외가 있다네. 왓슨, 자네가 크라카토아 섬에 있고, 머지 않아 화산이 폭발할 거라고 가정해 보게. 그런데 불행히 항구에 있는 마지막 배의 선장이 뱃삯으로 무려 80파운드나 요구하고 있어. 자네 주머니에는 70파운드밖에 없는데 말이야. 그런데 부두에 룰렛을 할 수 있는 카지노가 있어. 그러면 어떻게 하겠나?"

"카지노에 가서 빨간색에 70파운드를 걸겠네. 최소한 50퍼센트의 생존 확률은 있으니 말이야."

"그 경우엔 후작의 두 번째 요령을 쓰는 게 좋네. 판돈을 두 배로 올려 거는 거 말이야. 빨간색에 10파운드를 거는 거야. 돈을 따면 배를 탈 수 있지. 못 따면 20파운드를 걸어. 그래도 안 되면 마지막 40파운드를 거는 걸세. 그러면 생존 가능성은 8분의 7로 올라가지 않는가."

홈스의 표정이 부드러워졌다.

"물론 그런 일은 절대로 없을 걸세. 그건 인정하네, 왓슨. 일반적으로 도박은 아예 안하는 게 상책이라는 자네 생각이 옳아. 도박장 수수료만이 유일하고 가장 확실한 우승자니 말이야. 내일 후작에게 편지로 딱 부러지게 설명하지."

3 상속인을 찾아라!

　　　　　　　나는 말없이 식탁에 자리를 잡았다. 셜록 홈스는 조간 신문에 파묻혀 있었다. 그가 신문에 집중하고 있을 땐 방해해서 좋을 게 하나도 없다. 허드슨 부인의 요리는 여느 때보다 맛있어서, 나는 한동안 매콤하게 양념한 달걀과 베이컨에만 열중했다. 그때 탁자에 놓여 있던 신문이 눈에 들어왔다. 발행일 난에 낯선 숫자가 적혀 있었던 것이다. 1900년 1월 1일. 20세기에 접어든 것이다. 발음하기에도 너무나 낯선 연도였다.

　나는 가만히 1면을 넘겨보다가 곧 짜증을 내며 신문을 내던졌다. 홈스가 의아한 눈길로 나를 바라보았다.

　"이 신문의 칼럼니스트가 새 세기에 대해 이러저러한 예언을 늘어놓았군. 홈스, 정말이지 이런 쓰레기는 처음 보겠네! 정치면에는 서양과 동양에서 우릴 능가할 만한 새로운 권력이 출현해 대영제국이 멸망할 거라고 예언해 놓았어. 그리고 프랑스와 독일 간에 대유럽전쟁이 일어날 거라네. 기번의 《로마제국의 멸망》을 읽고 날조한 게 틀림없네. 영국이 요즘처럼 강했던 적도 없었고 유럽이 이만큼 평화로웠던 적도 없지 않은가. 미래를 알고 싶은 심정이야 이해하지만, 사실 어떻게 알 수 있단 말인가. 예언은 우습지도 않은 사이비 과학에 근거하고 있는데 왜 사람들이 그렇게 쉽게 속아넘어가는 건지 모르겠어."

"왓슨, 마이크로프트 형이 그와 비슷하게 예측하는 걸 들은 적이 있네만, 나도 이 얘기들이 **전부** 그럴 듯한 추측에 지나지 않는 건 인정해. 하지만 이 예언들이 모두 허구라고는 생각하지 않네. 자네도 일기예보를 보지 않나. 맞을 때도 많지만 가끔 틀리기도 하는데 말이야. 그렇지만 일기예보는 틀림없이 과학법칙에 근거하고 있지."

"그래도 이 기사의 주제는 미래의 과학 진보니까 더욱 믿기 힘들군. 굉장한 전자 기기가 나올 거라는 말은 좀 과장된 것 같기는 하지만 그래도 그럴싸해. 하지만 미래의 운송 기기에 대한 이 삽화를 좀 보게. 공기보다 무거운 게 수백 명의 승객을 태우고 대서양을 건너간다고? 세상에! 게다가 날아서 달에 갈 수 있다고까지 했어. 홈스, 이건 말도 안 돼. 불가능하고 말고."

홈스는 빙그레 미소를 지었다.

"왓슨, 아마 그럴지도 모르겠군. 하지만 전에도 말했지만, 불가능한 것과 그저 일어날 것 같지 않은 일은 다른 걸세. 누가 백년 전에 전화나 전구, 대서양을 가로지르는 전보를 예상했겠나. 그러니 너무 흥분하지 말게. 방금 자네가 한 말 중에 아주 불가능한 일은 없으니까."

나는 코웃음을 쳤다.

"틀렸네, 홈스. 그래도 이 신문, 양심은 좀 있었나 보네. 저명한 수학자의 말을 인용해서 그렇게 큰 비행정이라면 지상에서 날아오르기 위해 초당 수백 피트 정도는 날아서 공기를 모아야 한다고 했네. 또 그러기 위해서는 허공에 뜨기 전에 2킬로미터 정도 되는 특수 도로를 달려가야 한다고도 했어. 정말 우습지 않은가!"

홈스는 아무 말도 하지 않았다. 그가 지금까지 날 놀린 거라고 짐작한 나는 좀 더 믿을 만한 신문을 펼쳤다. 그런데 계단에서 들리는 요란한 소리 때문에 도무지 정신을 집중할 수 없었다. 그 소리를 보아하니, 아주 뚱뚱한 사람이거나 무거운 것이 계단을 오르고 있는 것 같았다. 옷자락 스치는 소리와 쩔렁거리는 금속 소리도 뒤섞여 있었다. 히말라야의 짐 진 노새가 우릴 찾아온 게 아닐까 싶을 정도였다.

문을 열어보니 상상도 못한 인물이 서 있었다. 런던 사람 같기는 한데 동양풍의 이상한 차림을 한, 엄청나게 뚱뚱한 여인이 문 앞에 서 있었던 것이다. 쩔렁거리는 소리는 손목에 매달린 육중한 금속장식에서 난 것이었다. 이마에 은색 띠를 두른 그녀에게선 짙은 향수 냄새가 진동했다.

"홈스 씨를 만나야겠소. 지금 당장 말이오."

그녀의 낮고 굵은 목소리가 쩌렁쩌렁 울려퍼졌다.

"다음에 다시 오시는 게 좋겠습니다, 부인. 홈스 씨는 아주 긴박한 일이 아니면 이 시간에는 아무도 만나지 않습니다."

내가 단호히 말하자 그녀는 버럭 화를 냈다.

"아주 시급한 일이오! 한 사람의 목숨이나 돈 따위, 전능한 신의 눈에는 하찮지만 당장은 아주 중요한 것처럼 보이는 일을 얘기하나 본데, 난 그런 보잘것없는 것들을 모두 합한 것보다 더 중대한 문제로 찾아온 거요. 홈스 씨가 당장 날 만나주지 않는다면, 나 하나만이 아니라 전 우주에 여파가 미칠 거요. 그 여파는 일시적으로 끝나지 않고 영원히 이어질 것이오. 당신이 알지 못하는 고대 전통의 신봉자들, 그리고 전 인류에 어둠이 닥칠 거란 말이오. 날 못 알아보는가 보군. 나는 대신앙의 여제사장인 마담 젤다요."

그녀는 잠시 말을 멈추고 숨을 골랐다. 내 임무는 홈스의 시간을 낭비하게 만드는 괴짜나 미치광이를 막는 것이었기에, 그녀를 내쫓을 참이었다. 그런데 갑자기 등 뒤에서 홈스의 목소리가 울려퍼졌다.

3. 상속인을 찾아라! 59

"왓슨, 그분을 들어오시게 하게. 금방 옷 갈아입고 나오겠네."

커다란 안락의자에 앉은 마담 젤다는 홈스를 기다리는 동안 동정하는 듯한 눈으로 날 바라보는 것 같았다. 갸름하고 주름진 얼굴에 박힌 크고 검은 눈동자는 내 속을 꿰뚫어보는 것 같았다. 그녀의 시선이 불편했던 나는 홈스가 생각보다 빨리 나타나 다소 안심했다. 그는 의자에 앉아 얘기를 시작하라는 듯 고개를 끄덕했다.

"홈스 씨, 난 나이가 많소. 살 날이 얼마 남지 않았지. 아니, 날 동정하지는 마시오!"

마담 젤다는 홈스가 아무 말도 하지 않았는데도 과장된 몸짓으로 손을 내저었다.

"내 천국은 이곳에서 멀리 떨어진 미궁에서 날 기다리고 있지." 그녀는 벽난로 쪽 어딘가를 가리켰다. "하지만 세상을 등지기 전에, 아주 어려운 계승 문제를 해결해야 하오. 우리 교단에서 지금 내가 차지하고 있는 지위는 추기경보다 훨씬 숭고하게 계승되고 있소. 후계자는 이 세상 인간의 판단을 뛰어넘는 절대적인 방법을 통해 추대되오. 이 세상 모든 만물처럼 별의 인도를 받아서 말이오."

"별이 어떻게 인도해 준다는 겁니까?"

홈스가 나지막이 물어보았다.

마담 젤다는 그를 매섭게 쏘아보았지만, 홈스의 표정은 대단히 진지했다.

"태어난 날짜와 관련 있소. 난 대제사장만이 볼 수 있는 고대 문서를 통해 일 년 중 어떤 날 교주가 진리를 드러내고 그 정신을 후손에게 전할 것인지 확인했소. 그리고 그날과 가장 가까운 날 태어난 사람에게 모든 권리를 넘겨줄 것이오."

"세속적인 의미에서 말입니까?"

홈스가 사과라도 하는 듯 손을 모았다.

"세속적인 의미에서, 난 그 사람에게 우리 사원에 하나밖에 없는 자리를 물려준다는 유언장을 작성할 생각이오. 런던과 뉴욕에 있는 거대한 사원 말이오. 또 그 지위와 함께 수천 파운드에 달하는 교단의 기금관리권도 넘겨줄 거요. 홈스 씨, 무슨 말인지 알고 있소. 믿음이 없는 사람에겐 군침 도는 재산이지."

나는 어이가 없어 얼굴을 찌푸렸다.

"하지만 지구상에는 매일 수만 명의 어린아이가 태어납니다. 영국만 해도 하루에 수천 명의 아기가 태어나지요! 그중에서 후계자가 누군지 어떻게 알 수 있단 말입니까?"

마담 젤다가 냉정한 눈으로 날 쏘아보았다.

"그런 문제가 아니오. 문제는 정해진 날에 태어났느냐는 것이오. 연도는 상관 없소. 당신 계산대로라면, 전세계 인구 중 360분의 1, 즉 수백만 명이 후보일 거요. 하지만 난 속세인들에 대해 말하는 게 아니오. 다른 사제들이 최후를 맞이하고 있을 때, 별의 계시를 읽고 아틀란티스에서 도망갔던 제1세대의 진짜 후손 중에 내 후계자가 있소."

홈스는 고개를 끄덕였다.

"그럼 그 사람을 어떻게 알아볼 수 있습니까?"

"별로 어렵지 않소. 우리 교파가 거의 사라질 뻔했을 때 계속 신앙을 지켰던 우리 고조부의 직계 후손만이 진짜 후계자가 될 수 있으니 말이오."

나는 사기라고 생각했지만 그 말을 입 밖에 내지는 않았다.

"내가 알기론 61명의 후보가 있소. 그중 한 명만 빼고 모두 우리 나라에 살고 있지. 처음엔 간단한 일 같았소. 날짜를 예측해서 후계자에게 기름 부어줄 준비만 하면 그만이었으니까. 그런데 그때 생각지도 못한 문제가 일어난 거요. 외국에 산다는 그 한 사람은 캐나다에 살고 있는데, 그가 캐나다로 이민 가셨던 내 고조부의 막내아들의 유일한 자손인 것 같소. 오래 전에 그와 연락이 되었는데, 그가 정확히 어디 사는지 찾기 힘들었다오. 그런데 그는 자기가 유일한 자손이 아니고, 미국 전역에 자기네 가문 사람들이 59명 더 있다고 했소. 그러곤 그들의 생일 목록을 보내주었소. 하지만 그 사람들이 정말 실존하는 인물인지 확인할 수 없었소. 그런데 무례하게도 그 사촌은 생일에 해당되는 사람의 이름과 주소를 알려주지 않겠다고 하더군. 편지를 보아하니, 그걸 알려주면 내가 몰래 무슨 음모를 꾸밀지 모른다고 의심하는 것 같았소. 그러곤 나더러 이 목록을 보고 미국에 사는 친척들 중 누가 진짜 후계자인지 생일 날짜를 집어내면, 책임지고 내 상속인과 연락하겠다고 하는 것이었소."

마담 젤다는 기가 차다는 듯 눈을 부라렸다.

"그 사촌의 조상이 캐나다로 떠난 이유는 내 고조부의 신앙을 무시했기 때문이었소. 홈스 씨, 사촌이 정말로 유일한 유족인지 의심스럽소. 그를 본 적도 없소. 만약 그가 사촌이라고 주장하는 이들 중 한 명에게 내 계승권을 준다면, 그와 짜고서 가짜 생일 증명서를 들고 날아와 사원의 전 재산을 물려받을 거요. 하지만 또 그렇다고 사촌의 주장을 무시한다면, 별이 내 후계자로 점지한 사람을 놓쳐버릴지도 모를 일이오. 어찌 됐든 내 의무를 저버리게 되는 것이오!"

마담 젤다는 고통스러운 눈으로 홈스를 바라보았다. 그 얼굴을 보자 그녀가 안됐다는 생각이 들었다. 하지만 홈스는 고개를 가로저었다.

"부인, 제가 캐나다에 직접 가지 않는 한 확인할 방법이 없군요. 부인께는 대단히 중요한 일이라는 건 알지만, 전 이 일을 맡을 수가—"

마담 젤다는 고개를 세차게 흔들며 홈스의 말허리를 잘랐다.

"굳이 안 가도 되오. 영국과 미국 가문 것이라고 보낸 생일 목록 두 개를 가져왔소."

홈스는 마담 젤다가 내민 작은 공책을 바라보았다.

"어느 목록이 진짜인지도 모르시는군요."

"그렇소. 정확히 말하면 내 추측이 맞는지 당신한테 확인을 받고 싶은 거요. 간단히 말하면, 이 리스트 중 하나는 대단히 의심스럽소. 출처는 둘째 치고서라도 진짜가 아닌 것 같은 느낌이 들지. 당신 생각이 내 생각과 같다면 최소한 마음은 편해질 거요. 나아가 전 인류를 어둠의 구렁텅이에서 건질 수도 있을 테고 말이오."

마담 젤다의 마지막 말을 듣자마자, 나는 갑자기 이 모든 일들이 우스꽝스럽게 느껴졌다. 하지만 홈스는 엄숙하게 몸을 일으켰다.

"최선을 다해 살펴보겠습니다. 내일 아침 이 시간에 다시 와 주시겠습니까. 그때 확실하게 답해 드리지요."

홈스는 마담 젤다를 배웅했다. 홈스는 되돌아와 그녀가 두고 간 공책을 들어 찬찬히 들여다보았다. 나는 짜증스럽게 그를 바라보았다.

"홈스, 자네 정말 노망이라도 난 거 아닌가? 아까 그 불쌍한 노파한테는 안된 일이지만, 이것보다 훨씬 중요한 사건들이 자네를 기다리고 있지 않나."

"이보다 더 중요한 문제라니? 난 이거야말로 심각한 일이라고 생각하는데."

"하지만 점성술 따윈 자네도 안 믿지 않나. 별이 부여한 권력이라니, 나원!"

"물론 나도 점성술은 믿지 않네, 왓슨. 하지만 별자리가 어떤 힘을 갖고 있다고 생각하네. 그 힘은 두렵기도 하지. 정확히 무엇인지는 알 수 없지만, 종교 같은 힘을 갖고 있는 건 사실이네. 막강한 지도자가 통치하는 소수 종교를 목숨 걸고 믿는 사람들이 나날이 늘어나고 있네. 우리 나라도 그렇고 다른 나라 사람들도 마찬가지야. 대부분 사회에 적응하지 못하는 길

잃고 외로운 사람들이지."

"홈스, 누가 저 사람들 신앙이 나쁘다고 했나? 잘못 인도될 수도 있지만, 버림받고 외로운 사람들끼리 모여 하나의 단체를 만들고 서로서로 돕는다면 없는 것보다는 낫겠지."

"그럴 걸세. 종교 지도자가 진실하다면, 아니 최소한 악하지만 않다면 말일세. 하지만 신앙과는 무관한 사람들에 의해 만들어지는 종교도 많고, 그런 사람들에게 속는 사람들도 많네. 믿음을 이용해 그저 돈이나 권력 등을 차지하려는 사람들한테 속는 것이지. 양이 늑대를 믿는다면 끔찍한 일이 벌어질 걸세. 마담 젤다가 두려워하는 게 바로 그런 거라네. 다행히 내가 그녀를 안심시킬 수 있겠지만 말이야."

홈스는 마담 젤다가 두고 간 공책을 건네주었다.

"이건 순수 논리학 문제일세, 왓슨. 이 목록 두 개 중 하나는 실존하는 사람들의 것이지. 그렇다면 생일 날짜는 말 그대로 무작위적일 거야. 나머지 하나는 못된 사람이 머릿속으로 대충 만들어낸 것이네. 다행히 그 사람 머리가 그리 좋지는 않았는가 보이. 날짜를 아주 엉망으로 골라냈으니 말이지. 왓슨, 1부터 10 중에서 좋아하는 숫자를 아무 거나 말해보게."

"7."

"좋았어! 자넨 정말 단순해. 이런 질문을 하면 거의 반 이상이 똑같은 숫자를 댄다네. 7이라고 말이지. 아마추어 마술사와 전문 도박꾼들은 아주 잘 아는 사실일세. 물론 그 사실을 알고 있는 약삭빠른 사람들은 의식적으로 7이라고 말하지 않으려고 노력하고 전혀 다른 다른 숫자를 대려 하지만 말이야. 그런데 사실 인간의 마음은 무의식적으로 몇 가지 패턴을 갖고 있네. 그 점을 잘 아는 수학자라면 그런 패턴을 모두 피하려고 애쓰지만, 그렇게 해봤자 그 역시 또 다른 종류의 패턴을 만들어낼 뿐이야. 캐나다에 있다는 이 사촌이 수학자라면 주사위를 던지거나 전문 서점에서 살 수 있는 난수표 같은 것을 참고해 좀 더 확실하게 날짜를 무작위적으로 골랐을 걸세. 그런데 언뜻 보기에도 다행히 그만한 전문가는 못 되는 것 같군. 왓슨, 이 두 목록의 가장 큰 차이점이 뭔지 알겠나? 한번 말해 보게. 내가 보기에는, 단번에 들통날 엄청난 실수가 이 안에 담겨 있네. 그런데도 내가 마담 젤다를 내일 오시라고 했던 건 오래 생각한 척하고 얘기하면 내 말이 좀 더 권위 있게 들리기 때문이지."

나는 홈스에게 질 수 없다는 생각에 목록을 뚫어지게 바라보았다.

"확실히 차이가 있구먼. 목록 A의 생일 날짜는 별자리마다 거의 균등하게 분포돼 있는데, 목록 B는 편차가 커. 이것 보게, 물고기자리엔 11명이나 있는데, 사자자리에는 한 명밖에 없지 않은가."

"그래 어떤 결론을 내렸나?"

"확실히 목록 B가 의심스러워."

홈스는 한숨을 쉬었다.

"왓슨, 그 얘기는 잠시 접어두고 좀 더 구체적인 걸 찾아보게."

목록을 뚫어져라 바라보던 나는 또 다른 특징을 발견했다.

"알았다! 홈스, 목록 B에는 생일날짜가 같은 사람이 7쌍이나 되는데, A에는 한 쌍도 없어."

"그렇지! 왓슨, 목록을 좀 더 자세히 보게나. 어느 쪽이 더 진짜 같은가?"

"음, 그건 계산을 좀 해봐야 되겠군. 무작위로 고른 두 명의 생일이 똑같을 가능성은 365분의 1일 거야. 연도는 무시해도 상관없겠지?"

"아무렴. 왓슨, 그건 상관없네."

"그러면 366명이 있을 때 우연히 생일이 같을 가능성은, 극히 드물겠지만 분명히 있겠지. 왜냐하면 365명의 생일이 모두 다르더라도 366번째 사람은 365명 중 한 사람과 생일이 같을 테니까. 그러면 이렇게 되겠지? 두

목록 A

양자리
3월 21일
3월 27일
4월 2일
4월 9일
4월 14일

황소자리
4월 21일
4월 28일
5월 1일
5월 9일
5월 19일

쌍둥이자리
5월 22일
5월 30일
6월 4일
6월 6일
6월 10일
6월 20일

게자리
6월 25일
7월 4일
7월 14일
7월 16일
7월 23일

사자자리
7월 28일
8월 2일
8월 7일
8월 13일
8월 22일

처녀자리
8월 25일
8월 31일
9월 1일
9월 8일
9월 18일

천칭자리
9월 24일
9월 30일
10월 1일
10월 5일
10월 16일

전갈자리
10월 28일
10월 31일
11월 5일
11월 11일
11월 17일

궁수자리
11월 24일
11월 29일
12월 12일
12월 19일

염소자리
12월 28일
1월 3일
1월 6일
1월 13일
1월 20일

물병자리
1월 22일
1월 27일
2월 4일
2월 14일

물고기자리
2월 20일
2월 27일
3월 5일
3월 11일
3월 16일
3월 20일

목록 B

양자리	사자자리	염소자리
3월 21일	8월 8일	12월 26일
4월 3일		12월 31일
4월 11일	처녀자리	1월 7일
	9월 3일	1월 9일
황소자리	9월 21일	1월 9일
4월 21일	9월 22일	1월 14일
4월 21일		
4월 23일	천칭자리	물병자리
5월 3일	10월 13일	1월 27일
5월 12일	10월 18일	2월 5일
5월 12일		2월 5일
5월 21일	전갈자리	2월 16일
	10월 28일	2월 16일
쌍둥이자리	10월 29일	
5월 31일	10월 30일	물고기자리
5월 31일	11월 10일	2월 23일
6월 1일	11월 14일	2월 24일
6월 3일	11월 15일	3월 1일
6월 5일	11월 16일	3월 7일
6월 9일	11월 20일	3월 9일
6월 18일		3월 11일
	궁수자리	3월 11일
게자리	11월 29일	3월 12일
6월 22일	12월 14일	3월 12일
7월 13일	12월 19일	3월 13일
7월 14일		3월 19일
7월 17일		

명을 놓고 봤을 때 생일이 똑같을 확률은 365분의 1이고 366명을 놓고 봤을 때는 365분의 365니까, 184명 중에서 두 사람 생일이 같을 확률은 2분의 1이야. 하지만 목록에 적힌 사람은 겨우 60명이니까, 확률은 6분의 1도 안 되네. 설혹 아주 우연히 생일이 같은 경우도 있을 수 있겠지만, 무려 7쌍이나 된다는 건 말도 안 되네. 내 생각엔 목록 B가 가짜야. 그것도 아주 엉터리란 말이지."

홈스는 다시 한숨을 내쉬었다.

"차근차근 생각해 보세, 왓슨. 자네가 진료실에 혼자 앉아 있다고 생각해 보게. 그런데 환자가 한 명 들어왔어. 그 환자랑 자네 생일이 같을 확률이 얼마나 되겠나?"

"그야 365분의 1이지."

"좋았어. 그럼 이번엔 그 환자랑 자네 생일이 다르다고 해보세. 그때 환자의 아내가 들어왔어. 그녀와 환자나 자네 생일이 같을 확률은 얼마겠나?"

"그거야 365분의 2지. 다음엔 자네가 무슨 말을 할지 알겠네. 그 뒤로 환자의 아들이 들어오면 확률은 365분의 3일세. 또 딸이 들어오면 365분의 4고. 아, 알겠다! 확률은 방 안에 있는 사람 수만큼 올라가는군!"

"대강은 맞았네, 왓슨. 이번엔 자네 논리가 맞는지 한번 확인해 보세. 두 사람의 생일이 같을 확률이 2분의 1 이상이 되려면 몇 명이나 있어야 하겠나? 그렇지 않을 가능성도 상관없네."

나는 재빨리 처방전 뒷면에 숫자를 갈겨썼다. $1/365 + 2/365 + 3/365 + \cdots\cdots$

"20명이면 되겠군. 그러면 생일이 같을 확률은 0.52, 즉 52퍼센트가 되는 걸."

홈스는 눈살을 찌푸리더니 내게서 종이를 빼앗아갔다. 그러고는 아주 못

마땅한 표정으로 내가 적은 숫자를 내려다보았다.

"왓슨, 자네 말대로라면, 27번째 사람이 들어왔을 때 생일이 같을 확률은 96퍼센트가 되네. 28번째 사람이 들어오면 확률은 103퍼센트가 돼. 저런, 1백 퍼센트가 넘는 걸! 자, 왓슨, 이게 말이 된다고 생각하나?"

"어라, 말이 안 되지. 28명의 생일이 모두 다를 **가능성도** 있는데. 확률이 1보다, 그러니까 1백 퍼센트보다 크다는 건 명백히 수학적으로 오류인데. 그럼 내가 어디서 틀린 거지?"

"이건 아주 기초적인 문제일세. 확률을 조합하려면 더하지 말고 곱해야 한다네. 조금만 생각해 보면 알 수 있을 거야. 예를 들어 내가 이 동전을 세 번 던졌을 때," —홈스는 사이드테이블에 있던 이집트 동전을 집어들었다— "앞면만 계속 나올 확률은 1/2 곱하기 1/2 곱하기 1/2, 즉 8분의 1이 되지."

"홈스, 그건 나도 아네. 하지만 이 경우에는 그걸 어떻게 응용해야 할지 잘 모르겠군. 1/365 곱하기 2/365 곱하기 3/365 ……, 이것을 계산하면 엄청나게 작은 숫자가 나오지 않은가. 그건 아닌 것 같은데."

"이 문제의 해답을 구하는 가장 좋은 방법은 뒤집어 생각하는 걸세. 두 사람이 한 방에 있네. 둘의 생일이 다를 확률은 364/365지. 또 한 사람이 들어오네. 이번에도 생일이 다를 확률을 구하려면 거기에 363/365를 곱해야 하네. 생일이 같을 확률은 365분의 1이니까. 또 다른 사람이 들어오면 362/365를 곱해야 하네. 그렇게 계속 계산하다가 366번째 사람이 들어오면 0/365를 곱하는 거야. 생일이 같은 사람이 단 한 명도 없을 확률은 그럼 0이 되는 거지. 계산기를 쓰면 쉽게 계산할 수 있겠지만, 어쨌든 23번째 사람이 들어오면 분명히 생일이 같을 확률은 49퍼센트에서 52퍼센트로 올라갈 걸세. 60번째 사람이 들어오면 생일이 전부 다 다를 확률은 1퍼센트도 안 되네. 약 170분의 1이 되니 말이야."

"그럼 목록 A가 가짜란 말이군!"

"그렇다네, 왓슨. 목록 B처럼 생일이 같은 사람이 7쌍이나 될 확률이 현실적으로 더 높지. 사실 생일이 똑같은 사람들이 한 쌍도 없다 해도, 목록 A가 의심스럽다는 걸 눈치챘어야 했네. 생일이 별자리별로 너무 균등하게 분포되어 있으니 말이야. 게다가 날짜 간격도 너무 일정해. 무작위로 뽑았을 때 이렇게 균등한 경우는 거의 없네. 오히려 **너무** 평균적으로 보이는 게 바로 조작됐다는 증거지! 누가 동전을 1천 번 던졌더니 앞면이 정확히 5백 번 나왔다고 하거들랑, 그 사람은 절대 믿지 말게나."

나는 창가를 서성이다가 창 밖을 내다보았다. 조금 전에 내린 눈이 도로에 3센티미터 정도 쌓여 있었는데, 쌓인 두께가 한 치의 오차도 없이 편평했다. 기막힌 반증이 떠올랐다.

"저기 눈 좀 보게, 홈스! 눈송이들이 아무 데나 떨어졌는데도 결국엔 아주 편평하게 쌓이지 않았나! 그렇다면 저걸로 무작위를 반복했을 때 장기적으로 보면 균등한 결과가 나올 수 있다는 걸 설명할 수 있지 않을까?"

홈스는 고개를 저었다.

"왓슨, 드문 일은 아니지만, 자넨 정말이지 실수도 아주 시적으로 저지르는군. 눈송이가 정말로 차곡차곡 쌓인다면, 눈의 **상대적** 높이는 쌓이는 것과 거의 똑같이 늘어날 걸세. 그래서 멀리서 보면 편평하게 보이는 거야. 사실 **절대적** 높이는 그렇지 않은데 말이지. 거리를 덮고 있는 눈 쌓인 표면을 자세히 들여다보면 사실 굉장히 우둘투둘하다는 걸 알 수 있을 걸세. 동굴의 석순처럼 생겼지. 어쩌면 더할지도 모르겠군. 완전히 편평한 곳은 한 군데도 없어. 그리 나쁘지 않은 비유였네, 왓슨. 진정한 의미의 무작위는 사실 굉장히 힘든 일이야. 동굴 탐험가가 장비도 제대로 갖추지 않은 채 날카로운 바위를 오르는 것만큼 경솔한 일이라네. 무작위적인 게 사실은 균등하지 않다는 말이 낯설게 느껴지는 이유는, 작위적으로 세상을 균등하게 만들려는 경향이 많기 때문이지. 예를 들어 눈이 편평하게 쌓인 것처럼 보이는 이유는 공기의 흐름이 근처의 낮은 곳으로 눈송이를 굴러가게 하는 중력 작용 때문일세.

 무작위의 결과가 균등하다고 착각하지 말게나. 자네만 그렇게 착각하는 건 아니라네. 많은 사람들이 균등한 분포와 무작위적 분포를 혼동하지. 확률 법칙을 제대로 이해하지 못해서 비롯된 세 번째 대오류라고 이름 붙여도 좋을 만큼 말이야! 오류 목록을 적어보게나. 왓슨, 알아두면 대단히 유용한 얘기니까."

"자네 별점을 읽은 적 있나, 홈스?"
 다음날 아침 식사를 하던 내가 짓궂게 물어보았다.
 홈스는 부드러운 표정으로 나를 바라보았다.
 "그럼, 있지. 그날 신문에 돈벌이가 될 만한 재미있는 사건이 없을 때 한 번씩 심심풀이로 읽어보네. 점성술사의 예언과 내 생각을 비교해볼 수도 있고, 점을 보면서 오늘 하루를 어떻게 보낼까 이런저런 생각도 할 수 있으니까. 물론 그 예상이 맞든 틀리든 그건 별로 중요한 일은 아니지만 말이야."
 "어쩌다가 별점이 기막힐 정도로 딱 들어맞은 적은 없었나?"
 "물론 있었지, 왓슨. 자네가 방금 '기막히다'는 말을 했는데, 요는 그러면 **기억에 남는다**는 점이네. 엉터리 점은 금방 잊혀질 뿐 아니라 다른 사람한테 굳이 얘기하지도 않을 걸세. 하지만 아주 정확하게 맞았던 점은 우연히 맞은 것이라 해도 다른 것과 달리 기억에 오래 남고 다른 사람한테도 '기막히다'고 말하겠지."
 "그렇다면 자넨 별이 인간사에 아무런 영향을 미치지 않는다고 확신하고 있군."

"물론."

나는 의기양양하게 조간신문을 펼쳤다.

"그렇다면 재미있는 기사 하나 들려주겠네, 홈스. 자넨 확률과 통계 법칙을 믿지, 그렇지 않은가? 그런데 오늘 아주 저명한 수학자가 사람의 별자리와 직업의 상관 관계에 대해 글을 썼어. 우연이라고밖에는 설명할 도리가 없지만 분명히 둘 사이 밀접한 관계가 있다고 하네. 예를 들어 프로 축구선수들은 천칭자리나 전갈자리일 확률이 높다는 걸세. 그리고 의사들은 나같이 좀 둔하고 현실적인 황소자리나 장난기 많고 짓궂은 쌍둥이자리일 확률이 높다는군. 나도 기억이 나. 의대에 다닐 때 유별나게 제멋대로 굴고 재미있는 걸 좋아하는 친구들이 많았지! 이렇게 과학적으로 증명된 것을 어떻게 안 믿을 수 있단 말인가, 홈스?"

"믿네."

"조금 전에는 점성술이 엉터리라고 했잖아!"

"맞네, 왓슨. 하지만 그건 둘 간의 상관 관계를 측정한 거 아닌가. 그것도 아주 확실하고 일관적인 관계를 말이야. 하지만 그걸로 어떤 별자리를 갖고 태어난 아이가 나중에 어떤 직업을 갖게 된다고 예언할 수는 없네. 다시 말해 그건 **인과 관계**가 아니란 말이야. 우선 잘 생각해 보면, 생일이 여러 가지 면에서 인생에 영향을 미친다는 걸 알게 될 걸세. 똑같은 5학년짜리 아이들 중에서도 3월에 태어난 아이와 작년 2월에 태어난 아이를 비교해 보게. 틀림없이 학교 성적에 차이가 있을 거야."

홈스는 식사를 하다 말고 나를 똑바로 바라보았다.

"그건 인위적인 차이네, 왓슨. 하지만 자넨 의사니까, 똑같은 해에 태어난 갓난아이라 해도 생일이 몇 월이냐에 따라 평균 몸무게 차이가 상당히 크다는 걸 알고 있을 거야. 기온 같은 절대적 요인과 과일이나 야채처럼 건강과 관련된 계절적 요인이 자궁 안에 있는 아이의 발달 과정에 큰 차이를 주기 때문이지. 크든 작든 나중에 장애를 일으킬 수 있는 유아 질병 역시 계절에 따라 발병률이 다르네. 세 번째 요인으로 꼽을 수 있는 게 바로 임신 시기네. 의대에 다닐 때 크리스마스 파티 때문에 다음 해 9월 말경에는 사생아 출산율이 엄청나게 높아진다는 얘기, 들은 적 없나? 이 불쌍한 아이들이 보통 가정에서 태어난 아이들보다 제대로 양육되지 못 하리라는 건 불을 보듯 뻔하지.

전반적으로 봐서 어느 정도는 직업이 생일과 관계가 있을 수 있네. 별자리는 당연히 생일과 관계가 있고, 그렇기 때문에 말도 안 되는 인과 관계가 그럴싸해 보이는 거야."

"무슨 말인지 알겠네, 홈스. 그렇다면 별점과 계절의 영향을 완벽하게 구별하는 건 불가능하겠군."

"꼭 그렇지도 않네, 왓슨. 예를 들어 남반구에서 태어나서 자란 아이들을 연구해 보면 알 수 있을 걸세. 남반구에서는 사자자리가 한여름이 아니라 한겨울이지. 그런데 몇천 년이 지나 지구의 축이 바뀌면 계절과 별자리도 서서히 바뀔 거야. 하지만 그렇게 어마어마한 연구까지 할 필요는 없을 테지. 어쨌든 이 문제는 그만 얘기하기로 하세. 마담 젤다가 계단을 올라오는 소리가 들리니까. 그녀와 이 문제를 갖고 왈가왈부하는 건 현명한 생각이 아니야."

마담 젤다를 정중하게 맞이한 홈스는 차분히 자신의 추리를 설명했다. 그녀는 홈스가 이야기를 마치자마자 고개를 끄덕였다.

"맞소. 나도 목록 A가 가짜라고 생각했다오. 선생처럼 정확히 계산해서가 아니라, 그저 본능적으로 의심스럽다고 생각한 것뿐이지만. 그래도 확인받으니 안심이 되는구려."

마담 젤다는 꿰뚫을 듯한 눈으로 우리를 바라보았다.

"물론 두 분이 날 도와주리라는 걸 조금도 의심치 않았소. 현명하고 창의

3. 상속인을 찾아라! 73

적이면서 전통적인 것을 싫어하는 물병자리 홈스 씨, 그리고 다소 둔하고 느린 구석도 있지만 믿음직한 황소자리 의사 양반. 두 분은 별자리로 봤을 때 더없이 완벽한 짝이라오."

홈스가 그녀를 배웅하고 돌아올 때까지도 나는 벌어진 입을 다물지 못하고 있었다.

"세상에, 마담 젤다가 어떻게 안 거지, 홈스?"

"우리가 완벽한 짝이라는 거 말인가? 그거야 척 보면 아는 거 아닌가?"

"아니, 우리 별자리를 어떻게 정확히 알아맞힌 거냔 말이야. 마담 젤다가 엄청나게 좋은 귀를 갖고 있어서 아까 내가 황소자리라고 했던 말을 들은 건 아닐 테고. 더구나 내 입으로 생일을 말한 적도 없는데 말이지. 어디 보자, 그래, 난 말한 기억이 전혀 없어."

홈스가 빙그레 미소를 지었다.

"개척한 지 얼마 안 되는 미국인들은 천성적으로 관공서를 싫어해 등기소가 거의 없다네. 그래서 다른 사람들의 생일을 알아내기도 힘들고, 자기 입으로 직접 말한다 해도 정확하지 않지. 하지만 영국인의 생일이나 결혼기념일, 혹은 사망일자를 알고 싶으면, 런던 등기소에 가서 몇 푼만 내고 등기부를 펼쳐보기만 하면 되네. 점성술을 철석같이 믿는 마담 젤다가 생전 처음 보는 두 남자를 믿어야 하는 마당에 그 정도도 안 찾아봤겠나. 그녀를 잘못 안 것일 수도 있지만, 그래도 만만하게만 볼 수만은 없는 여성이야. 그래서 그녀가 앞으로 어떻게 살아갈지 관심 있게 지켜볼 생각이네."

잠시 후 출근 준비를 하며 부츠를 신던 나는 결정타를 날리고 싶은 유혹을 끝내 떨쳐버리지 못했다.

"자네가 아까 심리 운운했던 말은 틀렸네, 홈스. 예를 들어 손목을 삐거나 허리가 삐끗하는 가벼운 부상을 입으면 몇 달씩 고생하는데, 내 환자들

중에 신앙 요법을 받고 단 며칠 만에 씻은 듯 나은 사람들이 있거든. 자네도 그런 경우를 단순히 우연이라고 치부하지 못할 걸세. 그 사람들이 고통을 호소한 게 단순히 상상이었다고는 생각지 않네. 대부분이 지각 있는 현실적인 사람들이었으니까. 분명히 광신도는 아니었단 말이지."

"자네 말을 믿네, 왓슨. 나도 그걸 우연이라고 치부할 생각은 없네. 하지만 이렇게 한번 가정해 보게나. 어떤 환자가 고통을 줄이려고 손목을 이상하게 비틀고 있다고 말이야. 어느 정도는 효과가 있겠지. 하지만 계속 그러고 있으면 근육이 긴장돼 그 때문에 다른 데가 아플 거야. 원래 있었던 병이 나은 뒤에도 그 병을 완화하려던 행동 때문에 또 다른 근육통이 발생하겠지. 그렇게 해서 악순환이 계속되는 거고."

나는 홈스의 말에 귀를 기울였다.

"그런 환자가 신앙 치료사에게 갔다고 생각해 보게, 왓슨. 치료사는 신앙으로 병을 완치할 수 있다고 그럴 듯하게 말할 거네. 그러면 몇 달 뒤엔 환자의 팔 근육이 완전히 풀리는 거야. 며칠만 지나도 진짜로 아팠던 증상은 사라지는 거고. 긍정적인 말을 해주면 그 말처럼 나아진다는 증거는 많이 있네. 어떤 아이한테 넌 바보야 하고 말하면 틀림없이 시험에서 떨어지지만, 반대로 천재라고 말해주면 합격하는 일이 많지 않은가."

홈스는 조간신문을 집었다.

"그리고 그런 이유 때문에 신문에 나온 별점을 읽는 거라네. 필자들은 독자들이 나쁜 말보다는 좋은 말을 듣고 싶어한다는 걸 잘 알고 있어서, 대부분은 좋은 말을 써놓지. 젊은이들 중엔 마침 그날 신문에 연애운이 좋다고 써 있는 걸 보고 용기를 내 청혼하는 이들도 있을 걸세. 그래서 예언이 진짜로 드러나는 것이고."

신문을 들여다보던 그가 갑자기 눈살을 찌푸렸다.

"이런, 예외가 있군. 왓슨, 오늘 조심하는 게 좋겠네."

"조심하라고? 왜?"

홈스는 내게 신문을 흔들어 보였다.

"오늘 자네 별점을 보니 위험이 닥칠 거라는데?"

"무슨 위험?"

"점술에 너무 쉽게 속아넘어갈 거라는 위험!"

4 늙은 선원의 비밀

　새해 물건을 싸게 사려는 인파로 거리가 북적이고 있어서, 나는 남자들이 내 주위로 모여들고 있다는 사실을 조금도 눈치채지 못했다. 한 남자가 코앞에 와서는 내 눈을 똑바로 바라보며 아는 사람 마냥 고개를 끄덕 했다. 나는 잠시 머뭇거렸다. 의사는 무수한 환자를 만나는데, 환자들은 의사가 자길 알아보지 못하면 마음의 상처를 입기 때문이었다. 그 순간 내 양쪽에 또 다른 남자들이 버티고 서 있다는 것을 깨달았다. 옴짝달싹 못하게 나를 에워싼 것이다. 그때 앞에 서 있던 남자가 외투에서 커다란 무언가를 꺼냈다.

　다행히 내겐 호신용 무기가 있었다. 지팡이 말이다. 신문에서는 요즘 갑자기 런던에 노상강도가 급증했다고 요란하게 떠들어대고 있었다. 그래서 혹자는 전에는 강도가 없다가 최근에야 나타났다고 생각할지 모르지만, 난 노상강도가 인류의 역사만큼 오래됐다고 생각한다. 난 지팡이를 꽉 움켜쥐었다. 손잡이 부분에 납을 녹여 넣은 이 지팡이가 최소 두 번은 내 목숨을 구한 적이 있었다. 하지만 잠시 후 난 바보가 된 기분이었다. 그 남자가 손에 든 것은 무기가 아니라 접이식 간이 탁자였던 것이다. 그는 길에 탁자를 펴더니, 닳고닳은 카드 석 장을 날렵한 솜씨로 돌렸다.

"여왕을 찾아보십시오! 선생님, 여왕을 찾으면 돈을 두 배로 딸 수 있습죠. 저기 저 젊은 아가씨만큼 순수한 운만 있으면 된답니다." 마침 곁을 지나가던 여점원이 경멸의 눈초리로 쏘아보았다. "하지만 약간의 기술이 있으면 더욱 좋습죠. 선생님, 이리 오십쇼. 돈을 두 배로 벌어 가십시오. 척 보기만 해도 얼마나 간단한 게임입니까."

싫다고 했어야 마땅한 일이었다. 남자가 끈덕지게 조르는 데도 귀찮기보다는 재미있겠다는 생각이 들었다. 나는 학창 시절 이후에는 '여왕 찾기' 도박을 한 번도 해본 적이 없었다. 그것도 순진한 의대 시절 딱 한 번만 해봤을 뿐이다. 사기 도박 중에서도 가장 간단한 여왕 찾기는 백년 동안 런던 거리에서 벌어지고 있었고, 앞으로도 계속될 것이다. 여러분 중에 이 도박을 한 번도 본 적 없는 분이 있을지 몰라 게임의 규칙을 설명하자면 다음과 같다. 딜러는 카드 석 장만 사용한다. 그중 한 장이 하트의 여왕이다. 나머지 두 장은 검은색 카드다. 클로버든 스페이드든 상관 없다. 딜러가 카드 석 장을 뒤집어놓으면 플레이어가 카드 한 장을 선택하는데, 그 카드가 여왕이면 판돈의 두 배를 따는 것이다.

하지만 이 도박에는 확률 법칙을 적용할 수 없는 속임수가 두 가지 있다. 첫째, 딜러가 미숙한 척하면서 플레이어에게 뒤집어진 여왕 카드를 슬쩍 보여주고는 첫 번째나 두 번째 판에서 돈을 따게 하는 것이다. 신이 난 플레이어가 대담해져서 큰 돈을 걸면, 그때부터 딜러의 손놀림은 날렵해진다. 사실 플레이어는 어떤 카드를 고르더라도 돈을 잃을 수밖에 없다. 그때쯤이면 여왕 카드는 벌써 다른 카드로 바뀌어 있기 때문이다.

녀석과 한패인 두 남자는 내게서 얼굴을 돌리고 서 있었다. 그들의 역할은 플레이어를 에워싸는 것이 아니라, 경찰이 올까봐 망을 보는 것이다. 이 게임은 물론 불법이다. 그때 내게는 딱히 사기꾼의 유혹을 뿌리치지 못할 이유가 없었으므로 당연히 하지 말아야 했다. 하지만 그때 이 사기꾼들이 나만 노리는 게 아니라는 것을 눈치챘다. 왼쪽에 값비싼 옷을 걸친 남자가 재미있다는 표정으로 게임판을 들여다보고 있었던 것이다.

그 순간 약간 짓궂은 아이디어가 떠올랐다. 가난한 의대 학생 시절, 이 도박에서 무려 2실링이나 잃은 기억이 떠오른 것이다. 딜러가 항상 첫 번째 판에서는 이기게 해준다는 것을 기억해낸 나는 주머니에서 반 크라운짜리 동전을 꺼내 탁자에 소리나게 내려놓았다. 옆에 있던 신사는 아직도 주머니에 꽂은 손을 만지작거리는 중이었다.

"합시다!"

내 말이 떨어지자마자 남자는 카드를 돌리며 소리를 높였다.

"돌아라, 돌아라, 돌아라, 돌아라, 우리 여왕님 어디로 가시나, 우리 여왕님 어디서 멈추시나, 아무도 몰라, 아무도 몰라."

예상대로 그는 일부러 서툰 척했다. 순간적으로 여왕 카드가 눈에 들어왔다. 나는 그 카드를 집었고, 반 크라운을 더 받았다. 비록 10년이라는 세월이 걸리긴 했지만, 어쨌든 이번엔 내가 이긴 것이다!

"한 번 더 하시죠, 선생님?"

나는 고개를 저었다. 그 순간 내가 미처 말리기도 전에 옆에 있던 신사가 빳빳한 5파운드짜리 지폐를 내밀었다.

"이번엔 내가 하겠소."

그는 강한 미국식 억양으로 말했다.

딜러는 고개를 끄덕이고 다시 카드를 돌리기 시작했다. 하지만 그때 한쪽에서 "경찰이다!"라는 고함 소리가 들렸다. 눈 깜짝할 사이에 딜러는 탁자를 접어 외투 속에 감추고 다른 두 명과 함께 인파 속으로 사라졌다. 잠시 후 멀리 순찰 중인 경찰이 눈에 들어왔다. 아무것도 눈치채지 못한 게 틀림없었다. 하지만 경찰을 붙잡고 굳이 신고할 이유를 찾지 못한 나는 흐

못한 미소를 지으며 집으로 발길을 돌렸다.

베이커 가의 하숙집에 도착해 계단을 오를 때, 방 안에 손님이 있다는 것을 알았다. 무엇 때문인지 화가 잔뜩 난 레스트레이드 경감의 목소리가 쩌렁쩌렁 울리고 있었던 것이다. 문을 열어보니 경감은 성난 얼굴로 방 안을 서성거리고 있는데, 셜록 홈스는 반대로 재미있다는 표정으로 빙글거리고 있었다. 나는 분위기를 바꾸는 게 좋겠다고 생각했다.

"새해 복 많이 받으십시오, 레스트레이드 경감님. 조금 전에 경감님께서 관심 있어 하실 만한 사건을 목격했답니다."

하지만 경감은 내 인사를 들은 둥 만 둥 하고는 다시 홈스에게 얼굴을 돌리고 고래고래 고함을 질렀다.

"13번이나 안 나왔단 말입니다, 13번이나! 그런데 판사는 증거가 없다며 아무런 조치도 취하지 않겠다고 하더군요. 13번이나 안 나왔는데 증거가 없어서 어쩔 수가 없다니! 경찰이 판사의 말 한 마디에 옴짝달싹 못하니 범죄자들이 날뛰는 게 당연하지 않겠습니까."

홈스는 애써 안됐다는 표정을 짓긴 했지만 얼굴엔 장난기가 역력히 보였다.

"레스트레이드 경감님, 경감님을 위해 할 수 있는 일이 있다면 무슨 일이든 하지요. 데이비스 사건은 해결의 실마리가 보이는 것 같습니다. 하지만 방금 말씀하신 사건에 대해서는 별 가망이 없는 것 같군요. 한 달 봉급이라고 하셨죠? 잘 생각해 보면 부인을 달랠 방법이 있을 겁니다."

"홈스 씨, 총각이라고 그렇게 쉽게 말씀하는 게 아닙니다. 나라면 그런 식으로 말하지 못할 겁니다!"

"그렇겠지요. 하지만 그래도 어쩔 수 없는 일 아닙니까. 조금만 절약하십시오. 술과 담배를 끊고 조금씩 저축해 두면 큰일에 대비할 수 있을 겁니다."

레스트레이드 경감은 잔뜩 찌푸린 얼굴로 방을 나섰다. 하지만 그가 현관문을 닫고 나가는 소리가 들리자마자, 홈스는 뒤로 넘어갈 듯 고개를 젖히고 웃음을 터뜨렸다.

"대체 무슨 일인가, 홈스? 13번이나 안 나왔다니? 무슨 사건인데 그래?"

홈스는 웃음을 참지 못하고 계속 키득거리며 고개를 가로저었다.

"별일 아니네, 왓슨. 요즘 경감 혼자 열심히 벌이고 있는 불법도박 근절 운동 얘기야."

"저런저런. 조금 전에 거리에서 사기 도박꾼들을 만났는데. 내게 말이라도 좀 걸지. 홈스, 모르긴 몰라도 내가 여왕 찾기 도박에서 사기꾼들의 돈을 뜯어낸 최초의 인물일 걸세!"

난 몇 분 전에 일어난 일을 자세히 들려주었다.

"왓슨, 레스트레이드 경감에게 말을 못한 게 오히려 다행이군. 아까 경감의 분위기로는 자네를 불법도박죄로 체포하고도 남았을 거야. 불법도박 근절운동이니 뭐니 하는 거, 사실 경감의 개인적인 문제라네. 얼마 전 동료와 경찰서 바로 옆에 있는 바우 가의 술집에 갔다가 술집 손님들을 유혹해 동전던지기 내기를 하는 한 남자를 보았다고 하더군. 그런데 앞뒷면이 무작위로 나오는 게 아니라 동전이 마술에 걸린 것처럼 뒷면만 계속 나와서 술집 손님 틈에 섞여 있던 공범이 사람들 돈을 몽땅 뺏어갔다는 걸세. 아까 말한 13번 운운했던 건, 동전 뒷면만 13번 계속해서 나왔다는 얘기였어. 그때 레스트레이드 경감이 같이 마시던 동료에게 이 지역에서 불법도박을 근절시키는 데 한 달 봉급을 걸고 내기하자고 했다네. 그래서 그 뒤로 잔챙이들을 꽤 많이 잡긴 했는데, 완전 근절은 쉽지 않더라지. 결국 불법도박을 완전히 근절시키지 못했으니 내기에 건 돈을 몽땅 잃게 됐다네. 정말 우스운 건, 그가 경찰력 내에서는 모든 형태의 도박을 금한다는 영국 법을 어겼다는 점이야."

"레스트레이드 경감처럼 성실한 경찰이 도박을 근절시키지 못하다니, 좀 의외로군."

"레스트레이드 경감이 범인을 체포하지 못했던 건 아니라네. 그가 고생하는 이유는 상사를 만족시킬 만큼 사기 행위를 증명하지 못했기 때문이지. 예를 들어 이런 일이 있었네. 경감은 동전던지기 도박을 하는 용의자를 점찍고, 그를 따라다니면서 동전을 백 번 던진 결과를 기록했다더군. 그런데 37번은 앞면이 나오고 63번은 뒷면이 나왔다는 걸세. 사람들은 대부분 동전 앞면에 돈을 거는 경향이 있기 때문에, 뒷면이 많이 나오면 동전이 조작된 거라고 생각한 거지."

"홈스, 지난 번 자네가 동전 앞뒷면이 정확히 50번씩 나오지 않는다고 설명해 줬던 거 기억나네. 문제는 확률적으로 어느 정도 차이가 나야 사기라고 말할 수 있느냐는 건데. 그런 건 어떻게 계산해야 하지?"

"레스트레이드 경감도 똑같은 말을 하더군. 그래서 날 찾아온 걸세. 정말 재미있는 건, 그가 또 다른 사건에 대해서도 자문을 구했는데 순진한 그 경감은 두 사건이 똑같다는 걸 모른다는 거야! 동전던지기보다는 좀 더 심각하지만, 답을 구하기는 훨씬 쉬운 사건이지.

자네, 지난 크리스마스 이브에 베이커 가에서 비틀거리며 걸어가던 주정뱅이 기억나나? 조금 전에 그 주정뱅이 이름을 들었네. 데이비스라고 하더군. 그리니치에 정박했던 일러스트리어스 호 소속 사관 후보생인데, 우리가 그를 보았을 때 배로 돌아가던 길이었다더군."

"걷기엔 상당히 먼 거리 아닌가."

"끝까지 걸어갈 생각은 아니었던 것 같네. 처음 배에서 내렸을 때 작은 쪽배를 빌려 썰물을 타고 부두까지 노를 저어왔다고 하더군. 그래서 밀물을 타고 가면 외출 허가시간이 끝나는 자정까지는 배로 돌아갈 수 있다고 생각했던 것 같아. 하지만 끝내 돌아가지 못했지."

"우리가 그를 보았을 때엔 멀쩡했잖아."

"그 다음에 변을 당한 거지. 쪽배를 타기 직전에 일이 벌어졌네. 칠흑같이 깜깜했을 때 부두에 도착했는데, 부두는 백 걸음 정도 되지. 부두가 끝나는 곳에서부터는 한가운데를 기준으로 봤을 때 양쪽으로 열두 보폭밖에 안 되는 산책로가 이어져 있는데, 그 길에서 한 발짝만 벗어나도 곧장 바다에 떨어지지."

"그 밤에 길을 어떻게 찾아갔지?"

"술에 취하지만 않았다면 그리 어려운 일이 아니었을 걸세. 부두는 북쪽을 보고 있지. 그가 부두에 도착했을 때엔 북극성이 반짝이고 있었을 거야. 그러니 그저 북극성을 향해 똑바로 걸어가기만 하면 됐을 걸세. 가다가 쪽배를 정박시킨 곳에 곧장 뛰어내릴 수도 있었을 거고.

하지만 알다시피 그는 취해 있었네. 그래서 똑바로 걷지 못하고 지그재그로 걸어간 거야. 사실 우리가 봤을 때나 다른 목격자들이 봤을 때, 수학적으로 완벽한 '주정뱅이의 발자국'을 찍으며 가고 있었지. 특별히 규칙적으로 왔다갔다한 것도 아니고 왼쪽이나 오른쪽으로만 걸어간 것도 아니네. 똑바로 걸어가려 했지만 의지와는 상관 없이 비틀거리며 걸어갔지. 제정신을 가진 사람이라면 흉내내기도 힘들 만큼 완벽하게 무작위로 말이야. 결국 데이비스는 부두의 정가운데를 따라 북쪽으로 가려 했는데, 끝에 가보니 오른쪽으로 열세 걸음 옆으로 가 있었던 거지."

"불길한 숫자로군."

"맞네, 불길한 그 숫자만큼 운이 없었던 거지. 그날 밤엔 기온이 낮아 수면에 살얼음이 덮였네. 아래를 내려다본 데이비스는 살얼음이 쪽배라고 생각했던가 봐. 그대로 뛰어내렸지. 그의 주머니에 있던 열쇠와 몇 가지 물건들을 어제 강바닥에서 건져 올렸네. 시체는 썰물 때문에 바다로 나갔는지 발견되지 않았지. 아마 영영 못 찾을 걸세."

"불쌍하군. 하지만 그 일은 사건이라고 하기엔 너무 간단한 것 같은데. 왜 레스트레이드 경감이 자네를 찾아온 거지?"

"수상한 구석이 있기 때문이야. 데이비스가 바로 이틀 전에 1백 기니나 되는 생명 보험에 가입했다는 걸세. 그에겐 가족이 없어서 유일한 보험금 수령자는 누이밖에 없고. 이상한 건 데이비스가 왜 그렇게 비싼 보험에 들었느냐는 점일세. 그는 도박으로 빚이 많은 사람이었거든. 쌀쌀한 섣달 그믐날이 되면 유독 템스 강에 몸을 던지는 불쌍한 사람들이 많아진다는 얘긴 자네도 들어봤겠지. 보험회사는 데이비스도 자살한 거라고 단정짓고 돈을 못 주겠다고 주장하고 있고.

레스트레이드 경감은 유족이 된 그의 누이가 불쌍한가 보네. 겉으로 보기엔 안 그래도 속은 따뜻한 사람이니까. 하지만 보험회사는 데이비스가 술 취한 척하면서 비틀거렸다는 걸 많은 사람들에게 목격시킨 다음, 계획적으로 몸을 던졌다고 주장하고 있어. 사실 그가 런던에서 제일 유명한 사립탐정의 집 앞을 지나갔다는 게 순전히 우연이지만은 않을 걸세!"

그날 밤 우릴 즐겁게 해주었던 취객이 우리의 시선을 의식하면서 죽음을 향해 걸어가고 있었다고 생각하니 온몸에 소름이 끼쳤다. 그때 어떤 생각이 내 머리를 스치고 지나갔다.

"홈스, 그런데 아까 동전던지기 사건과 이 일이 관계 있다고 말했는데, 그게 무슨 소리지? 데이비스가 술집에서 동전던지기 도박으로 엄청난 빚을 졌다는 말인가?"

홈스는 빙그레 미소를 지었다.

"아니네, 왓슨. 관계가 있다고 한 건 다른 의미지. 주정뱅이의 발자국을 동전던지기 막대그래프처럼 볼 수도 있다고 했던 거 기억 나나? 주정뱅이가 한 발 내딛을 때마다 동전을 던져 앞면이 나오면 왼쪽으로, 뒷면이 나오면 오른쪽으로 걷는다고 가정해 보세. 그러면 주정뱅이의 발자국은 곧 동전던지기의 결과를 기록한 셈이 되겠지. 그러면 그가 중앙선에서 벗어난 거리는 지금까지 던진 동전던지기에서 앞뒷면이 나온 횟수 차이와 일치할 걸세. 주정뱅이가 정가운데 있다면, 앞면과 뒷면이 나온 횟수가 똑같았다는 얘기겠지. 또 왼쪽으로 두 걸음 떨어진 곳에 서 있다면 앞면이 두 번 더 나왔다는 얘기고, 오른쪽으로 열세 걸음 떨어진 곳에 있다면—"

나는 홈스가 말하는 중간에 끼어들었다.

"뒷면이 13번 더 나왔다는 얘기지! 그러니까 백 걸음에서 오른쪽으로 열세 걸음 더 갔다는 얘기는 동전을 백 번 던졌을 때 뒷면이 63번 나왔다는 얘기와 똑같다는 거로군!"

"이야, 오늘은 머리가 잘 돌아가는군, 왓슨! 이번엔 그림을 제대로 한번 그려보세. 하지만 방금 얘기한 것처럼 주정뱅이가 백 걸음을 간 게 아니라 육십 걸음 간 지도를 그려보지."

그는 종이에 부두 끝을 나타내는 직선을 그리고 그 아래에 삼각형 모양의 격자를 그렸다.

"뭔지 알겠네. 데이비스가 맨 아래에서 출발했을 때 맨 위에 있는 부두까지 갈 수 있는 방법들을 모두 그린 거로군. 여기 대각선을 따라 간다는 말이지."

"그렇다네. 이번엔 마디마다, 그러니까 선이 교차되는 곳마다 숫자를 적겠네. 이 숫자가 뭘 가리키는지 알겠나?"

그는 숫자를 적었다. 잠시 머리를 짜내던 나는 모르겠다고 솔직히 시인할 수밖에 없었다.

"이 숫자는 데이비스가 그 지점에 이를 수 있는 방법의 가짓수를 가리키는 거라네. 예를 들어 맨 위 제일 왼쪽 지점에 이르는 방법은 하나밖에 없어. 앞면이 연속해서 여섯 번 나와야만 왼쪽으로 여섯 발짝을 갈 수 있는 것이지. 하지만 6이라고 적힌 그 옆의 지점에 이르는 데에는 여섯 가지 방

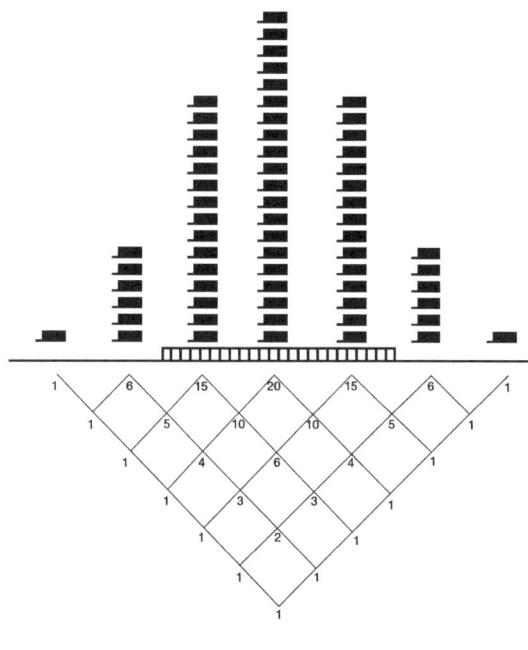

부두 따라 걷기

법이 있네. 앞, 앞, 앞, 앞, 앞, 뒤, 혹은 앞, 앞, 앞, 뒤, 앞, 앞 등이 있겠지."
 나는 경우의 수를 손가락으로 일일이 꼽아보았다.
 "정말 여섯 가지 방법이 있군."
 "직접 확인해 주니 고맙네, 왓슨. 하지만 훨씬 쉽게 계산할 수 있는 방법이 있네. 한 지점에는 최대 다른 두 지점에서 출발했을 때에만 이를 수 있다는 것을 생각하면 돼. 바로 밑에 있는 왼쪽과 오른쪽 두 지점을 보면 되지. 그래프 맨 아래부터 시작해서 그 두 숫자를 더하면 바로 위에 있는 다음 교차점의 숫자가 된다네. 데이비스가 부두 양끝보다 부두 가운데 쪽으로 갔을 가능성이 훨씬 커. 가운데 쪽에 도착할 방법이 훨씬 많기 때문이지. 그럼 데이비스의 생존 가능성이 얼마나 되는지 한번 말해 보게."
 "산책로로 가는 방법은 50가지고, 바다로 갈 방법은 겨우 14가지밖에 없군. 그럼 생존 가능성은 78퍼센트. 생각보다 훨씬 높은 걸." 나는 좀 더 깊이 생각해 보았다. "데이비스 사건을 해결하려면 백 걸음에 상응하는 격자를 그려야되겠군. 그러려면 시간이 꽤 걸리겠지만 재미 삼아 한번 해보지, 뭐. 어디 커다란 종이 없을까?"

홈스는 미소를 지었다.

"훨씬 간편한 방법이 있네. 자네도 학창시절에 봤을 걸세. 선원들이 이런 방식으로 끝까지 걸어간 다음, 모자를 던진다고 가정해 보게. 부두 끝에서 끝까지 모자가 쌓여 있겠지?" 홈스는 이렇게 말하며 그림을 그렸다. "모자가 쌓여 있는 모양을 보고 뭐 떠오르는 거 없나?"

그림을 들여다보며 곰곰이 생각하던 내 머릿속에는 역사 교과서에서 본 그림 하나가 떠올랐다.

"꼭 나폴레옹의 모자 같은데!"

홈스는 한숨을 쉬었다.

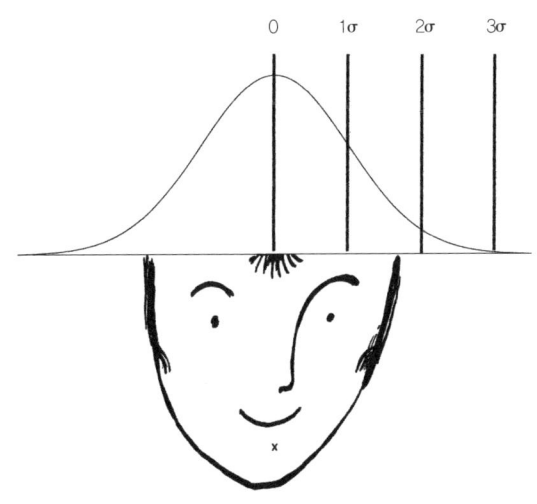

나폴레옹의 모자 혹은 종형곡선 혹은 정규분포곡선

"대부분은 종을 떠올리던데." 홈스는 끝이 너덜거리는 책을 갖고 와 완만한 곡선이 그려진 페이지를 펼쳤다. "이 곡선은 동전을 무한히 던졌을 때처럼 부두에 쌓여 있는 모자를 그래프로 표현한 거라네. 그 유명한 정규분포곡선이지. 종처럼 생겼기 때문에 종형곡선이라고도 하네. 엄청나게 많은 사람들이 X지점에서 출발해 조금씩 걸어가 수평선에 이르렀을 때 모자를 던지면 이런 형태로 쌓일 걸세."

나는 고개를 끄덕이면서도, 속으로는 여전히 이 곡선은 나폴레옹의 모자처럼 보인다고 생각했다. 그래서 곡선 밑에 나폴레옹의 얼굴을 그려 넣었다.

"왓슨, 여기서 중요한 변수는 중앙선에서부터 모자가 떨어진 지점의 평균 거리라네. 그걸 표준오차 혹은 표준편차라고들 하지. 그리스 문자로는 시그마로 표기해. 시그마는 이렇게 생겼네." 그는 곡선 위에 적힌 숫자 옆에 σ라고 썼다. "아주 먼 거리를 갔을 때 이 표준편차를 쉽게 계산할 수 있는 방법이 있네. 걸어간 횟수의 제곱근의 2분의 1이지. 1백 발짝을 갔으니, 표준편차는 다섯 발짝이야.

이번엔 그래프의 각 지점을 살펴보세. 전체의 6분의 1 정도는 뒷면이 55번 이상 나왔을 거야. 가운데를 기준으로 봤을 때 오른쪽에 대한 1표준편차지. 뒷면이 60번 이상 나왔을 확률은 겨우 50분의 1이네. 2표준편차지. 술집에서 있었던 동전던지기 게임처럼, 뒷면이 63번 이상 나올 확률은 2분의 1도 안 돼. 물론 앞면이 63번 이상 나올 확률도 의심스럽지만, 두 가능성을 다 고려해 봐도 레스트레이드가 본 것만큼 동전 한쪽만 많이 나올 확률은 1백분의 1밖에 안 되는 걸세. 마찬가지로 데이비스가 우연히 바다에 빠졌을 확률도 1퍼센트밖에 안 되지."

"레스트레이드에겐 반가운 소식이겠지만, 데이비스의 누이에게는 슬픈 소식이로군?"

"맞았어. 이로써 데이비스와 동전던지기 사기꾼 모두 수상쩍다는 근거는 충분하네. 그래서 둘 다 유죄라는 결론을 내릴 수 있는 거지."

나는 한참 동안 곰곰이 생각에 잠겼다가 선뜻 내뱉었다.

"홈스, 자넨 굉장한 행운아가 틀림없군. 지금 손에 들고 있는 그걸 만들기 위해 노력한 수학자 다음에 태어났으니 말일세. 동전을 엄청나게 많이 던진 결과를 그린 그 그래프 말이야."

홈스는 가만히 미소를 지었다.

"이 그래프는 동전던지기에만 적용되는 게 아니네, 왓슨. 수학자들이 알고 있는 중요한 그래프 중에서도 이 그래프는 실생활에 가장 널리 적용되는 거지. 생각나는 대로 아무 대상이나 말해 보게. 동물도 좋고 식물도 좋고 광물도 좋아. 자연물이어도 좋고 인공물이어도 상관 없네. 그 다음엔 숫자로 표현할 수 있는 그 개체의 특징을 아무거나 골라보게."

나는 홈스가 무슨 말을 하려는 것인지 도무지 알 수 없었다. 그래서 일부러 우스꽝스러운 예를 애써 생각했다.

"요크셔 지방에 사는 농장 여인 중에서 빨간머리에 키가 큰 여인."

"아주 좋은 예로군, 왓슨. 요크셔에 가서 평균신장과 표준편차를 제대로 측정할 만한 적당한 크기의 표본을 대상으로 키를 잰다고 치세. 약 백 명이라고 하고, 키를 직접 재보면 전체 농장 여인의 인구수가 바로 이 곡선을 그린다는 걸 알 수 있을 거야. 예를 들어 6분의 1 정도만 평균보다 큰 1 표준편차 이상이라는 걸 알 수 있다는 말이지. 심지어 표본 자료를 근거로 농장 여인 중 몇 퍼센트가 키 180 이상인지 추측할 수도 있을 걸세. 일일이 찾아다니면서 확인해 보지 않더라도 말이지."

모르긴 몰라도 당시 나는 분명 의심스러운 표정을 지었을 것이다.

"왓슨, 그 밖에 몇 가지 변수를 더 더해도 반드시 이런 모양의 곡선이 생긴다네. 혹시 찰스 부스가 그린 새 런던 지도에 대해 들어본 적 있나?"

그런 기사를 신문에서 읽은 기억이 나긴 했지만, 뜬금없이 무슨 말인가 싶었다.

"부스가 런던의 빈곤 문제를 연구하면서 지역 간 빈부 격차를 색깔별로 분류한 지도를 제작했단 기사는 봤네. 금색은 부유한 지역이고, 회색은 가난하고 범죄율이 높은 지역이라고 하더군."

"맞네, 왓슨. 그런데 얼마 전 새로운 보드 게임이 개발되었더군. 증명할 길은 없지만, 그 게임이 부스의 지도에서 아이디어를 얻은 것 같네. 길을 따라 시계 방향으로 말을 움직이는 게임인데, 길은 칸으로 나뉘어져 있고 네모 칸은 런던 주변의 부동산을 가리키지. 칸의 색깔은 옛 켄트 가를 가리키는 갈색부터 파크 레인을 가리키는 자주색까지 다양하고, 사들인 부동산에 집을 지을 수도 있고, 그러고 나서 바로 그 땅을 가리키는 칸에 말을 놓은 다른 사람에게 세를 놓을 수도 있네. 굉장히 좋은 아이디어란 생각이 들어 당장 그 회사 주식을 샀어."

"하지만 주사위 하나로 말을 움직인다면 너무 시시한 게임 아닌가. 홈스, 그 게임이 잘 팔릴 리 없어. 내 말 듣고 지금이라도 주식을 팔게나."

"아니, 왓슨. 한동안 갖고 있을 생각이네. 물론 게임에 여러 가지 문제가 있는 건 사실일세. 상대방이 어떤 칸에 말을 놓을지 예측할 수 있어야 건물을 지을 테니까. 따라서 게임이 더 재미있으려면 말이 움직이는 거리를 전혀 예측할 수 없어도 안 되고 너무 빤해서도 안 돼. 사실 주사위를 몇 개나 사용하느냐에 따라 예측 가능성은 달라진다네. 주사위 하나를 굴릴 때 어떤 결과가 나오는지 막대그래프로 그려보게나."

쓸데없는 짓 같기는 했지만, 그의 말대로 그래프를 그렸다.

"당연히 모든 면이 균등하게 나오겠지."

홈스는 고개를 끄덕였다.

"그 다음엔 주사위 두 개를 굴려 숫자 두 개를 더한 거리만큼 말을 움직

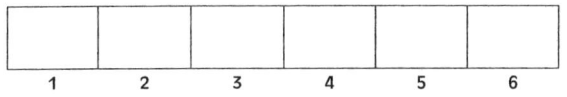

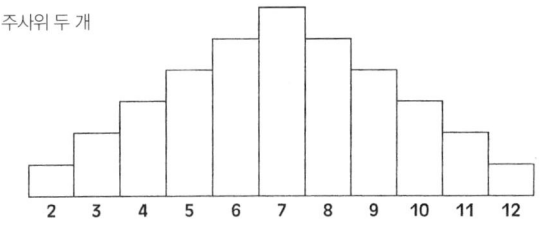

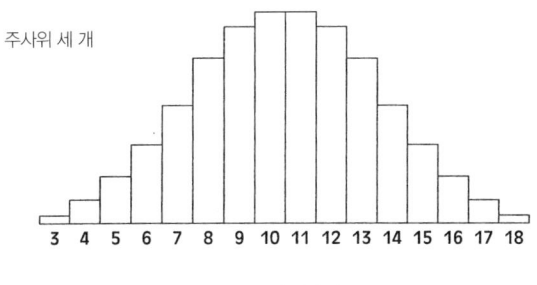

주사위던지기

인다고 가정해 보게. 그때 어떤 결과가 나올지 아까 그린 그래프 바로 밑에 그려보게나."

나는 그래프를 그렸다.

"홈스, 이번엔 피라미드 같이 생겼군. 확실히 2보다는 7이 나올 확률이 높아. 말을 일곱 칸 움직일 수 있는 조합이 여섯 가지나 되니 말이야. 첫 번째 주사위가 6이고 두 번째 주사위가 1일 경우, 혹은 5와 2가 나왔을 경우, 또 4와 3, 3과 4, 2와 5, 1과 6의 경우가 있지. 그렇지만 1과 1이 나와 말을 두 칸만 옮길 수 있는 조합은 한 가지 경우밖엔 없네. 주정뱅이의 발자국처럼 말이야. 달리 말하면, 2와 12라는 맨 끝 값이 나오는 경우보다는 7이 나올 확률이 높다는 것이지."

"그렇지. 그럼 이번엔 이렇게 생각해 보게. 게임을 변형해 주사위 세 개를 던진다면 어떻게 되겠나?"

나는 아까 그린 두 그래프 아래 하나를 더 그렸다.

"3이나 18 같이 맨 끝 값이 나올 확률은 더 낮아지는군. 그리고 중간값이 나올 확률은 더 높아지고. 이런, 홈스, 이것 보게, 또 나폴레옹의 모자 그림이 나오는걸!"

"그렇지, 왓슨. 자넨 정규분포곡선에 적절한 이름을 붙인 셈이군. 나폴레옹이 세계를 정복하려 했던 것처럼 소위 이 '나폴레옹의 모자' 곡선은 자연계에 있는 모든 개체를 지배하고 있으니 말이야. 하지만 이 점은 기억해 두게. 나폴레옹은 결국 실패했어. 그는 세계 정복을 꿈꿨지만, 결국엔 유럽 **전체**를 지배하진 못했네. 마찬가지로 **모든** 개체가 정규분포곡선처럼 이루어지지는 않네. 초보 수학자들은 그래야 한다고 생각하는 오류에 빠지지만 말이야."

"기억해 두겠네. 홈스, 꼭 통계학 박사가 된 것 같은 기분이 드는군."

"좋아! 그렇다면 안심하고 레스트레이드 경감에게 설명해 줄 것을 부탁해도 되겠군."

"나한테? 하지만 나보단 자네가 훨씬 설명을 잘할 텐데."

"난 할 일이 있네. 레스트레이드 경감이 한 시간 뒤에 돌아온다고 했어. 내가 한 시간 안에 돌아올 수 있다면 좋겠지만, 어쨌든 자네가 설명해 주면 좋겠는데."

나는 벌떡 일어섰다.

"홈스, 미안하지만 급한 일이 생각났어. 밤늦게나 돌아올 것 같네. 그래서 말인데, 자네가 날 그토록 믿어줘서 고맙긴 하지만 못 할 것 같아."

"무슨 일인데 그러나, 왓슨?"

너무 당황한 나는 뭐라 대답하지 못했다. 그렇지만 약속대로 한 시간 뒤에 다시 찾아온 레스트레이드 경감은 큰 어려움 없이 내 설명을 이해했다. 그는 술집에서 만난 동전던지기 사기꾼을 체포할 수 있다는 것을 알고 기뻐했고, 또 한편으로는 데이비스의 누이가 보험금을 못 받게 되었다는 것을 알고 실망했다. 그녀는 부양해야 할 자녀가 여럿이나 되는 미망인이었던 것이다. 데이비스의 죽음이 헛된 것이었다는 소식을 전하는 내 마음도 편치는 않았다. 그런 한편으로 나는 홈스가 그토록 냉정한 사람이었나 싶어 조금 의아하기도 했다. 그런데 바로 그 순간, 홈스가 수염을 하얗게 기른 선원을 데리고 돌아왔다.

"안녕하십니까, 레스트레이드 경감님. 이 분은 해운업에 종사하시다가 지금은 은퇴하신 달링 선장님이십니다. 운명의 그날 밤 데이비스가 부둣가에서 실족사했다는 게 증명되었습니다. 이 분이 사고사라는 걸 증언해 주실 겁니다."

"사고라고? 하지만 자네가 공들여 설명한 확률은 그럼 뭐란 말인가?"

"확률과 사실을 혼동하지 말게, 왓슨! 때로는 1퍼센트밖에 안 되는 가능성이 실제로 일어날 수도 있어. 이 선장님께서 말해주시겠지만, 세상일이란 때론 비현실적이기도 하네. 가능하다면 부정확한 확률보다는 정확한 사실을 찾아야 하는 거야."

레스트레이드 경감은 존경의 눈으로 홈스를 바라보았다.

"홈스 씨, 이렇게 빨리 증인을 찾다니 정말 발빠르시군요. 정말 대단하십니다. 왓슨 박사님의 통계 이론이 하도 그럴 듯해서 하마터면 큰 실수를 저지를 뻔했습니다."

홈스는 어깨를 으쓱했다.

"사실 제가 한 일은 별로 없습니다. 그저 부둣가에 있는 술집을 돌아다니면서 증인이 나타나지 않으면 데이비스의 누이가 보험금을 타지 못할 거라고 설명한 것뿐이지요. 그러자 한 분이 나서서 증인이 되어주겠다고 하시더군요. 달링 선장님이 자초지종을 말씀해 주실 겁니다. 이리 오십시오, 선장님."

난 홈스가 선장에게 의자를 권하지 않은 걸 보고 약간 의아했다. 매너 없이 구는 건 평소 그답지 않은 행동이었기 때문이다. 하지만 그 다음 홈스가 선장에게 한 행동에 비하면 그 정도는 약과였다. 달링이 주춤거리며 앞으로 다가오자, 홈스는 불쑥 앞으로 나가 그를 막아서더니, 양손으로 덥수룩한 수염을 붙잡고는 있는 힘껏 잡아당긴 것이었다. 달링 선장의 비명소리와 함께 뭔가 찢어지는 듯한 소리가 났다. 눈 깜짝할 사이에 흰 수염을 길게 기른 달링 선장은 온데간데없이 사라지고 그 자리엔 대신 초췌한 얼굴의 젊은 남자가 서 있었다.

"여러분, 영국 해군 사관 후보생 데이비스를 소개합니다! 레스트레이드 경감님, 이 녀석을 체포하십시오. 외출허가 시간인 만 하루를 훨씬 넘긴 일러스트리어스 호의 탈영죄와 사기 기도죄로 말입니다."

다음 날까지도 나는 이상하게 생긴 나폴레옹의 모자 곡선에 대해 곰곰이 생각하고 있었다.

"1퍼센트의 가능성이 일어났을 수도 있겠지. 그럼 데이비스가 무죄였을지도 모르는데."

나는 가만히 혼잣말로 중얼거렸다. 홈스는 책을 읽다가 고개를 들어 날 바라보았다.

"물론 그럴 수도 있었겠지, 왓슨. 그래서 반박의 여지가 없는 구체적인 증거가 있다는 게 다행이지. 하지만 우린 불확실한 세계에 살고 있네. 통계학자들은 자네가 들여다보고 있는 그 정규분포곡선을 근거로, 어떤 것의 확률이 95퍼센트라면 거의 확실하다고 생각한다네."

"재판을 할 때, 구체적인 물증이 없을 경우 유죄를 내리기 위해서는 '합당한 수준의 증거'를 요구하는 경우가 있지 않은가. 그럼 '합당한 수준'이 확률 95퍼센트면 된단 말인가?"

홈스는 고개를 저었다.

"우리 나라도 그렇지만 미국의 사법제도도 합당한 수준의 기준을 정확히 몇 퍼센트라고 규정해 놓고 있지 않네. 그게 현명한 처사일 거야. 실제로 배심원들은 사기 도박꾼과는 조금 다르게, 살인 등 중죄를 저지른 피고에게 유죄를 내리기 위해서는 높은 수준의 증거를 요구하네. 유죄와 무죄는 보통 구체적인 물증보다 확률에 의해 결정된다는 점을 잊지 말게. 그래서 유죄와 무죄를 정확히 판단하기 힘든 사건에 대해서는 '증거불충분'이란 판결을 내리는 스코틀랜드인들이 내 생각엔 훨씬 현명한 것 같아."

홈스는 한숨을 내쉬었다.

"물론 판사들도 백 퍼센트 확실하지 않다는 것을 알고 있네. 그렇지 않다고들 생각하지만, 내 생각엔 판결을 내릴 때 판사들이 불확실성에 대해서도 생각하는 것 같아. 판사가 '배심원들은 당신의 유죄를 확신하지만, 나는 유죄일 가능성이 있다고만 생각합니다. 그래서 가벼운 형을 선고하겠습니다'라고 말하는 걸 들어본 적은 없네. 하지만 실제로는 그렇게 생각하는 게 틀림없어. 법도 인간이 만든 불완전한 도구일 뿐이니까."

파이프에 담배를 채우느라 잠시 말을 멈춘 나는 속으로 불확실성의 딜레마를 생각해 보았다.

"홈스, 자넨 내 질문에 똑바로 대답하진 않았지만, 자네 말을 들어보면 경범죄는 95퍼센트의 확률이면 유죄를 선고해도 되고, 중죄는 99퍼센트 이상이어야 한다고 생각하는 것 같군."

"그렇다고 볼 수 있지, 왓슨."

"그렇다고 살인자들이 경범죄를 저지른 사람보다 무죄 석방될 확률이 더 높다는 뜻은 아니겠지?"

"아닐세. 살인 같은 심각한 범죄에 대해서는 유력한 용의자가 있다 하더라도 경찰이 좀 더 철저히 조사해야 한다는 뜻이지. 유죄를 선고하기 전에 가능한 한 확실한 증거를 찾아야 한다는 말일세."

나는 이런저런 생각에 잠겼다. 마침내 또 다른 생각이 내 머리를 스치고 지나갔다.

"그렇다면 파이프 담배를 버리고 다시 궐련을 피워도 괜찮겠군."

홈스는 눈썹을 치켜올리고 나를 바라보았다.

"왜 그런 생각을 한 거지, 왓슨?"

"궐련이 건강에 해롭다고들 하지만, 아직까지는 궐련이 얼마나 해로운지 정확히 증명되지 않았으니까 말이야. 99퍼센트는 고사하고 95퍼센트 정도도 확실하게 드러난 적이 없지 않은가. 그렇다면 좀 더 확실하게 증명될 때까지는 궐련 불매운동을 하는 게 부당한 거겠지."

"정말이지, 왓슨, 자네는 가끔 정말 어이없는 소릴 하더군! 재판에서 높은 수준의 증거를 요구하는 이유는 인권과 관련된 문제이고 위증처럼 위험한 경우를 방지하기 위해서일세. 하지만 궐련은 인권과 관계 없네. 궐련 불매운동을 하려고 유해성이 완전히 증명될 때까지 기다릴 필요는 없는 거야!

기껏해야 돈 문제가 걸린 민사 사건에서는 증거 수준이 95퍼센트가 아니라 50퍼센트만 되도 상관 없네. 그런 정도야 단순한 확률만 갖고도 결정할 수 있네. 게다가 일상생활에서는 그보다 훨씬 낮은 확률로도 얼마든지 어떤 결정을 내릴 수 있지. 사고를 예방하는 데 드는 비용이 적고 정말 위험한 상황이 벌어졌을 때 엄청난 결과가 벌어진다면, 아무리 사소한 사고라도 당연히 예방하는 게 좋네. 물론 사소하다는 게 정확히 어느 정도인지 딱 부러지게 말할 수 없다 해도 말이야. 예를 들어 어떤 선장이 배 앞길에 빙산이 있을 것 같은 직감이 들었다고 생각해 보게. 그 직감은 95퍼센트는 물론 50퍼센트도 확실하지 않지만, 선장은 그 권한으로 속도를 낮추고 경비를 두 배로 늘릴 걸세. 그리고 맨 처음 빙산을 발견한 사람에게 럼주를 하사할 수도 있겠지. 배가 침몰하는 것보다는 조금 느리게 가는 게 나으니까 말이야. 왓슨, 꼭 담배를 피워야겠다면, 부디 내 충고를 받아들여 파이프 담배를 고수하게나. 뭐니뭐니 해도 파이프가 자네 이미지와 잘 어울리니 말이야!"

5. 무덤을 찾아서

"왓슨, 자네도 휴가를 떠나나? 그렇지, 당연히 가야지! 에너지를 재충전하고 돌아오면 무더위에 지쳐 헥헥거릴 때보다는 훨씬 반짝이는 눈으로 큰 도움을 줄 테니 말이야."

솔직히 셜록 홈스의 말에 다소 마음이 놓였다. 홈스는 런던의 사계절을 모두 좋아하긴 하지만, 요즘같이 푹푹 찌는 여름철에는 여느 때보다 기운이 넘치는 것 같았다. 하지만 나는 8월 더위가 오면 정신을 차릴 수 없었다. 열기와 악취가 뒤섞인 동쪽 바람이 불어올 때면 누구나 상쾌한 공기를 찾아 훌훌 떠나고 싶게 마련이다. 그래서 동료 의사에게 환자를 부탁하고 잠시 휴가를 내려던 차에 갑작스레 날아온 대학 동창 프렌더개스트의 초대는 대단히 반가운 것이었다. 하지만 최근 홈스가 큰 사건 하나와 작은 사건 두 개를 맡고 있음을 아는 나로서는, 한창 바쁜 그를 두고 혼자 휴가를 떠나기가 좀 미안했다.

홈스가 흔쾌히 다녀오라고 하긴 했지만, 패딩턴 행 마차에 몸을 실은 나는 죄책감을 완전히 떨치지 못했다. 그에게 솔직히 털어놓지 않은 게 있었기 때문이다. 프렌더개스트는 단순히 시골에서 푹 쉬라고 날 초대한 게 아니었다. 사실은 사건을 수사해 달라고 부탁했던 것이다. 그것도 대량 살인 사건을 말이다!

나는 오래 전부터 홈스가 수사하는 것을 곁에서 지켜보았기 때문에 나도 사건을 수사할 수 있다고 생각했다. 하지만 그 생각을 실제로 증명할 기회가 없었는데, 그건 홈스가 늘 나보다 빨랐던 탓이다. 같이 사건을 수사할 때마다, 홈스는 늘 한 발이라도 나를 앞질렀다. 그렇다고 범인이 재범을 저지를지 모르는 위급한 상황에서 사건 해결을 지연시키면서까지 그를 따돌리려던 적은 한 번도 없었다. 하지만 이번 사건은 촉각을 다투는 것이 아니었다. 살인(정말 죽은 사람이 있다면)이라는 게 무려 천 년 전에 일어난 일이니 말이다.

패딩턴에 내려 마부에게 후한 팁을 준 나는 고속열차에 올라 자리를 잡았다. 열차가 출발할 때까지는 시간이 많이 남아 있었다. 승객이 많을 줄 알았는데 열차가 출발할 때까지 열차에 오른 승객은 나 하나뿐이었다. 리딩 역에 정차했을 때도 열차에 오른 승객은 여학생 두 명밖에 없었다. 열차가 탁 트인 시골을 가르자, 가슴이 부푸는 것 같았다. 영국이라는 섬나라는 전체적으로 인구 밀도가 높은 편이지만, 서부는 한가로웠다. 요즘 같은 시절에도 그곳엔 투기꾼이 눈길 한 번 주지 않는 빽빽한 우림과 황무지 군데군데 아름다운 들판이 누워 있었다. 혼잡한 런던에서 오래 산 사람에겐 바로 그런 신선한 공기가 필요했다.

열차가 구불구불한 템스 강을 건너자마자 옥스퍼드 대학의 상징인 뾰족탑이 눈에 들어왔다. 잠시 정차했을 때 약간 수줍어 보이는 듯한 목사가 열차에 올랐다. 난 그가 가까이 앉아 얘기를 나눴으면 했지만, 목사는 여학생들 맞은편에 자리를 잡았다. 잠시 후 카드 게임을 하는 소리가 들렸다. 눈부신 햇살과 여학생들의 웃음소리가 꿈결처럼 어우러졌고, 나는 금세 깊은 잠에 빠져들었다.

눈을 뜨자 해가 뉘엿대고 있었고, 기차는 역에 정차했다가 서서히 속도를 높이는 중이었다. 당황한 나는 내릴 역을 지나친 게 아닌가 싶어 황급히 창 밖을 내다보았다. 그때 낮은 기침 소리가 들려왔다. 돌아보니 여학생들은 보이지 않고 예의 목사만 제자리를 지키고 있었다.

"좀 전에 지난 역은 브리스톨이오. 머빌은 아직도 160킬로미터 더 가야 하오."

"그래요, 고맙습니다. 그런데 제 목적지를 어떻게 아셨습니까?"

"검표원이 그러더군요. 나도 거기서 내릴 거요."

키 작은 목사는 날 무시하던 아까와 달리 이번엔 얘기를 나누고 싶은 눈치였다. 그는 내 어깨 너머를 가리켰다.

"저 성을 본 적 있소?"

언덕 위에 우뚝 솟은 성채가 양 옆의 계곡을 내려다보고 있었다.

"그럼요, 저 성을 안 본 사람은 없을 걸요."

"크기도 크지만 유서 깊은 성이오. 누군 아서 왕의 성이라고도 하더군. 그렇다고 하기엔 너무 동쪽에 치우쳐 있지만 말이오."

나는 빙그레 미소 지었다.

"그게 사실이라면 제 친구가 몹시 실망하겠군요."

목사가 날 뚫어지게 바라보았다.

"그 친구 이름이 혹시 프렌더개스트요?"

"그렇습니다. 그 친구를 만나러 가는 길이지요. 목사님도 그 친구를 아십니까? 전 왓슨이라고 합니다. 존 왓슨, 의사입니다."

목사는 활짝 웃으며 엉거주춤 일어나 손을 내밀었다.

"나도 그를 만나러 가는 길이오. 찰스 도지슨 목사라고 하오. 만나서 반갑소. 선생 이름을 알고 있소. 유명한 사립탐정 셜록 홈스의 동료이자 전기 작가로, 그가 다룬 사건을 책으로 내 큰 인기를 얻으셨지요?"

그는 수줍은 듯 미소를 지었다.

"내가 쓴 글이라곤 딱딱한 수학 논문과 설교밖엔 없다오. 하지만 유치원을 운영하다 보니, 가끔은 아이들이 재미있게 읽을 만한 책을 쓰면 어떨까 하는 생각이 듭디다."

"좋은 아동서적은 황금보다 가치 있지요."

내가 다정하게 말했다.

"사실은 수학과 관련된 퍼즐과 게임 책을 쓸 생각이오. 어떻소, 왓슨 선생, 그런 책이 잘 팔릴 것 같소?"

수학이라는 말에 나는 절로 진저리가 났다.

"글쎄요, 재미있는 수학이라니, 그게 가능하겠습니까?"

목사는 입술을 오므렸다.

"저런, 난 논리와 확률 문제가 굉장히 재미있다고 생각하는데. 또 놀라운 사실을 발견할 수도 있고 모순도 깨달을 수 있고 말이오."

"확률이라고요? 전 수학자는 아닙니다만, 지금은 확률에 대해 어느 정도 알고 있습니다. 동전을 던졌을 때 앞이 나올 확률은 2분의 1이고, 연속해서 앞이 두 번 나올 확률은 4분의 1이라든가 하는 정도밖엔 안 되지만 말입니다. 확률은 너무 뻔하지 않습니까. 그런데 그걸로 퍼즐을 만들어낼 수 있을까요?"

도지슨 목사는 빙그레 미소 지었다.

"앞과 뒤라. 맞소, 그렇게 둘 중 하나를 고르는 문제라면 너무 시시할 거요. 하지만 셋 중 하나를 고른다고 생각해 보시오. 고대 문화와 현대 문화 모두 3이란 숫자를 신비의 수라고 생각하오. 셋 중 하나를 선택해야 하는 퍼즐 문제는 못 봤을 거요."

나는 고개를 절레절레 흔들었다.

"논리학은 너무 쉽습니다."

잠시 머뭇거리던 목사는 화제를 바꾸는 게 낫다고 결심한 것 같았다.

"프렌더개스트를 어떻게 만나셨소?"

"의과대학 동창이었습니다. 그런데 프렌더개스트는 의학보다 영어학과 역사에 더 관심이 많아 도중에 자퇴하고 옥스퍼드에서 영문학을 공부했지요. 목사님께선 거기서 그를 만나신 거겠지요?"

"그렇소. 우리 옥스퍼드 크라이스트 처치 대학에 다녔소. 아주 인상 깊은 친구였지. 어떤 분야에서는 교수보다 뛰어날 정도로 훌륭한 학생이었고 말이오. 특히 앵글로색슨과 북유럽 고대문자에 대해서는 전문가였다오. 물론 아마추어 고고학자로도 유명했지요. 그의 꿈이 뭔지는 선생도 알고 있겠지요?"

프렌더개스트와 단 하루만 같이 있으면 누구나 그 얘기를 듣는구나 하고 생각했다.

"물론입니다. 프렌더개스트는 자기 가문이 아서 왕의 후손이자 정식 후계자라고 생각했지요. 우린 그 얘기를 듣고 많이 놀랐답니다. 하지만 그는 곧 죽어도 프렌더개스트라는 성은 아서 가문의 진짜 성인 펜드라곤에서 변형된 것이고, 머빌이라는 지명은 멀린스빌의 약어이자 마법사 멀린의 이름을 딴 거라고 주장하더군요."

목사는 날 나무라는 듯한 눈초리로 바라보았다.

"그의 가문이 노르만 정복 전부터 존재했던, 몇 안 되는 유서 깊은 가문이라는 건 사실이오. 고대 로마의 기독교도처럼, 윌리엄 왕은 군대를 파견해 전쟁을 치르기보다는 대부분의 서부 지역과 평화 협정을 맺기가 훨씬 쉽다고 생각했소. 그런 결정을 내리는 데엔 미신이 중요한 역할을 했지요. 머나먼 서부의 황량한 황무지와 도저히 뚫고 지나갈 수 없는 빽빽한 숲은 타지역 병사들에겐 두려움의 대상이어서, 탈영을 하거나 폭동을 일으키는 병사들이 많았다오. 물론 옛날 악명 높은 해적과 요즘 밀수업자들은 법망과 세관의 눈을 피해 끊임없이 이곳으로 몰려들지만 말이오. 난 프렌더개스트의 가문이 최초의 서부 지역 왕들의 후손이라 생각하고 있소."

"세상에, 교회에 몸담고 계신 분이 어떻게 멀린이나 흑마술 같은 이야기를 믿으신단 말입니까!"

"물론 믿지는 않소. 전설은 천 년 동안 전해지면서 본래의 진리를 미화시켰소. 하지만 그 얘기를 갖고 논쟁은 하지 맙시다. 프렌더개스트가 선생한테 보낸 편지와 내가 받은 게 비슷하다면, 그는 자기가 발견한 놀라운 새 고고학적 증거 해석을 도와달라고 하는 것이니 말이오. 증거를 눈으로 확인하기 전에 이론부터 세우는 건 잘못된 일이지요."

나는 움찔했다. 그 말투가 홈스와 똑같았던 것이다!

"자세한 얘기는 하지 않았더군요. 고대 무덤을 찾았다고 하기에, 그 무덤이 자기네 먼 조상들의 안식처라는 걸 증명하고 싶은가 보다 생각했지요. 그런데 프렌더개스트가 왜 조사를 중단하고 우리를 기다리는지 모르겠군요."

"발굴을 증언해 줄 목격자를 원하는 게 아니겠소. 애석한 일이지만, 아마추어 고고학자들은 사기를 치거나 증거를 조작하고 싶은 유혹에 빠지게 마련이니 말이오. 하지만 유명한 작가 겸 의사와 목사가 발굴에 동참하면, 속임수를 쓰려는 유혹을 방지할 수 있지 않겠소."

"그렇게 간절히 바라면서도, 그 친구 상당히 신중하군요. 프렌더개스트는 아서 왕이 정말 자신의 조상이라는 것 외에도 왕족들이 무시무시한 최후를 맞았다는 전설이 거짓이라는 걸 증명하고 싶어했지요. 저도 그 얘긴 믿습니다. 전설이 아무 근거도 없이 신비한 마술 얘기를 꾸며냈다면 사람을 산 제물로 바쳤다는 얘기도 꾸며낸 게 틀림없으니까요. 어쨌든 아서 왕의 궁전은 기사도 시대에 지어진 기독교도의 성 아닙니까."

목사는 입술을 오므렸다.

"난 그 말을 믿지 않소. 기독교가 이 땅에 들어온 건 로마 시대였지요. 하지만 로마 제국이 멸망한 다음 기독교적 전통은 거의 사라졌소. 고대의 다른 이교도 신앙과 교배되어서만 겨우 명맥을 유지했지. 드루이드교 사제에 대해 들어봤을 거요. 그 정도로 부패했으니, 그 결과는 훨씬 암울했을 거요. 셰익스피어가 아주 적절한 표현을 했소. '썩은 백합은 잡초보다 심한 악취가 난다'고 말이오. 박사, 프렌더개스트가 최악의 사태를 맞을지도 모른다오."

기차가 차츰 빽빽해지는 숲을 가를 때쯤, 우린 좀 더 가벼운 대화를 나누었다. 하지만 더는 시골 풍경을 즐길 수 없었다. 마지막 노을이 짙은 그림자를 드리우는가 싶더니 곧이어 터널을 지날 때처럼 사방이 캄캄해졌던 것이다. 알 수 없는 오한이 느껴졌다. "다음 정차 역, 머빌!"이라는 차장의 고함소리가 들렸을 때 내가 안도의 한숨을 쉬었는지, 겁에 질려 떨었는지 잘 모르겠다.

열차가 오래 정차하지 않기에 나는 나이 든 목사님이 짐 내리는 것을 도와주며 황급히 역에 내려섰다. 머빌 역에 내린 사람은 우리밖에 없었는데, 저쪽에 서 있는 사륜 마차에서 한 남자가 우리를 향해 손을 흔들었다. 잠시 후 프렌더개스트가 다가와 기운차게 악수했다.

"잘 오셨습니다, 목사님. 왓슨, 자네도 잘 왔네. 벌써 서로 인사를 나누셨군요. 의대 시절 친구와 옥스퍼드 시절에 만난 목사님이 함께 와주시다니, 정말 고맙습니다."

우린 마차에 몸을 싣고 벌써 어두워진 길을 출발했다. 프렌더개스트는 우리를 돌아보았다.

"먼 길 오시느라 시장하시겠지요. 저녁은 벌써 준비해 두었습니다. 하지만 가는 길에 보여드리고 싶은 게 있어요. 조금만 더 가면 바위 몇 개가 있는데, 좀 봐주시겠습니까?"

표석

시장기를 조금 느꼈지만, 우린 흔쾌히 허락했다. 말이 옆길로 접어들더니 몇 미터도 채 가지 않아 이내 주춤거렸다. 길이 더 이어져 있었다는 흔적만 남아 있을 뿐, 키 큰 풀이 무성하게 자랐던 것이다. 옆에는 얼마 전 땅을 판 흔적이 군데군데 남아 있었다. 우린 서둘러 달려가 얕은 구덩이 네 개를 내려다보았다. 구덩이 밑바닥에는 흙을 조심스레 긁어내고 털어낸 넓적바위가 놓여 있었다. 먼 옛날의 것인 듯 조잡해 보였다. 프렌더개스트가 바위에 새겨진 무늬를 자세히 볼 수 있도록 마차에 달려 있던 램프를 내려주었다.

"저게 묘비인가?"

내가 물었다.

"아니야. 저건 표석이라고 하는 거야. 이 근방 묘지 근처에서 발견됐지. 하지만 저 무늬의 정확한 의미를 아는 사람이 없네. 바위마다 한 면에는 원이 있고 또 다른 면에는 하나에서 열두 개 사이의 선이 새겨져 있어. 그런데 선의 개수가 무얼 의미하는지는 아무도 몰라. 하지만 다행히 별로 중요한 것은 아니라네.

저쪽 숲은 금기의 땅이지. 옛날부터 원탁의 기사 외에는 아무도 숲에 들어가선 안 된다는 금지령이 내려져 있어. 지금도 법적으로 금지되어 있는데, 우리 아버지만은 들어가실 수 있네. 내가 저 숲에 우리 조상의 무덤이 있다는 걸 납득시켜 드리기만 한다면, 숲에 들어가실 거야.

이 바위가 그 사실을 상당 부분 증명해 줄 걸세. 조사하다가 우리 조상들이 특이한 미신을 믿고 있었다는 걸 알게 됐지. 동그라미는 대부분 조잡하게 새겨져 있는데, 말굽처럼 한쪽이 열린 것도 있고 닫힌 것도 있어. 하지만 우리 조상들은, 유독 우리 조상만은 특별한 규칙에 따르고 있었네. 한쪽에 새겨진 선이 다섯 개 미만인 경우, 절대로 열린 원을 그리면 안 된다는 걸세."

"그러면 좀 더 파서 돌 네 개를 모두 발굴하면 되는 거 아닌가? 네 개 모두 그 규칙을 따르고 있다면, 그야말로 확실한 증거일 텐데."

프렌더개스트는 고개를 끄덕였다.

"아버지도 그렇게 생각하시지. 그런데 문제가 있어. 아버진 신성 모독을 하면 안 된다면서, 이 중 두 개만 발굴해도 좋다고 허락하셨지. 그러면서 네 개 모두 규칙을 위반하지 않았다는 걸 증명해야만 조사를 계속해도 좋다고 말씀하셨어. 정말 까다롭고 고집 센 어른이야!"

도지슨 목사는 얼굴을 잔뜩 찌푸리고 뭐라 말하려 했지만, 프렌더개스트가 갑자기 서둘렀다.

"게다가 다른 돌까지 발견해서 더 애가 타. 그걸 발굴할 수만 있다면 모든 의혹을 일시에 불식시킬 수 있을 텐데."

그는 약 50미터를 더 가 숲 속 진입로 입구까지 우리를 데리고 갔다. 진입로 앞에는 언덕이 버티고 있었다. 보기엔 아주 오래 된 언덕 같았는데, 어딘지 모르게 균형이 잘 잡힌 것이 자연스럽게 형성된 언덕이라기보다는 누가 만들어놓은 것 같았다. 프렌더개스트는 언덕 봉우리에 불쑥 솟아 있는 커다란 바위 덩어리 세 개를 가리켰다. 두 개는 거의 묻혀 있다시피해 끝 부분만 보일 뿐이었고, 제일 앞에 있는 바위 하나만 거의 다 드러나 있었다. 프렌더개스트가 램프를 비추자 바위에 새겨진 별 문양이 드러났다.

다섯 개의 꼭지점까지 선명했다.

"이 바위는 대단히 흥미로운 거라네. 바위에 새겨진 문양은 부부가 묻혀 있음을 가리키지. 부부의 상징이 바위 한 면에 새겨져 있는데, 왕족은 별 문양, 서민은 그냥 삼각형이네. 내가 조사한 게 맞다면, 이 바위 중 하나는 왕족 부부의 묘비고 하나는 서민 부부, 나머지 하나는 왕족과 서민 부부의 묘비일 거야."

프렌더개스트의 말을 들은 목사가 생각에 잠긴 듯한 목소리로 말했다.

"그렇다면 한 바위에는 별 문양이 있고, 다른 데는 삼각형이, 또 다른 데는 삼각형과 별 문양이 새겨져 있겠군. 왕족과 서민이 결혼했다면 별 문양이 윗면에 새겨져 있겠지?"

"아닙니다. 윗면에는 부부 중 나이가 많은 쪽의 신분을 가리키는 무늬가 있지요. 여기 묻혀 있는 사람의 나이를 알아낼 수 없으니, 윗면에 새겨진 그림만 보고선 어떤 부부가 묻혀 있는지 알 수 없습니다.

사실 전 이 무덤 세 개 중 하나에만 관심이 있습니다. 짐작하시겠지만, 왕족과 왕족이 결혼한 부부의 무덤이지요. 거기엔 역사적으로 중요한 보물이 묻혀 있을 테니까요. 다른 두 무덤엔 뼈밖에 없을 겁니다.

그런데 아버지께서는 갖은 구실을 대면서 무덤을 못 파게 하십니다. 솟아 있는 바위를 발굴하는 건 허락하셨지만, 그 전에 순수 왕족 부부의 무덤이라는 걸 증명해야 한다는 조건을 거셨어요. 윗면에는 틀림없이 왕족의 상징이 새겨져 있지만, 밑에 서민의 상징이 새겨져 있을 확률은 정확히 50퍼센트입니다. 그래서 일을 진척시키지 못하고 있어요. 정말 애가 타는 일 아닙니까!"

나는 그가 안됐다는 생각이 들었다. 그런데 마차로 돌아가는 길에 보니, 도지슨 목사의 얼굴에 미소가 떠올랐다. 좀 의아했다. 목사는 프렌더개스트의 어깨에 손을 얹었다.

"너무 안타까워하지 말게나. 내 장담은 못하겠지만, 자네의 발굴 작업을 허락하시도록 아버님을 설득해 보겠네."

하지만 프렌더개스트는 고개를 가로저었다.

"우리 아버지 사전엔 타협이란 없습니다. 아버지가 평소 권력을 휘두르는 걸 보면 평범한 시골 대지주라기보다는 봉건시대 영주 같다니까요. 참, 아버지의 공식 명칭은 마기라고 합니다. 두 분도 아버지를 그렇게 부르셔야 합니다. 아버지는 또 윌리엄 1세의 허락으로 개인 군대도 보유하실 수 있답니다. 영국 법에선 보통 금지하고 있지만 말이에요."

도지슨 목사는 고개를 끄덕였다.

"그리 특이한 일은 아닌 것 같군. 스코틀랜드 영주 중에도 최소 한 명은 그런 권한을 갖고 있는 것으로 알고 있네. 그리고 해협 제도의 통치자들, 그중에서도 특히 샤크 후작은 지금도 봉건시대 영주 같은 절대 권력을 휘두르며 그 지방의 법을 제정하고 집행하고 있지. 자네 아버지를 대할 때 조심하도록 하겠네."

지금까지 나는 기이한 일을 연달아 목격하며 바짝 긴장하고 있던지라, 프렌더개스트 저택으로 접어들었을 때 단순한 시골집이 아니라 중세 시대의 성을 현대적으로 개조한 것 같은 으리으리한 건물을 보고도 그리 놀라지 않았다. 보초를 서는 제복 입은 군인들은 손에는 도끼와 창을 겸비한 의전용 미늘창을 들고 허리춤에는 연발식 권총을 차고 있었다. 하지만 건물 내부에 들어가 보니 가구는 모두 현대식이었고 무척 아늑했다. 마기는 보이지 않았다. 우리는 간소하면서도 푸짐한 저녁 식사를 들었다. 프렌더개스트는 우리가 식사를 즐기고 있을 때 호출을 받아 나갔다가 당황한 낯빛으로 돌아왔다.

"오늘이 아버지께서 인근 마을 젊은이들에게 연회를 베푸시는 날이라는 얘기를 들어 놓곤 까맣게 잊고 있었군요. 다른 때처럼 오늘 연회도 오래 전

5. 무덤을 찾아서

부터 이어진 전통 행사인데, 행사를 관리할 하인들을 모두 집으로 돌려보냈으니 오늘밤은 일이 복잡해지겠어요."

목사와 나는 도와주겠다는 말로 그를 안심시켰다.

"제일 큰 문제는 18세 이상의 젊은이들에게는 원한다면 사과술을 대접해야 한다는 점입니다. 미성년자에게는 오렌지 주스를 대접해야 하지요. 물론 18세 이상의 젊은이도 원한다면 오렌지 주스를 마셔도 되고요. 초대받은 사람들은 모두 한쪽에 나이가 적혀 있는 입장권을 갖고 올 겁니다. 뒷면에는 사과술을 뜻하는 C와 오렌지 주스를 뜻하는 O가 적혀 있어요. 입장권을 발행할 때 C나 O는 지워지지 않는 잉크로 도장을 찍어놓았습니다. 사과술을 마시는 사람이 너무 많아 모자라면 안 되니까요.

그런데 미성년자가 C라고 적힌 입장권을 사지 못하게 확인했어야 하는데, 판매원이 확인하지 않았다는군요. 그래서 문 앞에서 일일이 입장권을 보고 미성년자가 C라고 적힌 입장권을 갖고 있는지 확인해야 합니다. 목사님, 목사님께선 젊은이들을 잘 다루시지요?"

목사는 고개를 저었다.

"난 아이들만 좋아한다네. 그것도 여자아이들만 말이야! 물론 박사께서 입장권을 확인하신다면, 곁에서 도와드릴 수는 있겠네."

그렇게 해서 나는 본의 아니게 성문 옆에서 목사와 함께 보초를 서게 되었다.

"프렌더개스트, 참 안됐습니다. 그의 아버지가 표석 네 개를 발굴할 수 있도록 허락하지 않으시는 한 연구를 더 이상 진척할 수 없겠지요?"

"그렇지 않을 거요, 박사. 잘 생각해 보면 무슨 방법이 있을 거요."

그 순간 젊은이 네 명이 몰려왔다. 한 명이 입장권 앞면을 보여주었다. 아무 거나 마실 수 있는 나이인 19라는 숫자가 적혀 있었으므로, 나는 굳이 뒷면을 확인하지 않고 그를 들여보냈다. 다음 입장객은 입장권의 뒷면을

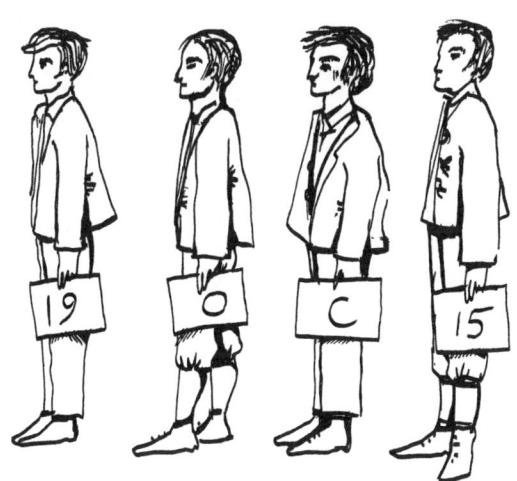

입장권 확인하기

보여주었다. O라고 적혀 있었으므로, 굳이 뒤집어서 나이를 확인할 이유가 없기에 그냥 들여보냈다. 하지만 세 번째 젊은이는 C라고 적힌 면을 보여주었기 때문에, 입장권을 뒤집어 앞면을 확인했다. 20이라고 적혀 있었다. 사과술을 마셔도 좋은 나이다. 네 번째 젊은이는 15세밖에 안 되었기 때문에 입장권을 뒤집어 보고 O라고 적혀 있는지 확인해 보았다. 그런데 무슨 이유 때문인지, 도지슨 목사는 내 행동을 재미있다는 듯 뚫어지게 바라보는 것이었다.

"뭐가 잘못 되었습니까?"

불쾌해진 나는 쌩뚱맞게 물어보았다.

"정반대요, 박사. 정말 효율적으로 일하는구려. 선생 친구인 셜록 홈스도 그보단 더 잘할 수 없을 거요!"

내가 막 입을 열려는 순간, 엄청난 인파가 몰려왔다. 행렬은 성문을 닫는 10시까지 쉴새 없이 이어졌다. 한 하인이 조용한 곳에서 편히 음료를 들라며 우릴 흡연실로 안내했다. 거기엔 프렌더개스트가 기다리고 있었고, 그 옆에는 구릿빛 피부와 쏘아보는 듯한 눈을 가진 장신의 노인이 앉아 있었다. 마기였다. 그는 프렌더개스트가 우리를 소개하자 냉랭한 표정으로 고개만 끄덕했다.

"에드워드가 제 광대짓을 구경하라고 두 분을 초대하셨나 보군요. 물론 두 분을 환영합니다만, 한 가지, 내가 정한 명을 거스르는 일은 절대로 하지 마시오. 내가 그리 말하면 그걸로 끝이오!"

"바위 두 개만 뒤집어보고 네 개 모두 이 가문의 전통을 따른다는 걸 증명하라고 하셨지요?"

도지슨 목사가 정중히 묻자, 마기는 기괴하게 입술을 비틀었다.

"그렇소."

"그 문제는 왓슨 박사가 풀었습니다."

도지슨 목사의 말을 듣고 깜짝 놀랐다. 목사는 공책을 펼쳐 아까 본 바위 그림을 그렸다.

"열린 원이 새겨진 바위에 다섯 개 이상의 선이 있는지만 확인해 보면 됩니다. 첫 번째 돌에는 열린 원이 있으니, 반드시 뒤집어 뒷면에 선이 몇 개나 있는지 세어봐야겠지요. 두 번째 돌에는 선이 세 개밖에 없으니, 바닥에 열린 원이 있다면 규칙을 위반한 것이겠지요. 따라서 이번에도 뒤집어봐야 합니다. 하지만 세 번째 돌에는 닫힌 원이 있습니다. 바닥에 선이 몇 개가 있든 규칙을 위반하지 않은 겁니다. 마찬가지로 네 번째 돌에는 여섯 개의 선이 있으니, 바닥에 있는 원이 열렸든 닫혔든 규칙을 위반하지 않은 것입니다."

"정말 그렇군요. 하지만 어째서 제가 풀었다고 말씀하신 겁니까?"

"조금 전 입장권을 확인하면서 똑같은 문제를 풀지 않았소, 박사? 규칙은 사과술을 의미하는 C가 적혀 있다면 반드시 뒷면엔 18 이상의 숫자가 있어야 한다는 것이었소. 오렌지 주스를 뜻하는 O를 닫힌 원이라고 하고, C를 열린 원이라고 생각하면 간단하오. 선생은 18 이상의 숫자나 O가 적혀 있으면, 굳이 뒤집어보지 않았소. 바위도 똑같이 생각하면 되지요. 물론 이번엔 기준이 되는 숫자가 18이 아니라 5이긴 하지만 말이오. 추상적인 논리학 문제는 못 풀었긴 하지만, 사람이 관련되고 속임수가 있을지 모르는 문제는 의식적으로 고민하지 않고 바로 해결책을 찾아내다니, 박사는 정말 대단한 분이오!"

마기는 빙그레 미소를 지었다.

"목사님이야말로 정말 대단하십니다. 약속대로 내일 표석을 뒤집어봐도 좋습니다. 하지만 더 이상은 안 됩니다. 그렇지 않을 가능성이 더 크지만, 언덕에 묻혀 있는 바위가 왕족의 묘비라는 걸 증명하지 못한다면 발굴은 금물이오. 그럴 가능성은 겨우 2분의 1이오. 윗면이 드러난 돌에 왕족 문양이 있지만, 밑에 왕족의 문양과 서민의 문양이 새겨져 있을 가능성은 반반이니까 말이오. 서민의 상징이 있다면 안된 일이지만."

목사는 무표정하게 고개를 끄덕였다. 이윽고 양복 조끼에서 카드 석 장을 꺼내더니 한 장씩 뒤집어보였다. 한 장은 양면 모두 녹색이고, 한 장은 양면 모두 빨간색, 그리고 나머지 한 장은 한 면은 녹색, 또 한 면은 빨간색이었다.

"아이들 놀이로 이 문제를 풀어보겠습니다. 속임수가 아니라는 걸 확인시켜 드리기 위해 카드 양쪽에 숫자를 적어놓겠습니다."

목사는 우리가 보는 앞에서 녹색 카드 양면에 각각 1과 2, 빨간색 카드 양면에 3과 4, 그리고 세 번째 카드에는 빨간색 면에 5, 녹색 면에 6이라고 적었다.

"빨간색이 왕족, 즉 별 문양을 뜻하고, 녹색은 서민, 즉 삼각형이라고 칩시다. 그리고 이 카드 석 장은 언덕에 묻혀 있는 바위라고 하지요. 카드를 냅킨 밑에 숨기고 섞겠습니다. 자, 그 다음 한 장을 조금만 보이게 하겠습니다. 숫자는 보이지 않지요. 이야, 운이 좋군요! 왕족을 뜻하는 빨간색이 나왔습니다. 언덕에 솟아 있는 바위와 똑같이 되었군요."

목사는 비웃는 듯한 마기의 표정을 무시하고 계속 말을 이었다.

"자, 뒷면이 빨간색일 확률이 얼마나 되겠습니까? 카드 석 장에는 모두 여섯 개의 면이 있으니 원칙적으로는 어떤 면이든 나올 확률이 모두 똑같지만, 이건 지금 빨간색입니다. 따라서 3이나 4, 혹은 5가 되어야겠지요."

목사는 손가락을 하나씩 꼽으며 계산했다.

"이 빨간색이 3번이라면, 뒷면은 4번, 빨간색일 겁니다. 4번이라면, 뒷면은 빨간색, 즉 3번이겠지요. 5번이라면, 뒷면은 6번 녹색일 거요. 그러므로 뒷면이 빨간색일 확률은 3분의 2입니다. 따라서 언덕에 솟아 나온 바위가 왕족 부부일 확률은 2분의 1이 아니라 3분의 2인 것이지요. 마기님, 현명하신 당신 법에 따라, 이제는 발굴할 수 있겠지요?"

마기의 입술이 일그러졌다. 목사의 일격을 받은 마기는 곧이라도 기절할 것처럼 얼굴이 벌겋게 달아올랐다. 하지만 잠시 후 그는 뻣뻣하게 고개를 끄덕이고는 한 마디 말도 없이 방을 나섰다.

프렌더개스트는 도지슨 목사에게 몸을 돌려 조용히 손을 꽉 쥐었다.

"목사님, 목사님은 정말 논리학의 귀재십니다. 내일부터 조사를 시작할 수 있게 됐어요!"

다음 날 아침, 우리는 삽과 쇠지레를 든 마기의 하인 넷과 함께 출발했다. 마기도 멀찍이 우릴 따라왔다. 표석이 있는 곳은 생각보다 멀지 않았다. 어제는 밤이라 멀게 느껴졌나보다. 프렌더개스트의 지시에 따라 하인들은 열린 원이 새겨진 바위를 지렛대로 들어올렸다. 바닥에는 일곱 개의 선이 있었다. 선이 세 개가 그려진 바위를 뒤집어보니 닫힌 원이 드러났다. 이로써 바위가 가문의 규칙에 따라 만들어졌다는 것이 입증됐다. 아니, 좀 더 정확히 말해 부인할 수 없다고 말해야겠다. 우린 언덕으로 향했다. 별 문양이 새겨진 거대한 돌덩이가 기우뚱하다가 큰 소리를 내며 뒤집힐 때는 숨이 멎을 것만 같았다. 쇠지레가 두 개나 동원됐지만, 바위를 뒤집는 데에는 모두가 팔을 걷어야 했다. 하지만 그 수고는 보람이 있었다. 바위 밑바닥에 숨겨져 있던 또 하나의 별이 드러난 것이다. 하인들이 바위가 놓여 있던 자리를 1미터쯤 파내려 갔을 때, 삽에 무언가가 부딪히는 소리가 들렸다. 프렌더개스트는 하인들을 중단시키고 모종삽을 손에 든 채 다가갔다. 그는 높아진 태양이 서서히 대지를 달구는 동안 조심스레 흙을 파냈다. 잠시 후 뼈가 드러났다. 나는 그게 사람의 대퇴부라는 것을 확인해 주었다. 또 잠시 후에는 완전한 인간의 뼈가 드러났다. 그 옆에는 복잡한 무늬가 새겨진 석판이 놓여 있었다. 프렌더개스트는 떨리는 손으로 석판을 들고 부드러운 솔로 조심스레 흙을 털어냈다.

"아, 이게 바로 제가 찾던 증거입니다. 이 무덤은 비교적 최근에, 즉 14세기에 형성된 것입니다. 하지만 지도에는 훨씬 오래 된 무덤 위치가 나와 있습니다. 제가 짐작하고 있던 바로 그곳이군요. 다시 말해, 표석 너머 주민들이 악마의 땅이라고 부르는 금지된 숲에 있습니다. 아버지, 약속하셨지요. 발굴이 가치 있음을 증명하는 모든 증거가 여기 다 갖추어졌습니다!"

프렌더개스트와 하인들은 삽으로 길을 내며 울창한 숲을 헤치고 나아갔다. 곧이어 널찍한 공터가 드러났다. 그러나 기쁨은 오래 가지 못했다. 10미터쯤 더 들어가자 더 이상 헤치고 지나갈 수 없을 만큼 가시나무가 빽빽하게 있었기 때문이다. 프렌더개스트는 실망스러운 표정을 지었다.

"큰 낫과 벌채용 칼을 가져오라고 사람을 보내야겠습니다. 삽으로는 도저히 벨 수 없군요."

그 순간 바로 옆 무성하게 자란 풀숲에서 부스럭하는 소리가 들렸다. 몸집 커다란 동물이 먹이감을 노리고 우릴 향해 달려드는 것 같았다. 프렌더개스트는 보이지 않는 괴물의 발톱에 찍히기라도 한 듯 깜짝 놀라 뒷걸음질쳤다. 하지만 얼마 후 우리 앞에 나타난 것은 앞서거니 뒤서거니 깡총거리며 구애하는 토끼 두 마리였다. 토끼들은 빽빽한 가시나무 덤불로 뛰어올랐다. 그런데 그 순간, 무성한 덤불 한가운데에서 토끼들이 온데간데없이 사라져버렸다.

내가 어떤 행동을 취하기도 전에 도지슨 목사가 튀어나가 토끼가 사라진 곳으로 기어올랐다. 조금 있다가 하늘을 배경으로 한 목사의 실루엣이 보였다. 바로 그 순간이었다. 비명과 함께 목사가 감쪽같이 사라져버린 것은. 서둘러 목사를 찾아 조심스레 기어간 내 눈앞에는 기이한 광경이 펼쳐졌다.

너비 2백 미터 깊이 30~40미터 가량 되는 거대한 구덩이 가장자리에 내 몸이 불안하게 서 있는 것이었다. 풀이 무성한 구덩이 가장자리에는 버섯이 줄줄이 피어 있었다. 옛날 사람들이라면 요정의 반지라고 불렀음직한 광경이었다. 구덩이 바닥에는 몇 미터 간격으로 거대한 흰색 바위가 사방에 놓여 있었다. 도지슨 목사는 구덩이 바닥에 그대로 떨어져 큰 대자로 뻗은 채 버둥거리고 있었다. 조심조심 내려가보니 다행히 크게 다친 것 같진 않았다.

"토끼를 따라가 보니 이상한 나라로 떨어지는군!"

목사는 어처구니가 없다는 듯 낮게 내뱉었다. 그게 혼잣말인지 내게 한 말인지는 분명하지 않았다. 프렌더개스트 일행이 다가와 목사를 일으켜 세운 다음, 주위를 둘러보았다.

프렌더개스트가 흥분한 목소리로 말했다.

"여기군요! 여기가 옛날 고대인들의 묘지였습니다. 바위마다 아서 왕의 혈통인 왕과 왕비의 무덤이라는 표식이 있지요. 조금만 있으면 전설이 사실이었다는 걸 알게 될 겁니다. 고대 왕족들이 어떻게 살고 죽었는지 가르쳐주는 이야기가 두 개 있는데, 두 얘기 모두 왕이 되려면 남녀 모두의 통찰력을 얻기 위해 결혼을 해야 하고 왕과 왕비는 이곳에 묻혀 있다고 했습니다."

프렌더개스트는 이야기를 계속하며 날카로운 눈빛으로 우릴 쏘아보았다.

"그런데 한 이야기는 요즘 기독교처럼 결혼 서약을 평생 지켜야 한다고 했고, 노환이나 자연 재해로 죽었을 때 한 사람씩 매장된다고 했습니다. 하지만 다른 이야기는 좀 끔찍하지요. 왕은 7년마다 젊은 새 왕비를 맞이했고, 이전 왕비와는 이혼을 한다는 것입니다. 왕이 죽으면, 당시의 왕비는 차기 왕위계승자를 위해 목을 베어 죽임을 당했다고 했지요. 어느 쪽이 맞는지 확인하려면, 여자 시체가 있는 무덤을 파 척추가 온전한지 확인해 봐야 합니다."

나는 허리를 숙이고 묘비인 흰 바위 한두 개를 자세히 들여다보았다. 하지만 거기엔 아무런 글자도 표식도 없었다.

"어떤 무덤을 파야 하는지 알고 있나?"

이렇게 물어본 순간, 갑자기 등 뒤에서 귀에 거슬리는 웃음소리가 들렸다. 몸을 돌려보니 마기가 서 있었다. 그 나이에 어떻게 했는지, 거기까지 우리를 따라온 것이었다. 마기는 의기양양하게 말했다.

"맞아 맞아. 아들아, 난 너에게 여기 있는 무덤 하나만, 꼭 하나만 파도 좋다고 허락했다. 단, 진실을 증명할 확률이 2분의 1 이상이어야 한다는 조건으로 말이지. 어느 전설이 진짜인진 모르겠지만, 여기 묻혀 있는 남녀 해골 수는 똑같을 게다. 이 중에 아무거나 판다면, 남자 해골이 나올 확률이나 여자 해골이 나올 확률은 2분의 1일 테고, 그 정도론 어림없지. 내가 명령했던 것처럼 발굴은 금지다."

프렌더개스트의 얼굴이 일그러졌다. 아버지의 주장에 반박할 여지가 없었던 것이다. 프렌더개스트의 제안에 따라 우리는 사방으로 흩어져 구덩이를 샅샅이 살펴보았지만, 정확히 무얼 찾는지조차 알 수 없었다. 나는 커다란 오크 나무가 서 있는 한쪽 구석으로 다가갔다. 뿌리가 사방으로 뻗어 있었는데, 그 중 한 줄기가 무덤 두 개 사이로 길게 뻗어 있었다. 풀숲에서 무언가 반짝이는 것이 보였다. 허리를 숙여 집어보니 신기하게도 아주 깨끗한 금반지였다. 자기 꼬리를 물고 세상을 둥글게 에워싸고 있다는 노르웨이 전설 속 뱀 모양이었다.

"이건 여자 반지야. 여왕의 반지란 말야. 어디서 찾았는지 정확한 위치를 가르쳐주게."

프렌더개스트는 반지를 보자마자 환성을 질렀다. 하지만 애석하게도 나는 정확한 위치를 기억하지 못했다. 나란히 놓인 묘비 두 개 가운데쯤이었는데, 꼭 집어 어디라고 말할 수 없었던 것이다.

"그 반지가 어느 무덤에서 나왔는지 확실히 모른다면, 여자가 어디 묻혀 있는지 모르는 게지."

마기가 딱 잘라 말했다. 도지슨 목사가 막 입을 열려고 한 찰나, 프렌더개스트가 손을 들어 그를 제지했다.

"목사님, 고맙습니다. 하지만 이 문젠 저 혼자 풀 수 있습니다. 아버지, 이 무덤 두 개 중 하나에는 반드시 여자의 유골이 묻혀 있습니다. 다른 하나에 남자 해골이 묻혀 있을 확률과 여자 해골이 묻혀 있을 확률은 각각 2분의 1로 똑같습니다. 그러니 이 중 아무거나 하나를 팠을 때, 거기 여자 해골이 있을 확률은 4분의 3입니다. 아버지의 명에 따라, 발굴 작업을 계속해도 되는 것이지요."

떨리는 손으로 무덤을 조심스레 파느라 시간이 많이 걸렸다. 먼저 다리가, 그 다음에는 골반이 나왔다. 골반이 틀림없이 여자 것이라는 걸 확인해 주자, 프렌더개스트는 환호성을 질렀다. 하지만 두개골을 파고 있던 우리는 기이한 운명의 장난에 말려들었음을 알게 되었다. 나무 뿌리가 흉곽 바로 위 부분 깊숙이 박혀 있었던 것이다. 게다가 그 지점부터는 땅에 습기가 가득했다. 뿌리가 지나간 자리부터는 해골이 남아 있지 않았다. 목뼈와 두개골이 흔적도 없이 사라져버린 것이다.

"나무 뿌리와 지하수 때문에 오래 전에 산산조각 나 없어진 것 같네."

내 말에 프렌더개스트는 화를 버럭 내며 삽을 땅에 내다 꽂고는 갖은 욕설을 퍼부었다.

"제기랄! 이렇게 어이없는 경우가 어디 있단 말이야! 아버지, 상황이 이러니 무덤 하나를 더 파도 되겠죠?"

마기는 심통 맞은 표정으로 빙글거렸다.

"절대로 안 된다. 반지는 이 여자 해골이 있던 데서 나온 게 분명하니, 다른 무덤이 여자 것일 확률은 또다시 2분의 1밖엔 안 되지 않느냐. 더 이상 무덤을 발굴하는 건 안 된다."

우린 하릴없이 구덩이 수색을 재개했다. 큰 공을 세운 줄 알았던 나도 애써 고생한 게 물거품이 되어 맥이 풀렸다. 하지만 프렌더개스트는 훨씬 더 암담했을 것이다. 그런데 갑자기 목사의 고함소리가 들렸다.

"알았다. 이거야! 정말이지, 유레카라고 외치고 싶은 심정이군! 나무 뿌리 옆에 있는 다른 무덤에 여자가 묻혀 있을 확률은 2분의 1이 아니야. 3분의 2지."

마기가 업신여기는 듯한 눈초리로 목사를 쏘아보며 냉랭하게 내뱉었다.

"2분의 1에서 갑자기 3분의 2라니! 자꾸 그렇게 말씀하시는데 무슨 말인지 잘 모르겠소. 두 번째 무덤에 남자가 묻혔는지 여자가 묻혔는지 모르는데, 어떻게 그리 되오?"

도지슨 목사는 대답 대신 땅바닥에서 하얀 돌멩이 두 개와 까만 돌멩이 하나를 집어들었다. 그리곤 미소를 지으며 내게 몸을 돌렸다.

"박사, 모자 좀 빌려주겠소?"

약간 어리둥절했지만, 어쨌든 모자를 내주었다.

"이번에도 아이들 게임으로 설명해 드리지요. 이 돌멩이를 손에 넣고 섞은 다음 모자 속에 아무거나 하나를 넣겠습니다. 뭐가 남아 있는지는 보지 않고 말이지요. 그러면 모자에 흰 돌멩이가 있을 확률과 검은 돌멩이가 있을 확률은 똑같겠지요."

우린 고개를 끄덕였다.

"이번엔 두 번째로 하얀 돌멩이를 집어 모자에 넣겠습니다. 이 돌멩이 두 개를 바닥에 떨어뜨리면 어떤 게 먼저 넣은 건지 뒤에 넣은 건지 모르겠지요.

하얀 돌멩이를 여자 유골이라고 하고, 검은 걸 남자 거라고 한다면, 이 퀴즈는 나무 양쪽에 있는 무덤과 똑같은 게 됩니다. 하나는 틀림없이 하얀색, 그러니까 여자 것입니다. 나머지 하나가 검은색, 즉 남자 것일 확률과 흰색, 즉 여자 것일 확률은 똑같습니다. 자, 돌멩이 하나를 집겠습니다. 운이 좋군요. 흰색입니다."

목사는 돌멩이를 들어보였다.

"하지만 불행히 돌멩이는 말이 없어서, 자기가 어떻게 죽었는지 가르쳐 주지 못합니다."

그는 돌멩이를 던졌다.

"자, 첫 번째 돌을 흰색이라고 칩시다. 그러면 두 번째 돌도 흰색일 확률은 얼마일까요?"

목사는 잠시 아무 말도 하지 않았다. 나는 이 문제를 알 듯 말 듯했지만, 정확히 딱 집어 말하지는 못했다. 모두들 나처럼 고민하는 기색이 역력했다. 그 순간, 나는 확률이 3분의 1밖에는 안 된다는 확신이 들었다. 이미 여

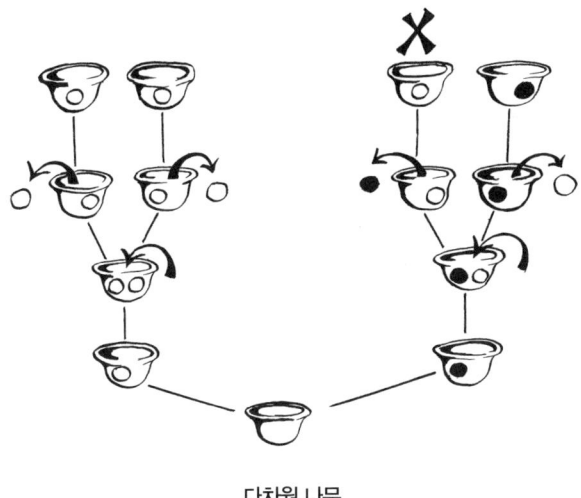

다차원 나무

자 돌멩이 하나를 썼으니 말이다. 아니, 혹시 2분의 1인가?

도지슨 목사는 종이를 꺼내더니 뒤에 있는 나무를 가리켰다.

"여러 가능성을 한꺼번에 보여주는 데에는 나뭇가지를 늘리는 것이 제일 좋은 방법입니다. 전 그걸 '다차원 나무'라고 부릅니다."

그러고는 그림을 그리기 시작했다.

"맨 처음에 모자는 아무것도 없는 1차원입니다. 이번엔 돌멩이 하나를 넣습니다. 흰색일 수도 있고 검은색일 수도 있지요. 그러면 차원은 두 개로 나뉩니다. 이 두 차원에서는 서로 다른 사건이 일어나지요. 이 두 차원에 똑같이 하얀 돌을 하나 넣습니다. 하지만 여전히 차원은 둘뿐입니다. 그 다음 아무 돌멩이나 하나 집어냅니다. 처음에 넣은 돌멩이일 수도 있고, 나중에 넣은 것일 수도 있지요. 그러면 두 개였던 차원은 네 개로 늘어납니다."

목사는 맨 윗줄의 그림을 차례로 설명했다.

"첫 번째 차원에선 처음 넣은 돌을 버립니다. 나중에 넣은 것은 흰색이었지요. 그러니까 남아 있는 돌은 흰색입니다. 두 번째 차원에선 나중에 넣은 돌을 버립니다. 하지만 처음 넣은 돌이 흰색이니까 남아 있는 돌도 흰색이지요. 세 번째 차원에선 검은 돌을 버리면 흰 돌이 남습니다. 네 번째 차원에서는 흰 돌을 버리면 검은 돌이 남지요."

"그렇다면 나중에 넣은 돌이 흰색일 가능성은 4분의 3이군요."

"아니지요, 왓슨 박사. 네 개의 차원에서 하나를 제해야 하니 4분의 3은 아니오. 내가 꺼낸 첫 번째 돌이 검은색이 아니었으니, 우리가 처한 지금 상황이 세 번째 차원이 아니라는 건 분명하오. 지금 이 상황은 나머지 세 차원 중 하나에 해당하고, 확률은 모두 똑같소. 그러니 남아 있는 돌이 흰색일 가능성은 3분의 2이오. 따라서 나머지 무덤에 여자가 묻혀 있을 확률은 3분의 2인 것이오."

우린 새 희망에 부풀어 황급히 오크 나무로 되돌아갔다. 그런데 몇 초 전만 해도 아무도 없던 나무 위에 괴상하게 생긴 아이 하나가 쪼그려 앉아 있는 것이었다. 날렵한 몸집에 아무렇게나 기른 머리카락을 등뒤로 길게 늘어뜨린 아이는 녹색 가운 같은 것을 걸치고 있었다. 맨발의 소년은 머리에 오크 나뭇잎으로 만든 왕관을 쓴 채 다리를 꼬고 앉아 멍한 눈으로 우릴 바라보았다. 고대 전설에 나오는 인물이 환생한 것 같았다. 그때 프렌더개스트가 웃음을 터뜨리며 소년을 향해 다가가는 우리에게 낮게 속삭였다.

"우라고 하는 아입니다. 정신박약아인데, 엄마가 저 아이를 낳다가 세상을 떴지요. 저 앨 입양한 사람이 없어 혼자 야생에서 자랐습니다. 마을 사람들은 아이를 돌보지 않았다는 데 죄책감을 느끼고, 밤이면 문 앞에 먹을 것이나 옷가지들을 내놓는답니다. 아이가 가져가라고 말입니다. 아침에는 사라지고 없지요. 우는 우리 마을의 전설적인 존재입니다. 하지만 남을 해치진 않아요."

"우의 집에서 뭐하고 있어?"

소년이 맑은 목소리로 물었다. 마기가 뭐라고 대답하려 한 찰나, 도지슨 목사가 앞으로 나섰다.

"그냥 놀러온 거란다. 그러니까 네게 해가 되진 않을 게다. 땅을 조금 파 보고 옛날에 무슨 일이 있었나 알아보려는 것뿐이야. 그러고 나면 조용히 돌아갈 거란다. 아무 일 없이 말이다. 내 약속하마."

우는 꼼짝도 않고 앉아 있다가 이내 고개를 끄덕였다. 우리는 아이가 내려다보는 가운데 두 번째 무덤을 팠다. 여자의 유골이 묻혀 있었다. 난 프렌더개스트의 염려가 기우였다고 전할 수 있어 무척 기뻤다. 해골 주인이 왜 죽었는지는 알 수 없지만 두개골과 목뼈는 온전했고 관절염의 흔적이 남아 있어 사망 당시 나이가 들었음을 알 수 있었다. 끔찍한 전설은 거짓임이 입증된 것이다.

북적이는 런던 시민이었던 나는 그 후 며칠간 처음 맛보는 평화로운 시골 생활을 마음껏 즐겼다. 나도, 프렌더개스트도 무시무시한 마법 따위는 까맣게 잊은 채 한량처럼 숲 속을 거닐며 하루하루 소일했다. 환상의 나라 같았다. 발을 내딛을 때마다 우거진 나뭇잎들이 갖가지 음영의 녹색 그림자를 드리워주어 깊은 물 속에 잠긴 듯 푸근했다. 어쩌면 우리는 천 년 전 푸른 숲에 살던 도적이었는지도 모를 일이었다.

그 사이 한두 가지 불협화음은 있었다. 악마의 땅을 다시 찾았을 때, 새로 판 무덤 같은 것이 보이기에 나는 프렌더개스트가 아버지나 나 몰래 여전히 발굴 작업을 계속하나 싶어 의아했다. 그리고 우 소년의 비극도 들려왔다. 오랜 세월 사람들에게서 외면당했던 그 소년은 도지슨 목사의 갖은 노력에도 끝내 사회에 편입되지 못했던 것이다.

어느 날 밤, 나는 현실감을 잃지 않으려고 홈스에게 그간의 일들을 사실만 추려 긴 편지를 썼다. 하지만 그 지방의 마술에 걸린 탓인지, 내 몸이 며칠 전까지만 해도 몸담고 살았던 런던과는 전혀 다른 시공간에 존재하는 듯했다. 그래서 그곳에서의 넷째 날 홈스와 레스트레이드가 현관문을 열고 들어섰을 때, 나는 우주인이라도 만난 것처럼 숨이 멎을 뻔했다. 잠시 후 나는 무덤 발굴 소식이 와전되어 레스트레이드 경감의 귀에 들어갔을지도 모른다는 생각이 들었다.

"저런, 혹시 시체 때문에 오신 거라면 무려 1천2백 년이나 지각 출동하신 셈입니다."

내 말에 레스트레이드 경감은 고개를 저으며 냉정하게 내뱉었다.

"묘지엔 예나 지금이나 시체가 꾸준히 들어오겠지요. 최근 이 근방 땅을 판 건 선생만이 아닙니다. 로빈슨이라고 하는 고리대금업자의 시체가 선생이 조사했던 땅에 묻혀 있다는 정보를 입수했습니다. 로빈슨은 옛날 사람이 아니라 지난 화요일인 8월 2일까지만 해도 살아 있던 사람이었죠. 서기 700년 8월이 아니라 불과 얼마 전인 1900년 8월 말입니다. 발굴허가증도 갖고 왔습니다. 순회재판 판사가 승인한 것이니 이곳 마기도 불복할 수 없을 겁니다."

홈스도 천천히 고개를 끄덕였다.

"경감 말이 맞네, 왓슨. 로빈슨의 시체가 여기 있는 것 같아. 집주인이 화를 낼지도 모르지만, 달리 방법이 없어."

나는 한숨을 내쉬었다.

"아, 금세기 내 휴가가 이제 끝날 때가 다 된 것 같군. 어딜 파보면 될지 안내해 주겠네. 땅을 판 지 얼마 안 되는 곳을 본 적이 있어."

누가 우릴 봤다면 아주 이상한 행렬이라고 생각했을 것이다. 장례식 행렬처럼 마기를 필두로, 삽을 미늘창처럼 어깨에 걸친 하인 넷이 일정한 간격을 두고 그 뒤를 이었다. 홈스와 레스트레이드 경감, 그리고 프렌더개스트가 그 뒤를 따라갔고, 목사복 차림의 도지슨 목사는 멀찍이 떨어져 천천히 걸어오고 있었다. 매장지 가까이 도착한 나는 앞으로 나가 판 지 얼마 안 되는 땅을 가리켰다. 하인들이 막 삽질을 하려는데 홈스가 손을 들어 제지했다. 몇 분 간 주변을 살펴보던 그는 얼마 전에 땅 판 흔적을 또 하나 발견했다. 우린 당황해 웅성웅성 모여들었다. 그런 우리를 무시한 채 계속 조사하던 홈스는 잠시 후 또 다른 흔적을 발견했다.

"그럼 시체가 세 구란 말인가?"

"아닐 걸세. 시간을 벌려고 한 짓 같군. 빨리 체포영장을 발부하지 않으면 범인이 해외로 달아날지도 모르겠네."

홈스의 말이 떨어지자마자 레스트레이드 경감이 잘난 체하며 끼어들었다.

"그렇게는 안 될 겁니다. 순식간에 모조리 파헤칠 테니까요."

경감이 하인들에게 손짓을 한 순간 마기가 재빨리 제지했다.

"당신이 보여준 발굴허가증은 한 장뿐이었소. 석 장이 아니었지. 그러니 하나만 파시오. 그 이상은 안 되오."

"선-생-님, 우리가 원하는 것은 시체 한 구뿐입니다. 나머지 두 구덩이엔 아무것도 없을 겁니다. 시간이 촉박합니다."

레스트레이드 경감은 벌겋게 달아오른 얼굴로 '선생님'이라는 말을 한 음절 한 음절 강조하며 말했다. 하지만 마기는 꿈쩍도 하지 않았다. 그는 엄한 목소리로 말했다.

"발굴허가서 석 장을 보여주시오. 그래야 구덩이 세 개를 팔 수 있소."

우리 모두 잠시 머뭇거렸다. 3분의 1이라는 확률을 맞추기란 쉬운 일이 아니었지만, 그렇다고 마기와 몸싸움을 벌일 수는 없는 노릇이었다. 레스트레이드 경감과 홈스의 표정을 보아하니, 영장을 발부받거나 지원부대를 요청할 시간은 없는 것 같았다. 그때 숲 속에서 웃음소리가 들려왔다.

"우는 봤다! 우는 죽은 사람 묻는 거 봤다!"

돌아보니 거기엔 예의 정신박약아 소년이 앉아 있었다. 도지슨 목사는 다정하게 손을 내밀며 우에게 다가갔다.

"어디니, 우? 죽은 사람이 어디에 묻혀 있지?"

하지만 소년은 두려운 듯 부들부들 떨며 고개를 저었다.

"우는 말하지 않기로 약속했다. 말하면 나한테 나쁜 짓 한다고 했다. 말 안한다고 약속했다."

목사는 잠시 머뭇거리더니 희미한 미소를 지으며 다시 물었다.

"우, 그러면 아무것도 없는 곳을 말해주렴. 그럼 나쁜 일이 일어나지 않겠지?"

우는 잠시 멈칫거렸다. 대답할 것 같은 기색이었다. 그러다 갑자기 누군가에게 얻어맞기라도 한 듯 몸을 움추리며 비명을 질렀다.

"우는 안 속는다! 아무것도 없는 데를 말해주는 거나 죽은 사람이 있는 곳을 말해주는 거나 똑같다. 말 안한다."

도지슨 목사는 즉시 고개를 끄덕였다.

"그 말 취소하마, 우. 말하지 말거라. 나쁜 사람들이 널 해치면 안 되니까. 하지만 우, 아무것도 없는 무덤 하나는 말해줄 수는 있겠지? 그건 약속을 깨뜨리는 게 아니지 않니?"

곰곰이 생각하던 우는 천천히 입을 열었다.

"내가 아무것도 없는 데 하나만 가르쳐준대도 죽은 사람 있는 덴 모를 거다. 당신은 좋은 사람이다. 우에게 초콜릿을 주었다. 알았다. 아무것도 없는 구덩이를 가르쳐주겠다."

나는 도지슨 목사가 우리를 위해 최선을 다하고 있다고 생각했다. 우가 말해주면 확률은 3분의 1에서 2분의 1로 높아진다. 그런데 우가 앞으로 나서자, 도지슨 목사가 손을 들어 그를 제지했다. 그는 세 구덩이를 살펴보며 서성거렸다. 홈스도 나도 그를 뚫어지게 바라보았다. 목사의 의도를 알 수 없었다. 하지만 도지슨 목사는 무슨 결단을 내린 듯, 가운데 구덩이 앞에

버티고 섰다.

"이 구덩이에 대해선 몰라도 된다. 나머지 둘 중에 비어 있는 곳을 말해 주렴."

우는 나머지 두 개 중 언덕받이에 있는 것을 가리키고는 잽싸게 숲 속으로 달려갔다. 도지슨 목사는 내리막길에 있는 세 번째 무덤을 가리켰다.

"저걸 파시오."

나는 홈스의 얼굴을 뚫어져라 바라보았다. 홀연 홈스가 미소를 지으며 고개를 끄덕이는 것이었다.

"확률은 3분의 2입니다, 레스트레이드 경감. 파 봅시다."

레스트레이드 경감은 어리둥절한 표정을 지으면서도 마기의 하인들에게 손짓했다. 열심히 땅을 파던 하인 하나가 삽에 뭔가 걸리자 질겁하며 물러섰다. 잠시 후 우리는 런던의 고리대금업자였던 로빈슨의 시체를 들여다보고 있었다. 홈스는 허리를 숙여 주머니에서 지갑과 종이 몇 장을 꺼냈다.

"레스트레이드 경감, 경찰서로 갑시다. 도착하자마자 영장을 발부받을 수 있을 거요."

홈스의 말이 떨어지자마자, 둘은 서둘러 출발했다.

저녁 식사를 들기 전 가볍게 포도주를 마시러 내려온 응접실에는 목사 혼자 앉아 있었다. 나는 조용히 그에게 말을 건넸다.

"아무리 생각해 봐도 왜 홈스가 맨 끝에 있는 무덤에 시체가 있을 확률이 3분의 2라고 말했는지 모르겠군요. 셋 중에 하나를 빼면 틀림없이 확률은 2분의 1일 텐데 말입니다. 게다가 목사님이 세 개 중 하나가 비어 있다고 확신하고 우에게 나머지 가짜 무덤을 빼라고 한 거라면, 시체가 있는 무덤 하나만 남으니 확률은 1 아닙니까. 그런데 어떻게 확률이 3분의 2가 되는 거지요?"

5. 무덤을 찾아서

목사는 빙그레 미소를 지었다.

"우리가 처음 만난 기차에서 선생이 자지만 않았어도 이해할 수 있었을 거요. 우연히 그 여학생들과 비슷한 게임을 했다오. 내 보여주리다."

목사는 하인에게 텅 빈 성냥갑 세 개와 초콜릿을 가져다 달라고 했다. 한 상자에 초콜릿을 넣은 그는 등뒤에서 상자 세 개를 섞은 다음 탁자에 올려놓았다.

"초콜릿이 든 상자를 맞춰보시오."

나는 무턱대고 맨 왼쪽에 있는 것을 가리켰다. 그는 즉시 가운데 있는 성냥갑을 열어보았다. 텅 비어 있었다.

"맨 왼쪽에 있는 걸 고르셨지요. 다른 걸로 하겠소?"

"처음 선택한 대로 그냥 하겠습니다."

그는 내가 고른 성냥갑을 열었다. 비어 있었다. 그러고 나서 맨 오른쪽에 있는 성냥갑을 열고 초콜릿을 입에 넣었다.

"운이 없었을 뿐이라고 생각하시오, 박사?"

"물론입니다. 초콜릿이 성냥갑에 들어 있을 확률은 3분의 1이고 초콜릿이 돌아다닐 리는 없으니, 가운데 상자가 비어 있다는 걸 보여준다고 해도 나머지 두 개 중 어디에 초콜릿이 있는지 알 길이 없지요! 제가 다른 성냥갑을 선택하든 하지 않든, 확률은 똑같습니다. 이번에도 그 다차원 나무인가 하는 걸 그리시겠죠?"

내가 한숨을 쉬며 말하자, 목사는 고개를 저었다.

"아니오. 두 명이 경쟁하는 이런 종류의 게임은 다른 방식으로 설명하는 게 더 좋소. 당신이 퀴즈를 내보면 확실히 알 수 있을 거요."

도지슨 목사는 내게 성냥갑 세 개를 주고 주머니에서 초콜릿 몇 개를 꺼냈다. 나는 아무 성냥갑에 초콜릿 하나를 넣고 몰래 뒤섞었다. 목사는 초콜릿이 든 성냥갑을 몰라도 나는 알고 있었다. 그는 곧장 빈 성냥갑을 가리켰다. 내겐 선택의 여지가 없었다. 다른 두 개 중 나머지 빈 성냥갑을 열어보였다.

"다른 성냥갑으로 하시겠습니까?"

목사는 빙그레 미소를 지었다.

"고맙소. 그렇게 하지요."

그는 마지막 성냥갑을 열더니 다시 초콜릿을 먹었다.

"한 번 더 해보시오."

계속해서 문제를 내던 나는 목사가 몇 번이나 나보다 한 발 먼저 초콜릿이 든 성냥갑을 열고 입에 넣는 모습을 멍하니 바라보고 있었다.

"너무 뻔하네요. 한 번만 성냥갑을 고를 수 있다면, 세 번 중 한 번밖에는 승산이 없는데."

"맞소, 아주 뻔하오."

"하지만 목사님은 세 번 중 두 번이나 빈 상자를 골랐습니다. 그런 경우라면 제게 선택의 여지가 없지 않습니까. 어쩔 수 없이 나머지 두 개 중 아무것도 없는 것을 열 수밖에 없어요. 그 다음 목사님이 다른 성냥갑을 가리키면, 3분의 2는 반드시 이기게 되어 있지 않습니까. 별로 신기할 게 없군요!"

그는 한숨을 내쉬었다.

"어떤 의미에서는 그렇지 않소, 박사. 내게도 어느 정도는 직관력이 있지만, 그래도 신기한 일 아니겠소. 게임을 시작할 때 문제를 내는 사람이 빈 상자를 열어야 한다면, 상대방이 맞힐 확률은 3분의 1에서 2분의 1로 늘어나는 게 당연하오. 하지만 상대방에게 아무 상자나 고르게 함으로써, 문제를 낸 사람이 중요한 정보를 흘릴 수밖에 없다는 건 정말 신기한 일 아니오?"

목사는 짓궂게 미소를 지어 보였다.

"별로 놀랍지 않은가 보구려, 박사. 당신은 나와 다른 수학적 직관력을 갖고 있나 보오. 나보다 훨씬 뛰어난 직관력 말이오. 여하튼 식욕이 사라지기 전에 어서 저녁 식사나 하러 올라갑시다."

다음 날 홈스와 도지슨 목사, 나 이렇게 셋은 같은 기차에 올라 옥스퍼드와 런던을 향해 출발했다. 목사는 한담을 나누는 홈스와 나를 외면하고 말없이 뭔가 열심히 쓰고 있었다. 한참 후 내가 무얼 쓰고 있느냐고 물어보자 목사는 활짝 웃었다.

"내가 아이들 읽을 판타지 소설이나 수학 퍼즐 책을 쓰려 한다고 했던 거 기억하오? 지난 며칠 동안 겪은 일이 두 가지를 한꺼번에 해결해 주었소. 선생 친구인 홈스 씨가 해결책을 제안해 주었지요. 난 내성적이라 이름이 알려지는 게 싫었는데, 필명을 쓰면 어떻겠느냐고 홈스 씨가 그러더군요."

나는 그가 보여준 원고 제목을 큰 소리로 읽었다.

"《이상한 나라의 앨리스》. '루이스 캐럴' 지음. 부디 잘 됐으면 좋겠습니다, 목사님."

6 화성침공

          젊은이는 잔디밭에 납작 엎드린 채 나를 향해 미친 듯 손을 흔들며 낮게 속삭였다.

"인류를 생각해 머리를 숙이고 기어가세요! 화성인들이 우릴 발견하면, 당장 데려갈 겁니다. 그럼 지구의 마지막 희망이 사라지는 거예요!"

  그의 목소리가 어찌나 엄했던지, 내 목덜미가 머리카락에 찔려 따끔거리는 것 외에는 아무것도 느껴지지 않았다. 내가 조심성 없이 머리를 들면 《타임머신》과 《투명인간》의 저자 H.G. 웰스가 말했던 화성인의 살인광선이 진짜로 우리를 까맣게 태워버릴지도 모른다는 생각마저 들었던 것이다.

  나는 긴장을 풀지 않고 참을성 있게 기다렸지만, 아무 일도 일어나지 않았다. 내 머릿속에선 지금 이 상황까지 나를 몰고온 기이한 사건이 파노라마처럼 펼쳐지고 있었다.

  거실에 들어섰을 때, 홈스는 편지를 보며 껄껄거리며 웃다가는 또 고개를 절레절레 흔들고 있었다.

"마침 잘 왔네, 왓슨. 이 사람은 나보단 자네가 도와주는 게 훨씬 낫겠어. 이거 한번 읽어보게."

홈스가 건네준 편지는 짧지만 놀라운 내용을 담고 있었다.

1900년 8월 31일

친애하는 홈스 씨께.

전 옥스퍼드 머포드 대학에서 천문학을 전공하고 현재 과학과 박사 과정 중인 학생입니다. 하지만 응용물리학, 그중에서도 특히 항공학에 지대한 관심을 갖고 있습니다. 몇 달 혹은 몇 년 내에 이 분야의 중요한 연구 결과가 발표될 예정인데, 제가 바로 그 연구에 참여하고 있습니다.

그런데 새 세기로 접어들면서 미래에 대한 저의 희망은 무시무시한 두려움으로 바뀌었습니다. 인류가 미지의 어떤 힘으로부터 공격받으리라는 징조가 나날이 뚜렷해지고 있기 때문입니다. 처음엔 어리석게도 이 문제를 다른 사람들에게도 의논했는데, 얼마 전 제가 그들의 비웃음거리가 됐다는 걸 알게 되었습니다.

누구에게 도움을 청해야 좋을지 모르겠습니다. 경찰이 해결할 문제는 아닙니다. 선생님이라면 미약한 저 하나만으로는 도저히 감당할 수 없는 이 엄청난 사태에 대해 조언해 주시리라 믿습니다.

9월 1일 오전 9시에 찾아뵙고자 하니, 부디 다른 약속은 모두 미뤄주시기 바랍니다. 저 하나만이 아니라 전 인류의 운명이 걸린 문제인 만큼 이보다 더 중요한 일은 없을 것입니다.

알렉산더 스미스 올림.

"불쌍한 사람이군, 홈스. 편집증 초기 증상이 분명해. 상담을 하거나 진정제를 놓는 정도론 부족할 것 같은데. 전문의의 치료를 받아야 할 것 같아. 물론 할 수만 있다면야, 나도 기꺼이 도와주겠네."

"그거 고맙네, 왓슨. 벌써 9시가 거의 다 돼 전문의를 부를 시간이 없으니 말이야. 스미스 씨가 벌써 도착했나 보네."

계단을 오르는 발소리가 들리더니, 이내 나이에 걸맞지 않게 당당하고 품위 있어 보이는 빨간 머리의 키 큰 젊은이가 들어왔다. 악수를 나누던 나는 그의 얼굴이 약간 경직되어 있고 눈동자가 한 곳에만 머물러 있다는 것을 눈치챘다. 의학적 식견으로 볼 때 틀림없는 불안증 증상이었다. 그에게 의자를 내준 홈스는 어이없게도 엉뚱한 질문을 하기 시작했다.

"스미스 씨, 아니, 조금 있으면 스미스 박사가 되시겠군요. 어쨌든, 초기 항공학에 대해 어떻게 생각하시는지 들려주시겠습니까?"

"알겠습니다, 홈스 씨. 저는 순수과학을 전공하긴 했지만, 새로운 백 년에는 공학보다 수학과 물리학이 실생활에 훨씬 많이 응용될 거라고 생각합니다. 제 취미는 확률과 통계 법칙을 공학에 응용하는 것입니다. 요즘엔 공기보다 가벼운 기계와 무거운 기계를 개발하는 데 빠져 있지요. 근대식 쾌속선이 바다를 정복했던 것처럼, 앞으로 수십 년 안에는 인류가 하늘을 정복할 수 있다고 자신 있게 말씀 드릴 수 있습니다. 독일에서 제작 중인 최초의 비행선 '그라프 체펠린Graf Zeppelin' 사진을 신문에서 보셨겠지요?"

우린 둘 다 고개를 끄덕였다.

"그건 대단히 의미 있는 계획입니다. 물론 사실 장기적으로 봐선 공기보다 무거운 비행기가 훨씬 효과적이라고 생각하지만 말입니다. 안전하기도 하고 장거리 비행도 가능한 비행기를 만드는 게 관건이겠지요."

그 순간부터 나는 이 사람이 비정상이라고 확신하기 시작했다.

"공기보다 무거운 비행선이 이론적으로는 가능합니다. 하지만 몇몇 강대국들이 비행선 제작에 착수했다는 걸 아시겠지요. 반대로 공기보다 무거운 비행기는 늘 미친 사람 취급을 받는 돈 많은 개인 발명가들이나 만들었습니다. 그렇다면 둘 중 어느 게 더 좋은지 확실하지 않습니까?

스미스는 나를 우습게 보는 것 같았다.

"꼭 그렇지만은 않습니다. 요점은 이렇습니다. 비행선은 물리학 법칙 때문에 낮은 대기층에서 느리게만 날아갈 뿐이지만, 공기보다 무거운 비행기는 훨씬 높이 더 빨리 날아갈 수 있다는 것이죠."

나는 달래듯 말했다.

"아까 말씀하셨던 것처럼 가장 중요한 문제는 안전입니다. 비행선은 엔진이 고장나더라도 하늘에서 곧장 추락하지 않고 기구처럼 안전하게 착륙할 수 있습니다. 필요하다면 밧줄로 끌어내릴 수도 있고 말입니다! 반면 공기보다 무거운 비행기는 고도를 유지하려면 엄청난 속도로 날아야 합니다. 하지만 가솔린 엔진은 쉽게 고장나지요. 가솔린 엔진을 장착한 최신 유행 자동차와 오토바이가 고장나서 길가에 서 있는 게 자주 눈에 띄더군요."

홈스가 고개를 끄덕였다.

"저도 왓슨과 같은 생각입니다. 스미스 씨, 공기보다 무거운 비행기가 이론적으로는 가능하지만, 엔진이 고장나면 잘해야 추락입니다. 백 번에 한 번 꼴로 일어나는 사고 발생률을 고려하면, 영국해협을 건너는 장거리 비행은 너무나 위험한 발상이지요. 엔진의 안전성을 10배, 혹은 100배까지 높인다 하더라도, 많은 사람들이 다칠 수 있는 위험한 일이죠."

스미스는 입술을 일그러뜨렸다.

"제가 연구하고 있는 게 바로 그 분야입니다. 안전성이 중요하다는 데에는 저도 동감입니다. 어느 비행기를 막론하고 모든 기계를 백 퍼센트 안전하게 만들 수 있는 기술을 개발했습니다."

홈스와 내가 아무 말도 하지 않자, 스미스는 계속해서 이야기하라는 신호로 받아들였다.

"전 그 기술을 '중복'이라고 부릅니다. 어느 한 부분, 아니 심지어 여러

부분이 고장 나더라도 비행에 아무 영향을 미치지 않도록 설계하는 게 그 목적이지요. 예를 들어 모든 기계에 커다란 엔진 하나만 다는 게 아니라 날개에 일정 간격으로 여러 개의 작은 엔진을 다는 겁니다. 엔진 네 개 정도면 충분할 겁니다. 처음 속도를 높이고 일정한 높이까지 올라가는 데 드는 에너지보다 고도를 유지하는 데 드는 에너지가 훨씬 적게 듭니다. 어쩌면 비행기에 예비 연료를 줄 수도 있고, 그러면 엔진 세 개, 아니 두 개만 달아도 안전하게 착륙하는 데 필요한 연료를 충분히 공급할 수 있다고 가정할 수 있습니다."

"엔진을 여러 개 달아도 모조리 고장날 수 있는 법입니다."

내가 말했다.

"그럴 수도 있겠지요. 하지만 지극히 드문 일입니다. 엔진 하나가 고장날 확률이 100분의 1이라고 한다면, 두 개가 동시에 고장날 확률은 10,000분의 1이고 세 개가 고장날 확률은 1백만 분의 1밖에 안 됩니다. 이렇게까지 안전한 비행기에 타지 않겠다고 한다면, 선생님은 세상에 둘도 없는 겁쟁이가 틀림없습니다!"

나는 얼굴이 벌겋게 달아올랐다. 하지만 내가 무어라 대꾸하기도 전에 다행히 홈스가 끼어들었다.

"글쎄요. 말씀하신 그 방식이 좀 좋다는 건 알겠습니다."

"'좀'이라고요! 그건 중요한 것입니다. 절대적으로 중요한 것이지요. 고장이 잦아서 실제 상품가치는 없지만, 완벽한 기계식 조판기계를 발명한 사람 얘기를 들어보셨습니까? 역시 완벽하게 작동시키려면 톱니바퀴 등 부품이 너무 많아 실제로 사용되진 않지만, 거의 생각까지 할 수 있는 계산기를 개발한 배비지 씨 얘길 들어보셨습니까? 제가 연구한 원칙만 따른다면, 절대 고장도 나지 않고 크든 작든 제아무리 복잡한 기계라도 만들 수 있습니다. 가능성의 영역이 무한정 확대되는 것이지요."

"하늘엔 한계가 있지 않습니까."

나는 정신이상자에겐 비위를 맞춰줘야 한다고 재차 다짐하며 최대한 진지하게 말했다. 하지만 그는 버럭 화를 냈다.

"하늘에는 한계가 없습니다. 러시아의 교사 치올코프스키와 그의 우주기차 얘기를 못 들어보셨습니까? 비행 방법엔 세 가지가 있습니다. 첫째, 기구나 비행선은 정적인 공기부력에 의존하고, 둘째로 비행기는 상승하기 위해 공기를 아래로 밀어내는 동적 에너지에 의존합니다. 하지만 세 번째는 로켓인데, 여기엔 공기가 필요없습니다. 화학 연료는 충분한 에너지를 낼 수 없어서 로켓 한 대만으론 달까지 날아갈 수 없지요. 하지만 로켓이 여러 개 있어서 교대로 점화하고 다 쓴 것은 버리면서 서서히 속도를 높이면, 어디까지라도 올라갈 수 있습니다. 한계가 없다는 얘기지요. 여러 단계를 거쳐야 하고 기계도 굉장히 복잡하겠지만, 이 이론에 따르면 아무리 높은 곳이라도 날아갈 수 있습니다."

"달까지 말이죠. 나 원!"

나는 속으로 이 남자가 천재적인 광인인지, 아니면 단순한 사기꾼인지 속으로 헤아려보았다. 하지만 그는 아주 진지한 표정으로 고개를 끄덕였다.

"그렇습니다. 제가 학계의 주목을 받는 이유도 바로 그 때문입니다. 전 어릴 적부터 공상 소설을 무척 좋아했지요."

나는 홈스를 바라보았다. 우린 둘 다 웃음을 간신히 참고 있었다. 처음으로 스미스가 납득할 만한 말을 꺼낸 것이다. 그는 계속해서 말을 이었다.

"전 쥘 베른의 우주총과 웰스의 반중력 물질인 카보라이트에 대해 읽었습니다. 물론 내용에 과학적인 허점이 있긴 했지만, 그 기막힌 상상력이 재미있었지요. 하지만 화성인에 대한 웰스의 가설은 쉽게 무시할 수 없는 것입니다. 권위 있는 학자들이 화성 표면에서 선을 보았다고 보고합니다. 저

절로 생긴 거라고는 할 수 없을 만큼 길고 똑바른 선을 말입니다. 그 선은 운하로 추정되고 있는데, 그건 다시 말해 지능을 갖춘 화성인이 존재한다는 뜻이기도 하지요."

"그 운하 사진을 실제로 찍은 사람은 없지요."

홈스의 말에 스미스는 고개를 끄덕였다.

"그렇습니다. 하지만 오랜 연구 경력을 지닌 천문학자들이 그 선에 대해 계속 보고하고 있습니다. 사진을 선명하게 찍지 못한 건 난기류 때문이지요. 몇 초 동안 노출해야 하니까요. 하지만 인간의 눈은 공기가 정지된 찰나의 순간에도 정확한 상을 포착할 수 있습니다. 하지만 운하 얘기는 이만하지요. 화성인이 존재한다는 좀 더 확실한 증거는 많이 있으니까요. 아, 나에게 이런 증거가 없었더라면 좋았을 것을!"

스미스가 처음으로 이성을 잃는 것 같았다. 그는 냉정을 잃지 않으려고 애쓰고 있었다.

"문제는 화성과 지구는 아무리 가까워진다 해도 거리가 4천8백만 킬로미터나 되기 때문에 정확히 관측할 수 없다는 점입니다. 그에 비해 달은 아무리 멀어야 40만 킬로미터밖에 떨어지지 않습니다.

웰스는 환상적인 달나라 인간을 묘사했지만, 달에는 공기가 없기 때문에 사실은 생명체가 살 수 없다고들 합니다. 하지만 언젠가는 지구인이 달에 갈 수 있는 방법을 찾아낼 것이고, 잠수복 같이 생긴 특수복을 입고 달 표면을 걸어다닐 수 있다는 가설은 설득력이 있습니다. 정말로 화성인이 존재한다면, 그리고 화성인이 우리보다 과학적으로 훨씬 진보되어 있다면, 말씀드린 것처럼 달나라 여행을 갈 수도 있다는 생각이 들었습니다. 그리고 달에는 바람이나 비가 없기 때문에, 누가 왔다간 흔적은 영원히 남을 겁니다. 천 년이 지나도 말이지요."

스미스의 목소리에는 갈수록 자신감이 넘쳐흐르고 있었다.

"그래서 대학 연구실에 있는 소형 망원경을 빌려 제가 밝히지 못한 것을 찾아내려는 연구를 시작했습니다. 사람들은 저더러 미쳤다고 했지요. 제가 그 망원경으로 찾으려던 것은 화성이 아니라 달에 있는 화성인의 흔적이었습니다. 달 표면을 여러 각도에서 구석구석 사진 찍었지요. 특히 그림자가 길게 드리워져 아주 작은 물건까지 정확하게 보이는 때에 먼지와 흙에 남은 흔적을 자세히 살펴보았습니다. 그러기를 며칠, 아주 이상한 것을 발견했습니다. 갑자기 눈에 들어오더군요. 바로 이것이 말입니다!"

그는 말을 이으면서 낡은 서류가방을 열고는 커다란 사진을 꺼내 탁자에 소리나게 내려놓았다. 홈스와 나는 사진을 뚫어지게 바라보았다. 내가 보기엔 그저 바위투성이 지형일 뿐이었다.

"이게 눈입니다. 그리고 이게 턱선이지요. 입술은 다소 일그러졌지만, 여기부터 시작되지요."

"세상에!"

스미스의 손가락을 따라 사진을 들여다보던 나는 너무 놀라 숨이 막힐 지경이었다. 풍경 사진에서 흉측하게 일그러진 얼굴이 느닷없이 튀어나왔던 것이다.

"정말 놀랍지 않습니까? 이 얼굴을 발견한 저는 더욱 열심히 연구했습니다. 그리고 곧이어, 이렇게 말해도 된다면, 두 번째 미술작품이 눈에 들어왔습니다. 문어를 상상해 보십시오."

그는 또 다른 사진을 내려놓고 손가락으로 가리켰다. 이번엔 사진을 보자마자 대번에 형체가 드러났다. 문어의 윤곽이 선명하게 보였던 것이다. 퉁퉁 부은 몸 위에 커다란 둥근 눈의 얼굴이 얹혀진 형상이었다. H.G. 웰스의 책《세계대전》의 포스터에 등장한 화성인과 똑같았다.

스미스는 엄숙한 목소리로 말했다.

"화성인의 얼굴입니다. 달에 있는 화성인의 얼굴과 달 표면에 있는 것과 별반 다르지 않습니다. 어쩌면 화성인이 고통스러워하는 인간을 비웃으며 내려다보는 건지도 모릅니다. 이 사진은 지구인에게 공포심을 주려는 게 틀림없습니다. 하지만 지금까지 그 누구도 알아보지 못했지요. 전 무서워서 부들부들 떨었습니다. 서둘러 동료들에게 달려가 사진을 보여주었습니다. 하지만 모두들 절 비웃으며 당장 천문학에서 손을 떼고 원래 하던 공부나 하라더군요. 게다가 대학 실험실 이용도 금지당했습니다. 영원히 이용할 수 없다는 것이었지요.

마음의 위안을 얻으려 성서를 펼쳤습니다. 교인도 아닌 제가 왜 그런 행동을 했는지 저 스스로도 의아했습니다. 하지만 지금은 우리들보다, 화성인보다 훨씬 막강한 어떤 힘이 저를 인도했기 때문이라는 걸 깨달았습니다. 성서를 제대로 읽어보셨습니까?"

스미스는 내가 가져다준 성서를 받지 않았다.

"암호를 직접 확인해 보십시오."

그는 내게 어느 서 몇 장 몇 절을 찾아보라고 했다. 그러고는 A로 시작되는 문장을 가리켰다.

"그 철자를 적고 그 다음 일곱 번째마다 나오는 철자를 적어 보십시오. 구두점과 빈칸은 무시하시고요."

"'아레스Ares'라는 말이 되는군요."

"그리스어로 화성이라는 뜻입니다. 계속해 보십시오."

"아레스가 온다!"

내가 외쳤다.

"그렇습니다. 그게 단순한 우연이 아니라 확실한 경고라는 제 생각에 두 분도 동의하시길 바랍니다. 정말로 무서운 건 그 단어가 적혀 있는 위치입니다. 19장 11절. 흔히 19:11이라고도 쓰지요. 화성인들이 1911년에 공격할 것이다. 너무나 확실하지 않습니까?"

"전쟁에 대비할 시간이 최소 10년은 남아 있군요."

스미스는 내 말에 고개를 저었다.

"전 비슷한 문장이 또 있을까 싶어 성서의 모든 서 19장을 샅샅이 살펴보았습니다. '아레스'라는 단어가 들어 있는 무시무시한 문장이 수십 개나 나오더군요. 하지만 절을 가리키는 숫자는 모두 달랐습니다. 따라서 연도는 일정하지 않았습니다. 그건 곧 화성인의 지구 침략이 한 번에 그치는 게 아니라 백 년 동안 계속된다는 것을 가리킵니다."

환자를 치료하기 위해 의사는 냉정해야 한다는 것을 알고 있었지만, 난 놀라지 않을 수 없었다. 내가 한 다음 말은 스미스뿐 아니라 나 자신도 안심시키기 위한 것이었다.

"하지만 성서 저술가들이나 웰스가 어떻게 미래에 벌어질 침략을 미리 알 수 있었겠습니까?"

스미스는 어깨를 으쓱했다.

"꿈 속에서 미래의 일을 본 게 아닐까요. 아니, 어쩌면 무의식적으로 깨달은 것인지도 모르지요. 어쨌든 '마르스'라는 화성의 이름이 그리스와 로마 신화에서 전쟁의 신을 상징한다는 건 단순한 우연의 일치가 아닙니다. 더 이상 연구할 시간이 없다는 게 가장 두렵습니다. 지난 1년 동안 전 이 계시에 대한 책을 집필했습니다. 그리고 곧 시작될 전쟁의 징후가 언제 나타날지 몰라 신문도 열심히 들여다보았습니다. 하지만 이렇게 넓은 지구상에서 제가 사는 근처의 작은 마을이 화성인의 첫 번째 목표가 되리라고는 상상도 못했습니다. 지난 주 신문에서 이걸 찾아냈습니다."

그는 서류 가방에서 낡은 《옥스퍼드셔 농업신문》을 꺼냈다. 1면에는 기이한 사진이 실려 있었다. 흔히 볼 수 있는 평범한 옥수수 밭 사진이었는데, 가운데 옥수수가 시계 방향으로 누워 지름이 10미터 가량 되는 거대한 원이 형성되어 있었던 것이다. 그 밖의 다른 곳엔 손댄 흔적이 없었다. 기사에는 '과학자들도 풀지 못한 수수께끼의 이상 현상'이라는 제목이 붙어 있었다.

"폭발이라도 있었던 게 아닐까요? 장난꾸러기 아이들이나 농장주인에게 원한을 품은 사람이 화약을 놓으면 이런 현상이 나타나지 않습니까?"

내 말에 홈스가 고개를 저었다.

"폭발이 일어나면 중심에서 바깥쪽으로 땅이 밀리지, 이렇게 편평한 길이 생기진 않아. 이렇게 뚜렷한 경계가 생길 가능성은 없다고 봐야 하네."

스미스가 고개를 끄덕였다.

"여하튼 아이들은 배제했습니다. 사람이 지나가 길이 생긴 거라면, 발자국이 남아 있었을 겁니다. 하지만 이렇게 된 그날 밤에는 밭에 들어간 사람이 없었지요."

"정말 희한한 일이군요. 어떻게 생각하십니까?"

"원통형 모양의 거대한 비행물체가 밤 사이 밭에 내려앉은 것 아니겠습니까. 축을 중심으로 서서히 돌았기 때문에 옥수수가 이렇게 누운 것이지요. 얼마 동안 지구에 머물러 있다가 조용히 온 것처럼 조용히 떠났을 겁니다. 아직 본 사람은 없지만, 화성인이 벌써 지구를 정찰하기 시작한 게 틀림없습니다."

내 눈앞에는 거대한 물체가 나사못처럼 빙글빙글 돌며 지상으로 내려오는 환상이 펼쳐졌다.

"화성침공을 예상하는 제 가까운 곳에서 화성인 최초의 지구 착륙이 이루어진 건 우연이 아닙니다. 제가 망원경으로 들여다보는 걸 화성인들이 눈치챘다는 얘기 아니겠습니까. 그 망원경으로 아까 보여드린 얼굴을 오랫동안 들여다보고 있었으니까요."

스미스가 말을 잇는 동안 홈스는 말이 없었다.

"시간이 없습니다. 지난 며칠 동안 옥스퍼드 부근의 옥수수 밭에 또 다른 원이 생겼습니다. 첫 번째 원보다는 훨씬 조잡한데, 그건 화성인들이 이젠 대놓고 지구 정찰에 나섰다는 뜻이겠지요. 더 이상 남몰래 왔다갈 필요를 못 느끼나 봅니다. 그리고 인근 주민들이 그날 밤 이상한 빛과 소리를 들었다고 보고했습니다. 화성인들이 오고 있습니다! 이렇게 확실한 증거를 포착했으니, 전 그 어떤 위험이라도 감수할 생각입니다. 오늘밤 그 이상한 빛이 보였다는 곳에 가볼 생각입니다. 외계인이 쓰는 물건을 갖고 오든가, 화성인을 데리고 돌아오든가, 그도 아니면 영영 돌아오지 못하겠지요."

그는 홈스를 바라보았다.

"홈스 씨, 그래서 선생님을 찾아온 것입니다. 선생님은 현명하신 분으로 정평이 나 있더군요. 화성인의 얼굴과 성서 속의 암호 같은 증거들이 단순한 우연일 확률이 얼마나 되나 계산해 보신다면 제 말을 믿으실 겁니다. 그렇다면 당연히 전 세계에 경고해야겠지요."

스미스가 몸을 일으키자, 홈스는 손을 들어 그를 세웠다.

"용감하신 분이군요. 박사가 생각하는 것만큼 위험할 것 같진 않지만, 그래도 누군가 동행하는 게 어떻겠습니까."

스미스는 고개를 저으며 단호하게 말했다.

"선생님께선 위험한 일에 뛰어드시면 안 됩니다. 제가 실패할 경우를 대비해 선생님은 안전하게 여기 계시는 게 좋습니다."

내가 의자에서 벌떡 일어섰다.

"제가 동행하겠습니다. 홈스만한 추리력은 없지만, 믿음직한 증인이 될 수는 있을 겁니다. 사격 솜씨도 좋고요. 시간과 장소를 말씀해 주십시오. 오늘밤 저랑 같이 정찰을 갑시다."

화성인의 침략을 전적으로 믿는 것은 아니었지만, 난 솔직히 호기심을 억누를 수 없었다. 스미스는 내 손을 꽉 잡았다.

"오늘밤 10시, 서튼에 있는 밀러 지부로 오십시오."

나는 스미스를 배웅한 뒤 홈스에게 돌아섰다.

"처음엔 스미스가 천재인지 미치광이인지 구분할 수 없었네. 하지만 이젠 확실히 알겠어. 화성인은 정말 있어. 비행기 운운할 때는 편집증 증상이 조금 보이긴 했지만 말이야."

홈스는 빙그레 미소를 지었다.

"천재와 미치광이는 종이 한 장 차이라네. 엉뚱한 생각에 빠져야 위대한 상상을 할 수 있다고 하지 않나. 그 말은 진리일세. 박물학자 월리스를 예로 들어볼까. 찰스 다윈과 함께 진화론을 수립했던 위대한 학자라네. 하지만 그는 조작한 사진에 속아 심령술에 빠졌지. 그래서 지금은 학계로부터 조롱과 경멸의 대상이 되어버렸네. 기독교에서는 죄는 미워하되 죄인은 사랑하라고 가르치지 않나. 마찬가지야. 어떤 사람이 나중에 오류에 빠졌다고 해서 그의 위대한 업적을 평가 절하해서는 안 되네. 정말 부당한 일이지.

스미스 씨는 머지 않아 훌륭한 기계를 만들 걸세. 그가 말한 중복 개념은 대단히 획기적인 거야. 지난 백 년 동안 눈부신 기술 발전이 있었지만, 동시에 비극적인 사건도 많이 늘었지. 매년 열차 사고로 죽는 사람들이 엄청나게 증가하지 않나. 하지만 그보다는 열차를 만들고 열차운행에 필요한 다리나 구조물을 건설하는 사람들이 훨씬 많이 죽고 있어. 기계를 다루는 사람들은 늘 불구가 되거나 목숨을 잃을 위험을 안고 있는 셈이네. 이번 백 년은 더욱 섬세하고 한결 복잡하면서도 훨씬 안전한 기술 발전의 시대가 돼야 할 거야.

어쨌든 스미스 씨의 망상을 고쳐주는 건 가치 있는 일일세, 왓슨. 오늘밤 권총을 갖고 가게나. 화성인의 존재를 믿지는 않지만, 옥스퍼드셔 사건의 진짜 원인은 나도 모르겠으니 말이야."

스미스가 말한 밀러 지부는 허름한 시골 술집이었다. 그가 아직 도착하지 않았기에 나는 도수가 낮은 맥주 한 잔을 주문하고는 뭔가 자세한 얘기를 들을까 싶어 술집주인과 옥수수 밭에 생긴 이상한 원에 대해 물어보았다. 하지만 술집에 앉아 있던 몇 사람이 우리 얘기에 귀를 기울이고 있던 터라, 스미스가 모습을 드러냈을 때 다소 안심이 됐다. 그는 맥주가 흥건한 탁자에 자리를 잡고 그 위에 그림을 그렸다.

"여기가 지금 이 술집입니다. 재떨이를 놓은 여기가 빛이 보였다는 곳이죠. 그 사이에 조그만 채굴장이 있는데, 지리는 제가 잘 압니다. 맨 처음에 나타난 원은 남쪽 밭, 여기에 있지요."

그는 맥주 잔 바닥의 물기로 동그라미를 그리며 계속해 말했다.

"그리고 나중에 생긴 게 여기와 여기입니다. 권총 가져오셨습니까?"

"예. 그럼 출발합시다."

우리는 한적한 술집을 나와 달빛 한 점 없는 어둠 속으로 들어섰다. 이윽고 스미스가 내게 손짓했다.

"여기서부터 채굴장입니다. 제 뒤를 바짝 따라오십시오. 발을 헛딛지 않도록 조심하시고요."

나는 그를 따라 낮은 둔덕을 넘어 잡초가 무성하고 사방에 구덩이가 패인 채굴장을 조심스레 건너갔다. 낮에 보면 이곳도 아름다울 것이다. 언덕과 계곡이 몇십 미터밖에 안 되는 스위스 풍경화의 축소판 같은 곳이었다. 그러다 갑자기 그곳이 H.G. 웰스의 소설에서 화성인들의 원통형 우주선이 착륙했던 곳과 아주 흡사하다는 생각이 스쳐갔다. 나는 소설 속의 그 오싹한 장면을 떠올려보았다. 어떤 물체가 채굴장에 떨어진다. 서서히 뚜껑이 열린다. 거기서 긴 안테나가 뻗어 나온다. 그것은 바로 무시무시한 적외선 발사기였다. 그때 교회 종탑처럼 뾰족한 것이 다가온다. 소름끼치는 최초의 비행물체였던 것이다!

그 순간, 끽끽 하는 이상한 소리가 귓속을 파고들었다. 우리는 그 자리에 멈춰 서서 꼼짝도 하지 못했다. 그 소리가 또 들렸다. 규칙적인 간격으로 계속 들렸다. 의심의 여지가 없었다. 거대한 기계가 서서히 돌아가는 소리가 틀림없었다!

스미스는 무릎을 굽히고 손으로 땅을 짚은 다음, 내게도 그렇게 하라고 손짓했다. 우리는 그 자세로 불룩 솟아난 얕은 둔덕으로 기어가 몸을 숨겼다. 둔덕이 그렇게 고마운 적도 없었을 것이다. 조심스레 앞을 내다보던 내 심장은 그 순간 멈출 것 같았다. 저 앞에 별빛을 등진 거대한 검은 실루엣이 드러난 것이다. 못해도 12미터는 훨씬 넘는 것 같았다. 버려진 건물 같기도 했지만, 틀림없이 별을 보였다 숨겼다 하면서 옆 아래로 움직이고 있었다. 소름끼치는 소리가 다시 들렸다. 눈을 가늘게 뜨고 살펴보았다. 하지만 그 물체는 지면을 따라 전진하는 게 아니라, 한 자리에 서서 구부렸다 폈다를 반복하는 것 같았다.

우린 그만 얼어붙었다. 그 물체 왼쪽으로 6미터 가량 되는 길고 가는 막대기가 흔들리고 있었던 것이다. 끝에 무언가를 매단 막대기가 주춤거리며 우리 쪽으로 다가왔다. 스미스의 이빨 부딪치는 소리가 들렸다.

검은 물체 꼭대기에 불이 들어왔다. 난 순간적으로 적외선이라고 생각했다. 하지만 아니었다. 단순한 조명등일 뿐이었다. 그리고 얼마 후, 생각지도 못한 소리가 들려왔다.

"거기 누구세요?"

젊은 여인의 목소리였다. 이내 그녀가 큰 소리로 외쳤다.

"아버지! 조명을 아래로 비춰보세요. 여기 누가 있어요."

조명등이 우리 쪽을 비추자, 금발에 키 큰 여인이 눈에 들어왔다. 손에는 얇은 망사주머니를 매단 긴 대나무, 다시 말해 곤충채집망이 들려 있었다. 조명등은 그녀 뒤에 우뚝 선 낡은 풍차를 비춰주었다. 풍차의 날개가 미풍을 받아 서서히 돌고 있었다. 규칙적으로 들렸던 그 기분 나쁜 소리의 정체는 바로 기름칠을 하지 않은 풍차날개 소리였던 것이다.

우리는 더 이상 품위를 잃을 수 없다는 생각에 얼른 일어나 먼지를 털어냈다.

"왜 땅바닥을 기어다니시는 거죠?"

"채굴장 옆에서 이상한 불빛과 소리가 들린다고 해서 그게 뭔가 조사하러 왔습니다."

"여긴 공유지라 무슨 짓을 해도 상관없는데요. 하지만 정 알고 싶으시다면 가르쳐드리죠. 모기 채집을 하고 있었어요. 아버지가 곤충학자시거든요. 저 풍차의 꼭대기 창문에서 빛이 새나가면 몇 미터 밖에서도 모기가 모여든답니다. 아버진 산업화 때문에 모기 색깔이 변한다는 가설을 세워 연구 중이시죠. 지금도 진화가 계속된다는 얘기예요."

우린 왔던 길을 되돌아갔다. 하지만 이번엔 기어갈 필요가 없었다.

"좋게 생각합시다. 황당하긴 하지만, 그래도 화성인들이 아니라 얼마나 다행입니까! 서둘러 가면 아까 그 술집에서 맥주 한 잔 정도는 마실 수 있을 거요."

우린 문 닫기 직전, 간신히 술집 앞에 도착했다. 그런데 얼굴은 검게 타고 손에는 못이 박힌, 궁색해 보이는 남자가 우리를 막아섰다.

"안녕하슈, 제 옥수수 밭은 무사하겠죠?"

"이 분은 윌슨 씨라고 합니다. 처음 원이 나타났던 농장주인이지요."

스미스가 소개해 주었다. 윌슨은 한 발을 질질 끌며 어눌한 투로 말했다.

"사실은, 그게, 저, 뭐시기, 어찌된 일이냐면 말입니다, 요즘 유행하는 새 물뿌리개 아시죠, 왜, 빙글빙글 돌아가면서 물 뿌리는 거 말입니다."

우린 고개를 끄덕였다. 나도 런던 시내 주택가 잔디밭에서 가정용 물뿌리개를 본 적이 있었다.

"제가 그걸 썼는뎁쇼, 물 대신 다른 걸 뿌렸어요. 요즘 이 근방에 어찌나 억센 잡초가 많이 나던지 골치가 아프더군요. 그래서 그 물뿌리개로 농약을 뿌리면 좋겠다 싶었지요. 농약에 중독될 일도 없고 몰래 할 수도 있을 것 같아 말입니다."

"이 지역에서는 옥스퍼드 주민들의 식수를 오염시키기 때문에 제초제를 사용하면 안 되는데요."

스미스의 설명에 윌슨은 얼른 눈을 피했다.

"정말 아주 조금, 아주 조금밖에 안 뿌렸어요. 농장 수도꼭지에 제초제 깡통을 매달고 옥수수 밭으로 냅다 던졌습죠. 사실은 밭에 한 발자국도 들어가지 않았어요. 그러니까 옥수수 하나 밟지 않았단 말입니다. 그냥 있는 힘껏 호스가 달린 물뿌리개를 던졌을 뿐입죠.

해질녘 아무도 없을 때 1시간 정도 수도꼭지를 틀어놓았다가 새벽녘에 옥수수 밭으로 가 호스를 감아왔습니다. 그런데 제초제가 너무 강했는지, 잡초랑 그 옆에 있는 옥수수까지 죽어버렸더군요."

나는 이마를 쳤다.

"그랬군! 물뿌리개가 시계 방향으로 회전하는 바람에 원이 생긴 거야!"

"정말 딱 한 번밖에 안했습니다. 다시는 그런 짓을 안했습죠."

"그럼 다른 밭에 생긴 원은 뭡니까?"

"정말 전 모르는 일입니다. 거긴 제 땅도 아닌 걸요. 아마 동네 사람들도 저랑 똑같은 생각을 했나 보지요."

"더 이상 농약을 뿌리지 않는다고 약속하면, 이 일은 조용히 덮어두겠소."

난 엄하게 말하고 난 뒤 스미스와 함께 술집에 들어갔다. 우리가 맥주를 마시고 있을 때 다 헤진 옷을 입은 젊은 남자가 다가왔다. 아까 곁에서 옥수수 밭 얘기를 엿듣던 사람이었다. 그는 애처로운 목소리로 말했다.

"귀찮게 하려는 게 아닙니다. 아까 그 일, 별일 아니지요?"

"하실 말씀이 있으신 것 같군요."

"그게, 요즘 일어난 일들이 사실 아무것도 아니란 얘길 하려구요. 윌슨 씨네 농장 사진이 신문에 나자 사람들이 몰려와 사진을 찍었지요. 죄다 과학자였습니다. 그래서 우린 말뚝이랑 밧줄, 그리고 접사다리를 가져왔어요. 그 다음 접사다리를 놓고 옥수수 하나 밟지 않은 채 길가에 있는 농장 두 곳에 기어 들어갔지요. 그리곤 말뚝을 박고 밧줄을 묶은 다음 둥글게 걸어갔습니다. 그게 끝이에요. 낮에 가봤더니 윌슨 씨 농장에 생긴 원처럼 깨끗하지 않더군요. 솔직히 그냥 웃자고 한 일이에요."

한밤중에 이슬 젖은 잔디밭을 기어다니기에는 이제 내 나이가 너무 많았던가 보다. 다음날 오후, 나는 머리에는 수건을 덮어쓰고 뜨거운 물과 레몬이 담긴 대야의 수증기를 마시면서 두툼한 슬리퍼를 꿰찬 발은 벽난로 쪽으로 뻗은 채 간밤의 일을 홈스에게 전했다. 그는 재미있다는 듯 열심히 귀를 기울였다.

"굉장하군, 왓슨! 옥수수 밭에 원을 만든 얘기는 지난번에 읽었던 공상과학자들의 추측보다 훨씬 재미있어. 한 사람은 작은 회오리바람 때문에 그런 원이 만들어졌을 거라고 주장했고, 다른 사람은 플라스마 소용돌이 때문일 거라고 했지. 둘 다 막연한 상상일 걸세. 옥수수를 그렇게 눕히려면 엄청난 힘이 있어야 하는데, 그만한 힘을 가진 회오리바람이나 플라스마 소용돌이가 이렇게 인구가 많은 섬에서 발생했다면, 아무도 눈치채지 못했을 리 없으니 말이야."

"스미스 씨는 이제야 정신을 차린 것 같네, 홈스. 그래서 좀 특이한 경험이기는 했지만, 그래도 내가 환자를 아주 제대로 치료했다고 생각해. 그런데 말이야, 지금도 성서에 나타난 암호라든가 달 사진은 대체 어떻게 된 건지 모르겠어. 그래서 이리로 다시 오라고 했네. 자네가 그를 완치해 주면 좋겠군."

"최선을 다하도록 하지. 그럼 지금부터 쓸 만한 소도구 한두 개를 만들어야 되겠군."

잠시 후 스미스가 도착하자, 홈스는 커피 테이블 옆자리를 권했다.

"옥수수 밭에 나타난 원과 밤에 보였다는 옥스포드셔의 불빛 문제는 모두 해결됐다고 들었습니다. 하지만 희소식이 또 있지요."

그는 탁자에 사진 몇 장을 올려놓았다.

"이건 달 사진입니다. 이 사진을 보면 분화구에 얼굴이 보이시죠?"

"예, 그렇군요. 여긴 달의 어디를 찍은 거죠?"

홈스는 그의 질문을 무시했다.

"이건 피라미드구요. 그리고 이건 늑대나 호랑이 같은 커다란 동물입니다."

"그렇군요."

나는 홈스의 의도를 도무지 알 수 없었다. 환자를 더욱 악화시키기로 작정한 사람 같았다. 그런데 홈스가 갑자기 탁자를 주먹으로 내려치며 큰 소리로 외쳤다.

"이건 달 사진이 아닙니다! 샤프론 월든 부근에 있는 진흙 구덩이입니다. 지질학자인 제 친구가 거기서 발견된 도자기 조각의 위치를 기록하려고 찍은 것입니다. 그 친구가 친절하게도 이걸 빌려주었지요. 인간의 눈은 기가 막힐 만큼 어떤 형태를 잘 찾아냅니다. 그래서 노력하기만 하면 어디서든 형상을 발견할 수 있지요. 그래서 심리학자들은 로르샤흐 테스트Rorschach test라고 해서, 환자들에게 잉크 얼룩을 보고 뭐가 보이냐고 묻는 것입니다. 어렸을 때 침실에 낯선 사람이나 동물이 보여 무서워했는데, 나중에 알고 보니 침대 맡에 걸쳐진 옷자락이었던 적은 없습니까? 숲 속을 걸어가는 그림자를 보고 깜짝 놀랐던 적은 없습니까? 달 사진처럼 사람의 피부 사진을 아주 가까이에서 수천 장 찍어 여러 각도에서 자세히 들여다본다면, 아마 수백 가지 형태가 나타날 겁니다. 그중 어떤 형태를 발견하고 다른 사람에게 말하면 모두들 맞다고 맞장구를 칠 테고, 그렇게 해서 화성인의 얼굴 같은 게 만들어지는 것입니다. 다른 곳에 더 그럴싸한 예가 있다 해도 말이지요.

달은 망원경 없이도 표면을 볼 수 있는 유일한 별입니다. 달 전체를 찍은 이 사진에도 화성인이 있는 것 같지요?"

스미스는 어쩔 줄 몰라 하다가, 이내 기운을 회복했다.

"하지만 선생님도 쉽게 부인할 수 없는 증거가 있지 않습니까. 성서에서 찾아낸 암호 말입니다. 그 뜻을 생각해 보세요. 아레스가 온다!"

홈스는 고개를 끄덕였다.

"그 점에 대해서는 저도 신중하게 생각했습니다. 스미스 씨, 당신은 순열과 조합에 대해선 생각하지 못하셨더군요."

"홈스 씨, 반대로 전 그것을 수학적으로 계산해 보았습니다. 암호는 9개의 철자로 되어 있습니다. 알파벳 철자는 모두 26개죠. 따라서 26개의 철자 중 아무거나 9개를 골랐을 때, 뜻이 있는 문장이 만들어진 확률은 500경 분의 1도 안 됩니다. 더구나 그런 문장이 하나만 있는 것도 아니었습니다. 성서에 있는 글자는 겨우 몇백만 개뿐입니다. 그 속에 그렇게나 많은 암호가 숨어 있다는 건 우연일 리 없습니다!"

홈스는 고개를 저었다.

"첫째, 알파벳 철자가 모두 똑같은 빈도수로 쓰이지는 않는다는 점을 잊지 마십시오. 알파벳 E가 여덟 글자마다 한 번 나올 정도로 가장 많이 쓰이지요. 그 다음 자주 쓰는 철자가 열한 글자마다 한 번 나오는 T입니다. 단어의 맨 앞에 유난히 자주 나오는 철자가 몇 개 있기 때문에, '일곱 글자마

알파벳 철자 빈도수

철자	퍼센트	철자	퍼센트
a	8.2	n	6.7
b	1.3	o	7.5
c	2.8	p	1.9
d	4.3	q	0.1
e	12.7	r	6.0
f	2.2	s	6.3
g	2.0	t	9.1
h	6.1	u	2.8
i	7.0	v	1.0
j	0.2	w	2.4
k	0.8	x	0.2
l	4.0	y	2.0
m	2.4	z	0.1

다' 같은 공식을 적용했을 때 단어가 만들어질 확률은 생각보다 훨씬 높습니다."

홈스는 서가에서 암호와 해독에 대한 두꺼운 책을 꺼내 알파벳 철자의 빈도수를 분류한 표를 보여주었다.

"'아레스'라는 단어를 예로 들어볼까요. A는 열두 글자마다 쓰이고, R는 열일곱 글자마다, E는 여덟 글자마다, 그리고 S는 열여섯 글자마다 쓰입니다. 따라서 성서를 아무 데나 펼쳐 임의로 만든 공식을 적용했을 때, 아레스라는 단어가 만들어질 확률은 따라서 약 2만 6천분의 1인 것입니다."

홈스는 눈을 가늘게 떴다.

"이 확률이 썩 높아 보이지 않겠지만, 제대로 된 공식만 적용하면 금방 단어를 만들 수 있습니다. 모르긴 몰라도 A라는 글자를 찾아보고 그 다음 R를 찾았겠지요. R이 A보다 여덟 글자 뒤에 있었다면, 그 다음 여덟 글자 뒤에 또 E가 있는지 찾아보았을 겁니다. 실제로 찾았으면 이번엔 또 S를 찾았 겠지요. A로 시작되는 곳에서 ARES라는 단어를 만들어낼 확률은 거의 1퍼센트나 됩니다. 한 페이지 안에서도 이 단어를 여러 번 찾을 수 있다는 얘기죠! 이 과정을 반복해 여러 번 똑같은 단어가 나왔다면, 이번엔 틀림없이 의미 있는 문장을 찾아보았을 겁니다. 그러다 뜻이 확실한 단어가 찾아지지 않으면, 앞의 과정을 다시 해보았겠지요. 안 그렇습니까? 따라서 당신이 성서의 거의 모든 서 19장에서 화성을 암시하는 단어를 찾았다는 건 그리 놀라운 일이 아닙니다."

홈스는 한숨을 쉬며 생각에 잠긴 듯 말했다.

"언젠가는 누군가 배비지의 기기보다 훨씬 강력한 것을 만들고 천공카드에 성서, 사전, 그리고 과거와 현재의 유명인사들의 이름을 입력한 다음 그 안에서 의미 있는 메시지를 찾아보도록 작동시킬지 모릅니다. 첫 번째 철자를 모두 모아 단어로 조합할 수 있는 간단한 공식들을 적용해 수십 억 번 시도해 보면, 틀림없이 예언 같이 생긴 문장이 수천 개 이상 나올 겁니다. 그리고 그중에서도 의미가 확실한 문장들만 골라 책으로 펴내면, 그 사람은 성서나 그 밖의 방대한 저서가 경이로운 예언서라는 것을 증명할 수 있는 것입니다."

스미스는 벌써 일어섰다.

"무슨 말씀인지 잘 알았습니다, 홈스 씨. 이젠 정신 차렸습니다. 그럼 얼마를 드리면 되겠습니까?"

"됐습니다, 스미스 씨. 왓슨과 저는 요즘 논리학과 숫자, 확률과 관련해 흔히 일어나는 오류들을 목록으로 작성하고 있는데, 당신이 큰 도움을 주셨습니다."

홈스는 손가락으로 하나하나 꼽으며 설명했다.

"첫째, 당신은 인간의 눈과 두뇌가 아무것도 아닌 곳에서 형태를 어떻게 찾아내는지 가르쳐주었습니다. 그런 현상은 아마 인류가 진화하는 과정에서 발달했을 겁니다. 진짜 호랑이를 한 번 보는 것보다는 호랑이 비슷한 그림자를 열 번 보고 겁내는 게 나으니까요. 하지만 현대 생활에서는 그것이 인간을 현혹시키는 경우가 많지요.

둘째, 역추정의 오류라는 게 있습니다. 잡다한 가능성을 모두 동원해 확실한 형태나 메시지가 나타나면, 그 메시지를 받아들여야 한다고 주장하는 것이지요. 수리학에서 자주 쓰는 방법입니다. 예를 들어 거대한 피라미드의 모든 수치를 여러 가지 단위로 측정한 다음, 그 결과를 여러 방법을 동원해 수리적으로 조합해 보고 역사적으로 유명한 연도처럼 의미 있는 수치가 드러나는지 살펴보는 것이지요. 당신이 찾아낸 성서의 메시지는 너무나 완벽해서 우리도 하마터면 속을 뻔했고요. 스미스 씨, 그리고 돌아가시기 전에 지난 번 말씀하신 '중복' 개념에 대해 한 말씀 드려도 되겠습니까?"

스미스는 체념한 듯 털썩 주저앉으며 애처로운 얼굴로 말했다.

"그것도 말이 안 되는 거라고 말씀하시려고요!"

"아니오. 그 개념은 대단히 획기적입니다. 하지만 그 방식으로 제작한 비행기의 안전성을 계산할 때 좀 더 정확해야 할 것입니다. 말씀하셨던 것처럼 엔진을 네 개 장착한 비행기를 예로 들어보지요. 어떤 비행기가 있는데, 엔진 하나가 고장날 확률은 1퍼센트이고 최소한 엔진이 세 개는 작동해야 비행할 수 있다고 가정해 봅시다. 그럼 추락할 확률이 얼마나 될까요?"

"음, 엔진이 두 개씩 고장날 확률은 1만분의 1밖에 안 됩니다."

"그렇지요. 하지만 비행기에 고장날 수 있는 엔진은 네 개가 있습니다. 그래서 추락할 확률은 그보다 훨씬 높아집니다."

스미스는 머리를 긁적이더니, 주머니에서 한 번 쓴 봉투를 꺼내 뒷면에 그림을 그렸다.

"무슨 말씀인지 알겠습니다. 엔진 하나가 고장날 경우의 수는 4니까, 엔

$\overline{xo\overset{\triangle}{\square}oo}$　$\overline{ox\overset{\triangle}{\square}oo}$　$\overline{oo\overset{\triangle}{\square}xo}$　$\overline{oo\overset{\triangle}{\square}ox}$

$\overline{xx\overset{\triangle}{\square}oo}$　$\overline{xo\overset{\triangle}{\square}xo}$　$\overline{xo\overset{\triangle}{\square}ox}$　$\overline{ox\overset{\triangle}{\square}xo}$　$\overline{ox\overset{\triangle}{\square}ox}$　$\overline{oo\overset{\triangle}{\square}xx}$

$\overline{ox\overset{\triangle}{\square}xx}$　$\overline{xo\overset{\triangle}{\square}xx}$　$\overline{xx\overset{\triangle}{\square}ox}$　$\overline{xx\overset{\triangle}{\square}xo}$

$\overline{xx\overset{\triangle}{\square}xx}$

비행기 추락

진이 하나만 고장나서 추락하지 않을 가능성은 100분의 4입니다. 하지만 엔진 두 개가 고장날 경우의 수는 6이니, 확률은 1만분의 6이지요. 또 세 개가 고장나는 경우의 수는 4니까 1백만분의 4고, 네 개 모두 고장날 경우의 수는 1이니 확률은 1억분의 1이라는 말씀이지요? 하지만 이 정도 확률은 무시해도 될 만한 것 아닙니까."

"아니오, 그 비행기는 약 1,650번 비행 중 1번 정도는 추락할 겁니다. 엔진을 더 장착하는 게 좋을 것 같습니다. 엔진을 여섯 개 달고, 그중 세 개가 고장나도 되는 비행기를 만들면 어떨까요."

스미스가 다시 그림을 그리기 시작하자, 홈스는 헛기침을 했다.

"확률을 좀 더 쉽게 계산할 수 있는 방법이 있습니다. 안 그러면 엄청난 종이가 들 테니까요. 당신이 부조종사이고, 엔진 고장을 차례대로 기록한다고 상상해 보십시오. 맨 처음 고장날 수 있는 엔진은 여섯 개 중 하나가 되겠지요. 그리고 두 번째로 고장날 수 있는 엔진은 나머지 다섯 개 중 하나일 겁니다. 그 다음엔 나머지 네 개 중 하나겠지요."

"알겠습니다. 그러니까, 6×5×4, 즉 120가지 방법이 있군요. 추락하지 않고 무사히 착륙할 수 있는 경우가 말입니다."

"그렇습니다. 하지만 순열과 조합을 잘 구분하십시오. 순열은 순서를 따지지만, 조합은 그렇지 않지요."

"그 말을 들으니 옛날에 극장에서 들었던 우스갯 소리가 떠오르는군. 실력이 형편없는 피아니스트가 자기는 곧 죽어도 악보를 제대로 연주했다고 고집하는 거였어. 하지만 관객의 야유가 끊이지 않자, 결국 이렇게 말했다지. '저는 악보대로 연주했는데, 음표의 순서가 뒤바뀌었어요!'"

하지만 둘 다 내 말을 무시했다.

"예를 들어 고장난 엔진에 1부터 3까지 번호를 붙여보면 순서가 생깁니다. 처음 엔진 하나가 고장날 경우의 수는 3이고 두 번째 엔진이 고장날 경우의 수는 2, 세 번째는 1이겠지요. 이런 식으로 여섯 번 적어보면, 결국 맨 처음 고장났던 엔진 세 개가 똑같이 다시 고장난 결과가 나옵니다."

"그래서 조합해 보면, 그러니까 엔진을 세 개씩 짝지면, 6×5×4 나누기 3×2×1이 되는군요! 그러면 20이니까, 확률은 1만분의 20이 되고요. 그걸 다시 약분하면 5백분의 1이 되는군요."

"꽤 높은 수치로군."

내 말에 스미스는 고개를 끄덕였다.

"그렇긴 하지만, 엔진 세 개만으로도 안전하게 비행할 수 있는 비행기를 설계할 자신이 있습니다. 네 개나 고장나야 추락하겠지요. 그럴 확률은 엔진 세 개가 고장날 확률 1백만분의 1에다 6×5×4×3을 4×3×2×1로 나눈 것을 곱하면 되겠지요."

그는 얼른 봉투에 숫자를 갈겨썼다.

"1백만분의 15. 상당히 안전하군요. 홈스 씨, 정말 큰 도움을 주셨습니다. 중복 개념에 대해 전보다 더 자신감이 듭니다."

하지만 홈스는 집게손가락을 세웠다. 내가 익히 알고 있는 경고의 몸짓이었다.

"본질적으로는 대단히 훌륭한 아이디어입니다. 하지만 한 가지 더 경고

하겠습니다. 제품의 안전성과 관련해선 확률 수치를 지나치게 믿지 마십시오. 예를 들어 그 논리에 따르면, 엔진을 네 개 장착할 경우 위기상황에서는 엔진 하나만 있어도 비행할 수 있다고도 말할 수 있습니다. 엔진 하나가 고장날 확률은 1퍼센트고, 모두 고장날 확률은 겨우 1억분의 1밖에 안 되니까요. 하지만 실제로는 그렇게 낮지 않습니다."

"왜죠?"

"엔진들끼리는 모두 관계가 있기 때문이지요. 엔진 고장의 가장 흔한 이유가 무엇입니까?"

"새와의 충돌이요."

"맞습니다. 새는 떼지어 이동하는 경우가 많지요? 한 엔진이 그렇게 고장났을 때 같은 비행기의 다른 엔진에 새가 충돌할 확률은, 다른 비행기에서 똑같은 일이 벌어질 확률보다 훨씬 높습니다."

"예를 잘못 들었군요. 단순한 기계 고장이라면 그렇지 않을 겁니다."

"어쩌면 그럴 수도 있겠지요. 하지만 엔진 네 개가 모두 엉성한 공장에서 제작됐다면요? 미숙한 공장 직원이 당신의 비행기 제작에 참여해서 엔진 네 개에 똑같은 실수를 저질렀다면요? 그렇다면 한 엔진이 고장났을 때 다른 엔진도 고장날 확률은 그 어떤 상황에서보다 훨씬 높습니다."

"빌어먹을! 그렇다면 전부 다른 공장에서 만든 엔진을 달고 전부 다른 기술자에게 장착시키도록 하겠습니다."

홈스는 빙그레 미소를 지었다.

"잘 생각하셨습니다. 전 당신의 아이디어를 비웃는 게 아닙니다. 사실은 아주 좋은 아이디어라고 생각하고 있지요. 하지만 마지막으로 충고 하나만 더 드리고 싶군요. 일상생활에서 일어나는 사건이 확률적으로 봤을 때 똑같은 다른 사건과 무관할 거라고 생각하는 오류에서 벗어나라고 말입니다."

스미스는 무뚝뚝하게 고개를 끄덕이고는 몸을 일으켰다.

"배운 건 많지만 좀 불쾌하군요, 홈스 씨. 사실은 얼마 전부터 하늘에서 눈을 돌렸습니다. 좀 더 현실성 있는 걸 만들 생각입니다. 절대로 침몰하지 않을 배 말입니다."

홈스는 입술을 오므렸다.

"그런 건 이미 많이 나왔던 걸로 아는데요. 그 대부분이 지금은 침몰했고요. 어떻게 하실 생각입니까?"

"방수 구획을 문으로 나누어 여러 개 만드는 겁니다. 그러면 그중 한 곳, 혹은 여러 곳에 물이 차도 배는 계속 항해할 수 있지요. 넓은 선체에 박힌 못들이 우연히 모조리 빠질 확률은 말씀 못하시겠지요?"

"그런 일이 우연히 일어날 리는 없을 겁니다. 하지만 배가 침몰하는 경우는 많습니다. 암초에 걸려 선체가 옆으로 길게 파손된다면, 그 획기적인 아이디어로도 배는 침몰하고 말 겁니다."

스미스는 빙그레 미소 지었다.

"제 배는 런던에서 뉴욕으로 향할 겁니다. 대서양 한복판에는 암초가 거의 없지요! 당신도 이번 계획에 대해선 제 의욕을 꺾지 못하실 겁니다, 홈스 씨. 이번 주말에 조선소 측과 얘기할 생각입니다. 그 배에 어울릴 만한 이름도 벌써 생각해 놓았습니다. 거대한 배에 걸맞은 웅장한 이름을 말이죠."

"뭡니까?"

스미스는 자랑스러운 듯 이 마지막 말을 남기고 허리 굽혀 인사했다.

"'타이타닉'입니다."

6. 화성침공

7 야누스의 두 얼굴

"잡지에 뭔가 재미있는 얘기라도 실린 모양이군, 왓슨!"

잡지에서 눈을 뗀 나는 한참 키득거리던 터라 부인하지 못했다.

"방해가 됐다면 미안하네, 홈스. 하지만 아주 재미있는 게임이 나와서 말이야. 역사적으로 유명한 인물 셋이 바다에 추락한 기구에 탔다고 상상해 보라는 거야. 바람이 불어 기구가 해안 쪽으로 밀려가기는 하는데 너무 느리대. 누구 한 사람을 바다에 빠뜨려서 기구를 가볍게 하지 않으면 모두 빠져 죽을 처지라지. 지금부터가 게임 시작이네. 친구들 셋에서 각자 위인 역할을 맡으라는 걸세. 여기엔 뉴턴, 카이사르, 소크라테스를 예로 들었네. 그 다음 한 사람씩 돌아가면서 왜 자기가 희생되면 안 되는지를 설득해 보라는 거야."

"그런 식으로 사람에게 서열을 매길 수 있다고 생각하나?"

"사회는 그렇게 돌아가니까. 원칙적으로 영국인들은 서열이 있지 않은가. 왕실 가족들과 왕위계승자가 맨 위에 있고, 그 다음엔 귀족, 그리고 정치가나 고위성직자 같은 지도자, 그 다음으로는 의사, 변호사, 일반성직자 같은 전문직업인들이 있네. 그 다음에는 정직한 장인이 있고, 맨 아래에 부랑자와 범죄자들이 있지."

"방금 얘기한 계층 안에서 또 많은 계층으로 나뉠 테고?"

"나름대로 그렇겠지. 예를 들어 똑같이 후작이라 하더라도, 나 같으면 화이트브리지 후작 같은 도박꾼보다는 재산을 현명하게 관리하는 후작을 위에 두겠네."

홈스는 미소를 지었다.

"그렇게 단순하게 세상을 보다니 마음 편하겠군, 왓슨. 아까 얘기한 게임 같은 상황이 벌어졌을 때, 간단히 해결할 수 있는 수 있는 방법을 알고 있는데, 한번 들어보겠나?"

"말해보게."

"몸무게를 달아서 그중 체중이 제일 많이 나가는 사람을 내리게 하는 거야!"

"홈스, 이건 게임이야! 그렇게 재미없게 풀면 그게 무슨 게임인가!"

내가 짜증을 내자, 갑자기 홈스의 얼굴이 굳어졌다.

"그보다 훨씬 심각한 문제가 있네, 왓슨."

홈스는 신문더미를 가리켰다. 모든 신문 1면에는 서섹스에서 일어난 이상한 사건이 장식되어 있었다. 나도 그 기사를 읽은 기억이 나 엄숙해졌다.

"맞아. 그런 사람이 저런 최후를 맞이하다니, 정말 끔찍한 일일세."

내가 머리를 흔들며 말했다.

"왓슨, 우리가 만난 지 오래 됐으니 지금쯤이면 자네도 살인사건에 어느 정도 무감각해졌을 줄 알았는데!"

"그냥 그런 살인사건이라면 그렇겠지. 살해된 사람들은 대부분 조금씩 도덕적으로 문제가 있거나 신체적으로나 정신적으로 나약한 사람들 아닌가. 하지만 제임스 경은 그 어느 쪽도 아닐세."

나는 신문 부음란을 펼쳐 뒷부분을 소리 높여 읽었다.

　제임스 버넌 경은 50대 초반까지 오페라계를 지배했다. 카루소 이후 이 시대 최고의 테너 가수였던 그는 노래를 하지 않았다면, 훌륭한 작곡가이자 바이올리니스트로 기억됐을 것이다. 그는 무대 뒤에서는 자선 활동에 헌신적이었다. 특히 가난한 환경에서 태어난 재능 있는 젊은 음악인을 키우는 데 노력했다.
　항상 남을 도우려 했던 제임스 경의 살해 동기는 아직 밝혀지지 않았다. 런던 경시청의 레스트레이드 경감이 이번 사건을 수사 중이다.

　홈스는 콧방귀를 뀌었다.
　"왓슨, 자네 굉장히 순진하군. 살해당하는 사람들이 대부분 그럴 만한 흠을 갖고 있다는 말은 인정하네만, 제임스 경에 대한 자네 생각엔 찬성 못하겠네. 곧 제임스 경의 또 다른 면모를 알게 될 걸세. 레스트레이드 경감도 이번엔 범인을 쉽게 잡을 수 있을 거야. 제임스 경의 사진이 신문에 자주 오르내렸으니 그를 알아보는 사람이 많을 테고, 그가 어디서 무슨 짓을 했든 목격자가 많이 있을 테니까. 장담하지만 이 사건은 금방 해결될 거야."
　홈스의 말이 끝나기도 전에 문 두드리는 소리가 들렸다. 소년이 전보를 내밀었다. 전보를 읽던 홈스의 얼굴에 짓궂은 미소가 떠올랐다.
　"저런, 이번엔 내가 틀렸군. 레스트레이드 경감이 서섹스에 함께 가자는 걸. 자네도 이번 여행에 동행하지 않겠나? 좋았어! 너무 서둘러 준비할 필요는 없네. 급한 편지가 더 있는지 확인해 봐야 하니까."
　잠시 후 돌아와보니, 홈스는 찡그린 얼굴로 편지를 읽고 있었다. 필체와 자줏빛 편지지를 보니 여자가 보낸 게 분명했다.
　"슬링스비 사건 소식인가, 홈스?"
　"아니, 아닐세. 전혀 다른 편지야. 캐서린 로렌스 양을 기억하나?"

"물론. 화이트브리지 후작의 약혼녀 아닌가."
"맞네, 왓슨. 하지만 앞으로는 그렇게 부르지 못할 것 같군."
그러면서 편지를 내밀었다.

친애하는 홈스씨,

몇 달 전 선생님께서는 제 약혼자에게 도박은 백해무익이라고 말씀해 주셨습니다. 도박장에선 수수료를 받기 때문에 룰렛을 비롯한 게임에서는 어떻게 하더라도 결국 돈을 잃을 거라고 말씀하셨지요. 리오넬은 다음 날 다시는 카지노에 출입하지 않겠다고 맹세했습니다. 그는 그 약속을 지켰고, 지금은 아버님의 친구 분 비서로 일하고 있습니다. 저희는 7월에 결혼할 예정입니다.

지난 주말 리오넬이 새로 개장한 클럽 얘기를 하면서 회원 가입 권유를 받았다고 이야기할 때까지는 더 없이 행복한 나날이었습니다. 그 클럽은 귀족들만 출입할 수 있는 도박 클럽으로, 수수료를 받지도 않고 판돈에 대한 세금도 전혀 없다고 합니다. 리오넬은 거기 가입하면 그간 갈고 닦은 실력으로 큰 재산을 모을 수 있다고 생각하나 봅니다. 이번엔 틀림없이 파산하고 말 겁니다. 오늘 12시에 찾아 뵙고 조언을 들을 수 있을는지요?

캐서린 로렌스 드림.

"홈스, 일이 이렇게 됐으니 기차는 오후에나 타야겠군."
의외로 홈스는 고개를 흔들었다.
"이 문제는 내가 맡을 성질의 것이 아니야. 세상의 바보란 바보를 모두 치료하고 다닐 순 없지 않나. 캐서린 양에게 혼자서 후작을 설득하지 못한다면, 지금이라도 약혼을 파기하고 훌륭한 신랑감을 찾아보라는 편지를 남기겠네. 사랑, 그거 좋지. 하지만 이제는 다윈의 적자생존 법칙이 도래할 때도 됐네."

나는 그의 냉정한 말에 소름이 돋았다.

"홈스, 자네한테 실망했네. 곤경에 처한 여인을 외면하면 안 되는 법이야. 게다가 캐서린 양의 상황에 대해선 자네도 어느 정도 책임이 있지 않은가."

홈스는 어이없다는 표정으로 날 바라보았다.

"나한테 책임이 있다고? 왓슨, 자네가 화이트브리지 경을 어설프게 설득하러 갔다가 오히려 설득당하고 돌아온 다음에 그를 구해준 건 바로 나였네. 내가 무슨 짓을 했다고 이 일에 책임이 있다는 건가?"

"도박에서 완전히 손을 떼도록 더 확실하게 경고했어야지. 그때 자넨 도박이 어리석은 짓이긴 하지만 몇 가지 예외가 있다고 했지 않나. 솔직히 말해 다소 사실을 왜곡하는 한이 있더라도 도박을 하면 예외 없이 파산한다고 하는 게 좋았을 거야."

"왓슨, 난 진리를 왜곡할 생각은 없네. 체질적으로 안 맞아. 어쨌든 서섹스로 갈 준비는 다 했나?"

나는 무뚝뚝하게 고개를 저었다.

"홈스, 난 다음 열차를 타겠네. 로렌스 양을 만난 다음 따라가지. 자네 덕분에 요즘 확률과 도박에 대해서 많이 알게 됐으니, 이번엔 나 혼자서도 충분할 거야."

홈스는 어깨를 으쓱했다.

"쓸데없는 짓일 걸. 하지만 정 그리 하고 싶다면 어쩔 수 없지. 그럼, 나중에 보세."

캐서린 로렌스는 12시가 조금 안 된 시각에 도착했다. 생각보다는 침착해 보였다. 허드슨 부인이 차를 대접한 다음, 로렌스 양은 홈스가 없다는 소식을 듣고 민망한 듯 입을 열었다.

"박사님, 어제 편지를 보낼 때 제가 좀 지나치게 흥분했나 봅니다. 새로 생긴 클럽은 바론 폰 뮌하우젠이라는 독일인 소유입니다. 귀족 가문이라 하더군요. 리오넬이 어젯밤 가보았는데, 신사들이 공평하게, 그러니까 장기적으로 봤을 때 돈을 잃거나 딸 것도 없이 그저 가볍게 즐길 수 있는 곳이라 했어요. 현명한 아내라면 남편을 그 정도 취미생활도 즐기지 못하게 막진 않을 겁니다. 지금도 도박이 싫지만 말이에요."

"그럼 거기엔 룰렛 같은 게 없다는 말입니까?"

"전혀요! 회원들끼리 테이블 게임만 하지요. 클럽은 음료수 판매와 적당한 회원비로 운영되고 있어요. 어제 리오넬은 거기서 처음 본 동전 게임과 주사위 게임을 하다 조금 돈을 잃었답니다. 하지만 같이 게임을 즐기던 유명한 정치가의 아드님 두 분이 속임수가 없다는 것을 보여주었다더군요. 저도 그 게임이 순전히 운으로만 이루어졌다고 생각합니다."

"어떤 게임인지 자세히 말씀해 보십시오."

"첫 번째 게임은 보통 동전던지기와 비슷해요. 두 사람이 동전을 세 번 던졌을 때의 결과를 각각 예측하는 거예요. 예를 들어 한 사람은 '앞-뒤-앞'이 나올 거라고 하고, 다른 사람은 '앞-앞-뒤'가 나올 거라고 말하는 겁니다. 동전을 던진 다음 그 결과를 연이어 기록하지요. 그러다 둘 중 한 사람이 예측했던 결과가 나오면 이기는 거예요. 제가 보기엔 어떤 결과든 나올 확률이 똑같은 것 같아요. 그러니 이기고 지는 건 어떤 술수가 아니라 순전히 운에 달린 거 아니겠어요."

나는 종이를 꺼내 대강 그림을 그렸다.

"이런 식으로 여덟 가지 결과 나올 수 있습니다. 물론 순서가 중요하지 않다면, 동전 세 개 모두 앞면이 나오거나 뒷면이 나올 확률은 앞면과 뒷면이 같이 나올 확률보다 훨씬 적겠지요. 하지만 순서까지 맞혀야 한다면

동전의 앞면과 뒷면

말씀하신 것처럼 확률은 모두 똑같군요. 하지만 부인, 동전이 조작된 거라면 소용없습니다. 얼마 전 동전을 조작해 게임 하는 경우를 본 적이 있었지요."

"리오넬도 그렇게까지 바보는 아닙니다, 박사님. 클럽에서 리오넬더러 원한다면 그의 동전을 써도 좋다고 했대요. 그러니 속임수가 있을 리 없지요. 같이 간 친구도 리오넬이 먼저 결과를 예측했다고 말했어요. 여덟 가지 결과 중 그가 먼저 하나를 골랐다는 것이었지요."

"그렇다면 의심의 여지가 없겠군요. 후작이 주사위 게임도 했다고 하셨지요? 그것도 후작이 가져간 주사위로 했습니까?"

"아닙니다. 그 게임은 보통 주사위와는 다른 걸로 하니까요. 하지만 리오넬이 주사위를 가져도 되느냐 하니까, 선선히 주더래요. 집에 가져왔기에 저도 살펴보았지만, 이상한 점은 없었습니다. 그래도 리오넬은 겉으로 보기엔 멀쩡해도 구멍을 뚫어 납을 넣거나 해서 조작했을지 모른다고 하더군요. 그래서 주사위를 물에 띄워보았지만, 그것도 아니었습니다."

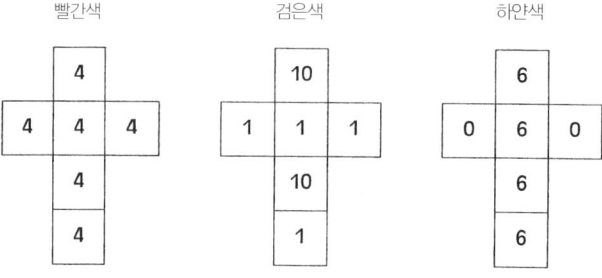

이상한 주사위

캐서린은 가방에서 평범하게 생긴 주사위 세 개를 꺼냈다. 각각 빨간색, 하얀색, 검은색이었다. 나는 주사위를 손에 올려놓고 이리저리 돌려보았다. 보통 주사위와는 다른 방식으로 주사위 눈이 그려져 있었다. 나는 마분지로 정육면체를 만들어 로렌스 양이 가져온 주사위와 똑같이 주사위 눈을 적었다. 가장 단순하게 생긴 빨간색은 여섯 면 모두 주사위 눈이 네 개씩이었다. 검은색 주사위는 네 면은 주사위 눈이 하나고, 두 면은 열 개였다. 하얀색 주사위는 두 면은 주사위 눈이 아예 없었고, 네 면에만 주사위 눈이 여섯 개였다.

"이 게임도 두 명이 하는데, 주사위를 하나씩 골라요. 그리고 주사위를 동시에 굴려서 높은 숫자가 나오는 사람이 이기는 겁니다. 주사위를 이렇게 만든 이유는 무승부가 나오지 않게 하려고 그랬다더군요. 주사위 눈이 없는 곳은 0으로 계산합니다."

나는 머릿속으로 계산해 보았다.

"빨간 주사위는 평균 4점이고, 하얀색도 마찬가지군요. 검은 색도 4점이고요. 공평한 것 같은데요. 하지만 어딘지 미심쩍은 구석이 있는 것 같습니다. 겉보기에는 아무 문제없지만, 정말로 속임수가 없는지 장담은 못하겠군요."

"리오넬도 그렇게 생각했지요. 하지만 게임 방법을 듣자마자 안심했대요. 게다가 그가 불안해하는 걸 클럽 직원이 눈치챘는지, 게임을 시작할 때마다 먼저 주사위를 고르라고 했답니다. 리오넬이 먼저 주사위를 고르면 직원이 나머지 두 개 중 하나를 집었다는 것이었지요. 잘은 몰라도 혹시 셋 중에 제일 좋은 주사위가 있다면 그걸 고를 기회를 리오넬이 먼저 가졌던 겁니다."

"그렇다면 별 문제 없군요. 전 이만 가야겠습니다. 홈스가 중대한 사건을 도와달라고 했으니까요. 어쨌든 후작께서 비슷한 신사들과 마음 편히 즐길 장소를 찾아 다행입니다. 판돈이 크지 않고 게임이 공정하기만 하다면, 별 걱정하실 필요는 없겠습니다. 로렌스 양, 결혼 축하드립니다. 행복하십시오."

서섹스에 있는 제임스 경의 저택이 평범하고 작은 시골집이 아니리라 짐작은 했지만, 막상 가보니 그 집은 크다 못해 으리으리할 지경이었다. 정문을 지키는 청동사자 두 마리는 거울을 보듯 똑같은 자세로 으르렁거리며 마주 보고 있었다. 동물 모양으로 다듬은 정원수도 정원 길 양쪽으로 대칭을 이루고 있었다. 건물은 예상보다 작았지만, 둘러보니 정문에서는 보이지 않는 현대식 별채가 본채 왼쪽으로 연결돼 있었다. 본채 창문에 설치된 커다란 쇠창살 사이로 화려하게 장식된 거실이 들여다보였다. 방마다 벽을 장식한 유화는 진품이 틀림없었고, 거실 한복판에는 값비싼 그랜드피아노와 하프가 놓여 있었다. 한창 집안을 살펴보고 있을 때 등 뒤에서 나를 부르는 목소리가 들렸다.

"여어, 일찍 왔군. 이렇게 빨리 올 줄은 몰랐는 걸!"

셜록 홈스가 다가왔다.

"생각보다 얘기가 일찍 끝났네. 도중에 자네를 따라잡을지도 모른다고 생각했지."

"그랬군. 나도 겨우 30분 전에야 도착했네. 그래, 저택을 보니 어떤 생각이 드나?"

나는 다시 한번 저택을 올려다보았다. 맨 위층 창문까지 쇠창살이 설치되어 있었다.

"제임스 경은 보안에 철저했나 보군."

홈스는 고개를 끄덕였다.

"보통 이렇게 단속을 철저히 하는 사람에겐 적이 있을 거라 생각하지만, 집안 곳곳을 장식한 작품 가치를 생각하면 이 정도야 당연한 거야. 저 쇠창살이 제임스 경의 목숨을 지켜주진 못했지만, 덕분에 범인 물색은 훨씬 쉬워졌네. 제임스 경은 새벽 2시에서 4시 사이에 자다가 심장에 칼을 맞았지. 문은 해질녘에 잠갔으니, 그 뒤로 범인이 침입하거나 나가지 못한 건 틀림없어."

"그렇다면 범인이 이 집 하인이란 말인가?"

홈스는 고개를 저었다.

"제임스 경은 남을 믿지 않았네. 그리고 경찰이 흔히 '내부소행'이라고 하는 걸 알고 있었지. 미술품 도둑은 보통 측근과 공모한다는 걸 알았던 거야. 하인들은 모두 집 뒤에 있는 별채에 사네. 밤 10시엔 모두 별채로 돌아가고, 제임스 경이 직접 집 안을 둘러본 다음 별채와 연결된 유일한 문을 잠갔다더군. 그 다음엔 아무도 본채에 들어올 수 없었고."

"그렇다면 살인은 불가능한 거 아닌가!"

홈스는 다시 고개를 저었다.

"아니, 본채에 제임스 경 혼자만 있던 게 아니라네. 그에게 음악을 배우는 제자 세 명도 같이 기거하지. 그 제자들 중에서 로열 오페라단 장학생을 선발 중이었다더군."

"그렇다면 너무 간단한 거 아닌가!"

"왓슨, 그렇게 간단한 것만은 아니야." 홈스는 시계를 힐끗 쳐다보았다. "하지만 응접실에서 그중 한 아가씨를 만나기로 약속했네. 같이 가서 도와주게."

응접실도 창살 틈으로 언뜻 본 거실 못지 않게 화려했다. 응접실로 들어서던 나는 깜짝 놀랐다. 바닥에 깔린 호랑이 가죽에 머리가 그대로 붙어 있었던 것이다.

하지만 우리를 기다리다가 몸을 일으킨 아가씨의 미모는 화려한 실내장식을 무색하게 만들었다. 긴 금발에 얼굴이 갸름한 그녀는 사람이 아니라 르네상스 시대의 화가가 그린 아프로디테 같았다.

"키티 양, 지난 달 내내 여기서 지냈다고 들었습니다. 제임스 경이 피아노와 하프, 그리고 성악을 가르쳐주었다고요."

"그래요. 다른 두 여자도 그랬죠. 제임스 경은 우리 셋 중에서 장학생을 결정하려 하셨어요."

아름다운 외모와 어울리지 않는 말투가 귀에 거슬렸다. 미모는 빼어나지만 좋지 않은 환경에서 자란 게 틀림없었다.

"아직 결정되지 않았습니까?"

"결정했어요. 어제 그분 앞에서 피아노와 하프, 성악 시험을 치렀습니다. 밤늦게 한 명씩 부르시더군요. 제 차례가 돼서 방에 들어가보니, 일지를 펼쳐놓고 계시더군요. 깜짝 놀랐지요. 그 일지는 우리가 음악실에 드나들 때마다 이름과 시간을 쓰던 거였죠. 아침 일찍부터 시작해 매일 다섯 시간씩 연습하게 되어 있는데, 연습을 게을리하지 말라고 일지를 쓰게 하셨습니다.

제임스 경은 이렇게 말씀하셨어요.

'모두들 우열을 가릴 수 없을 만큼 실력을 쌓았더구나. 그래서 실력보다는 얼마나 성실하게 연습했느냐에 따라 장학생을 결정했다. 제일 열심히 한 아이가 장학금을 받을 거다. 좀 고리타분한 방법이긴 하지만, 일지를 보고 결정했으니 불만은 없을 거야. 아침 연습을 제일 먼저 시작한 사람이 제일 열심히 했다고 생각한다. 일지에는 첫 번째, 두 번째, 세 번째로 일어난 사람이 차례대로 적혀 있다. 일찍 일어나는 새가 벌레를 먹는 것처럼, 일찍 일어난 아이가 장학금을 받는 게 당연하지. 키티, 난 네가 1등이었으면 했다. 그런데 일지를 봐라. 월요일과 화요일에는 줄리아가 너보다 먼저 왔어. 안됐지만 장학금은 한 명에게만 돌아간다. 그러니 이렇게 따지면 네가 아니라는 건 알겠지.'

그래서 줄리아가 장학금을 받느냐고 여쭈었더니 고개를 저으시더군요.

'아직도 며칠은 더 같이 지내야 하는데, 너희들이 질투 때문에 의가 상할까 봐 장학금을 받는 아이에게 아무 말 말라고 했다. 그러는 게 좋아. 키티, 안됐지만 내가 널 아무리 좋아해도 원칙은 원칙이야. 울지 마라. 나가서 줄리아에게 들어오라 하거라.'

전 고개를 꼿꼿이 세우고 나갔습니다. 나중에는 울면서 잠들었지만 말이에요. 다음 날 하인이 누른 벨소리에 깼어요. 본채로 들어오는 문을 열어달라고 하더군요. 이상한 일이었죠. 제임스 경은 보통 아침 일찍 일어나 직접 문을 여시거든요. 전 앨리스와 줄리아와 같이 내려가 문을 열어주었습니다. 우린 각 방을 쓰긴 하지만, 나란히 붙어 있지요. 잠시 후 비명소리가 들렸어요. 제임스 경을 깨우러 갔던 홉스 부인이 침대에 죽어 있는 경을 발견하고 지른 거였죠. 나머지는 알고 계시는 대롭니다."

키티는 몸을 일으켰다.

"장학금을 못 타서 실망이 크셨겠군요."

내가 넌지시 말을 건네자, 그녀는 콧방귀를 뀌며 내뱉었다.

"1년 전보다 더 나빠진 건 없어요. 엄마가 식당 일에 만족하셨다면 저도 그럴 수 있겠죠. 이번엔 줄리아를 만나고 싶으시겠죠?"

잠시 후 들어온 여성도 숨막힐 만큼 아름다웠다. 키티보다 조금 더 키가 크고 검은 머리를 길게 기른 그녀는 홈스와 정면으로 마주 보고 앉았다. 그녀도 키티와 거의 똑같은 이야기를 했는데, 한 가지 차이가 있었다.

"제임스 경은 제가 화요일에는 앨리스에 이어 두 번째로, 수요일에는 앨리스가 두 번째, 제가 세 번째로 연습실에 갔다고 하시더군요. 그러면서 '3일 중 이틀이나 앨리스보다 늦게 왔으니, 네가 총명하긴 하지만 장학금은 못 타겠구나. 후보에서 벌써 배제됐다'라고 하셨어요."

나는 세 번째 여인을 기다리며 말했다.

"줄리아가 키티보다 일찍 갔고 키티보다 앨리스가 더 일찍 갔으니, 장학금을 타는 건 앨리스겠군. 그렇다면 앨리스가 제일 유력한 범인이니 눈여겨봐야겠네."

세 번째 아가씨는 화가 티치아노가 좋아했을 법한 빨간 머리 아가씨였다. 나는 그녀에게 의자를 권하기 위해 벌떡 일어났다가 그만 호랑이 가죽에 발이 걸려 넘어질 뻔했다. 어찌나 계면쩍던지 말까지 더듬거렸다.

"세 분 모두 음악에도 재능이 있고 하나같이 아름다우시니, 장학금을 받든 못 받든 틀림없이 큰 인기를 얻으시겠습니다."

앨리스의 경멸하는 듯한 눈길에 나는 쥐구멍에 숨고 싶은 심정이었다.

"우연이 아니죠. 제임스 경은 아름다움은 완벽한 육체미를 가리키는 것이고, 음악적 재능 역시 아름다운 육체에서 빚어진다고 생각하셨으니까요. 그래서 재능도 재능이지만 예쁘기 때문에 우릴 선발했다고 들었지요."

앨리스의 이야기도 다른 아가씨들과 똑같았다. 최소한 나를 벌떡 일어나게 만들 때까지는.

"제임스 경은 제가 월요일 수요일에 키티보다 늦게 연습실에 갔으니, 열심히 연습하지 않았다고 하셨습니다. 그러면서 질투 때문에 사이가 나빠질

월요일	줄리아
	키티
	앨리스
화요일	앨리스
	줄리아
	키티
수요일	키티
	앨리스
	줄리아

두 얼굴의 일지

지 모르니 장학금을 받은 사람에게 말하지 말라고 지시하셨다 했어요. 안 됐다는 위로도 잊지 않으셨죠. 그 뒤로 전 곧장 방에 돌아가 하인이 누른 벨소리에 깰 때까지 자고 있었습니다."

앨리스가 이야기를 마치고 응접실을 나가자마자 나는 참았던 분통을 터뜨렸다.

"제임스 경이 일지를 교묘하게 조작한 거야. 셋 다 다른 사람들보다 늦을 리가 없잖아."

"그렇지 않네, 왓슨. 일지가 제임스 경의 침대 맡에서 발견됐는데, 아가씨들에게 말한 순서와 일치하더군."

홈스는 그 페이지를 펼쳤다.

"어떻게 그럴 수 있나. 모순이잖아!"

"아닐세. 진짜 모순은, 어떤 집단을 일정한 기준에 따라 서열을 매길 수 있다고 생각하는 거지. 키나 몸무게처럼 1차원적인 것만 평가했다면 그럴 수 있지. 앨리스가 케이트보다 키가 크고 케이트가 줄리아보다 크다면, 앨리스는 당연히 줄리아보다 크네. 하지만 애매한 기준을 가지고 앨리스가 케이트보다 '낫고' 케이트가 줄리아보다 낫다고 한다면, 앨리스가 줄리아보다 낫다고 말할 수 없는 거야. 잘 한다거나 못 한다는 애매모호한 개념을 딱히 정의해 놓았을 리도 없고 말이지. 사실 이 목록을 보면, 모두들 1, 2, 3등을 한 번씩 했어."

"세상에, 그럼 제임스 경이 말장난을 했단 말인가? 이게 살인과 무슨 관계지?"

"왓슨, 충분히 짐작되네. 하지만 셋 중 누가 살인범인지는 모르겠어. 상황이 너무 대칭적이야. 범인을 알아내려면 자백을 받거나 구체적인 물증을 찾는 수밖에 없네. 하지만 제임스 경의 심장을 찌를 만큼 냉정한 아가씨가 기껏 심문받는다고 울진 않을 테지. 그러니 방법은 하나뿐이야. 아까는 경찰이 제임스 경의 침실에 못 들어가게 막았지만, 레스트레이드 경감이 얘기해 놓겠다고 했으니 이젠 들어갈 수 있을 걸세. 자넨 여기서 기다리는 게 좋겠네. 사건현장을 훼손하면 안 되니까."

홈스는 한참 동안 내려오지 않았다. 마침내 그가 돌아왔을 때, 나는 현관에서 인근 마을에서 조사를 마치고 돌아온 레스트레이드 경감과 얘기를 나누고 있었다. 계단을 내려오는 셜록 홈스의 얼굴은 굳어 있었다.

"홈스 씨, 침입한 흔적을 찾으셨나요?"

레스트레이드 경감이 큰 소리로 외치자 홈스는 고개를 저었다.

"간밤에 누가 들어간 흔적이 전혀 없더군요. 레스트레이드 경감, 미안하지만 런던에 급한 일이 있어서 돌아가봐야 되겠습니다. 이번엔 사건 해결에 도움이 못 되겠군요. 어쨌든 진행되는 대로 제게 알려주십시오."

런던 행 기차를 기다리는 플랫폼에 둘만 남자마자 나는 황급히 입을 열었다.

"홈스, 사건에서 이렇게 쉽게 손을 떼다니 자네답지 않은 일이군. 말해보게, 정말로 누가 왔다간 흔적이 없었나?"

홈스는 부드러운 눈으로 나를 바라보더니, 외투 주머니에서 무언가를 꺼냈다.

"아니. 왓슨, 이걸 찾았네."

보일 듯 말 듯 가는 금발 머리카락이었다.

"그럼 키티 양이 범인이로군! 왜 그녀를 감싼 거지?"

홈스는 고개를 저었다.

"이것도 찾았네."

이번엔 긴 검은 머리카락이었다.

"그리고 이것도."

세 번째는 빨간 머리카락이었다.

"세상에, 홈스, 그럼 셋이 공모해 제임스 경을 죽였다는 얘긴가?"

"아닐세, 왓슨. 살인은 한 사람 소행이네. 하지만 여자가 남자 침실에 들어가는 이유가 죽이기 위해서만은 아니지, 왓슨."

"그렇다면……."

"자넨 너무 정직하고 기사도 정신이 투철해 미처 눈치채지 못했나 보군. 어젯밤 제임스 경이 세 사람 모두에게 장학금 선발에서 탈락됐다고 말한 것처럼, 그 전에도 아가씨들에게 다른 생각을 품게 했을 걸세. 제임스 경은 가난한 환경에서 자란 아가씨에겐 과분한 신랑감이지. 분명히 셋 다 제임스 경의 꼬임에 넘어가 팔자를 고칠 수 있다고 생각했을 거야."

"나쁜 자식 같으니! 그렇다면 제임스 경이 죽어도 싸다고 생각한 건가, 홈스?"

"처음엔 그렇게 생각하지 않았지. 아무리 그래도 살인은 안 될 말이니까. 무릇 유혹이란 유혹하는 사람과 당하는 사람 둘이 완성하는 거 아닌가! 유혹한 제임스나 거기 넘어간 여자나 마찬가지지. 난 살인범을 잡고 싶었네.

그런데 홀연 시적인 판결을 내리고 싶더군. 제임스 경은 대칭을 사랑했네. 지나칠 정도로 말이지. 균형 잡힌 완벽한 미인은 이 세상 모든 남자를 유혹할 수 있는 법이지만, 제임스 경은 세 제자에게 비윤리적인 짓까지 '대칭적으로' 저질렀네. 덕분에 증거까지 대칭적이어서 지금은 나도 어떤 아가씨가 살인범인지 모르겠네. 게다가 더 이상 조사하기도 싫고 말이야. 결국엔 레스트레이드 경감이 해결하겠지만, 그래도 의혹은 남을 걸세. 저기 기차가 오는군. 그것보다 로렌스 양과 무슨 얘길 했는지 말해보게. 지루한 시간이 금방 흘러갈 거야. 자네가 나보다 오늘 하루를 보람 있게 보냈을 것 같군."

"사실은 홈스, 난 한 일이 별로 없네. 후작이 뭐 대단한 도박을 하려는 것도 아니고, 그냥 같은 신분의 신사들과 단순히 즐기는 것뿐이더군. 게다가 판돈도 적고 속임수도 없었네. 게임 내용을 들으면 자네도 이해할 걸세."

나는 홈스가 무어라 비난하기 전에 재빨리 선수를 쳤다. 빈 기차 칸에 자리를 잡은 다음, 나는 펼친 모양의 정육면체를 그리면서 주사위 게임을 설명했다. 홈스는 그림을 뚫어져라보더니 한숨을 내쉬었다.

"왓슨, 주사위 색깔과 머리카락 색깔만 바꿔 생각해 보면 제임스 경의 채점 방법과 아주 똑같군. 이것도 똑같은 오류에 빠진 거지. 수치로 표현할 수 없는 기준을 가지고 막연히 서열 매길 수 있다는 오류 말이야. 이번엔 아가씨가 아니라 주사위가 관련돼 그리 심각하진 않지만 말이야.

빨간색 주사위로 검은색 주사위와 대결한다고 해보세. 어느 쪽이 더 자주 이기겠나?"

나는 그림을 내려다보았다.

"빨간색이 여섯 번 중 네 번 이기는군."

"이번엔 검은색과 하얀색으로 게임하면?"

이번엔 조금 까다로웠다.

"검은색 주사위로 열 번 던졌을 때 3분의 1 정도는 틀림없이 이기네. 하지만 검은색에는 1도 있으니까, 3분의 2 정도는 하얀 색이 이기는군."

"그러면 검은색 주사위가 1/3+(2/3×1/3)=5/9 정도 이긴다는 얘기네. 검은색이 하얀색보다 유리하지."

"알았다! 주사위에 있는 눈을 다 더하면 모두 똑같지만, 빨간색은 검은색을 이기고, 검은색은 하얀색을 이기는군."

"이번엔 빨간색과 하얀색으로 게임해 보게."

"틀림없이 빨간색이 이기는데, 홈스…… 저런, 하얀색이 3분의 2를 이기는군!"

"그렇다네, 왓슨. 셋 중에 뭐가 제일 낫다고는 꼭 집어 말할 수 없어. 빨간색은 검은색보다 낫고, 검은색은 하얀색보다 낫고, 하얀색은 빨간색보다 낫지. 우리 어릴 때 놓던 가위바위보 놀이랑 똑같지."

"어떻게 하는 거였더라?"

"손을 숨기고, 손을 펴서 보자기를 낼지, 두 번째 손가락과 세 번째 손가락만 내밀어 가위를 낼지, 주먹을 쥐어 바위를 낼지 결정하게. 이번엔 나와 동시에 손을 내미는 걸세…… 가위바위보! 이야, 내가 이겼군. 보자기는 바위를 덮으니까."

"이제야 기억나는군. 가위는 보자기를 자르고, 보자기는 바위를 덮고, 바위는 가위를 부러뜨리지."

"이 주사위 게임도 똑같네, 왓슨. 주사위의 눈 때문에 '1등'부터 '3등'까지 주사위를 일렬로 늘어놓을 수 있을 거라고 착각하는 것뿐이지. 왓슨, 장담하지만 클럽 직원이 후작에게 주사위를 매번 먼저 고르라고 했을 걸."

나는 한숨을 쉬었다.

"맞아. 당연히 그가 빨간색 주사위를 집으면, 상대방은 하얀색을 집겠지. 그가 하얀색을 집으면 검은색을 집을 거고. 또 후작이 검은색을 집으면, 상대방은 빨간색을 집을 테고. 그렇게 해서 후작은 매번 확률이 낮은 주사위를 갖게 된 거군."

"동전던지기 게임도 얘기해 보게."

나는 규칙을 설명하면서 로렌스 양과 얘기할 때 그렸던 동전 그림을 다시 그렸다. 홈스는 얼굴을 찡그리고 깊은 생각에 잠겨 있다가 기차가 런던역에 진입해 속도를 낮췄을 때에야 입을 열었다.

"알았네, 왓슨. 여덟 가지 결과 모두 나올 확률은 똑같지만, 서로 겹칠 수 있기 때문에 보기만큼 무관한 게 아니야."

난 멍하니 그를 바라보았다.

"대체 무슨 소린가, 홈스."

"자네가 후작이고 앞-앞-앞이라고 예측했다 해보세. 그리고 내가 뒤-앞-앞이라고 말하는 거야."

"그래. 결과 모두 나올 확률이 똑같네."

"맞아. 하지만 '상대적인' 결과는 확률이 다르다네. 동전을 한참 던지다가, 앞-앞-앞으로 끝났다고 해보세."

"친절하기도 하군. 내가 이겼네."

"아닐세, 왓슨. 자네 마음대로 앞의 결과를 죽 적어보게."

나는 앞-뒤-앞-뒤-앞-앞-앞이라고 썼다.

"그러면 앞-앞-앞 바로 전에 어떤 결과가 나왔나?"

"뒤-앞-앞이잖아. 어라, 자네가 고른 패잖아! 다시 해보세."

"자넨 절대로 이길 수 없네, 왓슨. 처음부터 여덟 번에 한 번밖에 나오지 않는 앞-앞-앞이 나오지 않는 한, 자네가 앞-앞-앞에 돈을 걸 때마다 반드시 뒤-앞-앞이 먼저 나오게 돼 있어.

 이것도 주사위 게임처럼 자네에게 먼저 결과를 예측하게 하면 나는 항상 자네를 이길 만한 결과를 예측할 수 있다네."

"그럼 이번엔 뒤-앞-앞으로 하겠네."

"좋을 대로. 그러면 난 앞-뒤-앞이라고 하지. 뒤-앞-앞이 맨 처음에 나오지 않는다면, 그게 앞-뒤-앞보다 한 단계 먼저 나올 확률은 50퍼센트일세. 하지만 그 반대는 참이 아니야. 그걸 증명하려면 계산을 해야 하지만, 100퍼센트 확실하게 이길 결과는 예측할 순 없네. 아무렇게나 예측해 보게. 그러면 난 그보다 먼저 나올 확률이 큰 걸 얘기할 테니까."

 난 고개를 저었다.

"무슨 흑마술 같은 걸."

"그렇지 않네, 왓슨. 그건 그저 우리 머릿속에 단단히 박힌 오류일 뿐일세. 미인대회처럼 어떤 가치에 따라 사람이나 사물에 1등부터 꼴찌까지 등급을 매길 수 있다는 오류 말이야. 사실은 그럴 수 없다는 데 감사하게나."

 홈스는 한숨을 내쉬었다.

"빨리 허드슨 부인의 난로가로 달려가고 싶군. 하지만 먼저 뮌하우젠 클럽에 들리는 게 좋겠지. 그렇다고 고마워할 필요는 없네, 왓슨. 자네는 내가 도와달라는 말만 하면 늘 불평 한 마디 없이 달려와주니까."

8
앤드루스의 처형

조간신문을 훑어보던 나는 고개를 절레절레 흔들었다.

"홈스, 이 사람 정말 안됐네. 갖은 고생을 하고 살아 돌아왔는데, 유죄 판결을 받을 확률이 거의 백 퍼센트인 것 같아. 이제야 정의가 실현되려나 보이."

그날 신문이란 신문의 1면에는 하나같이 똑같은 기사가 실려 있었다. 최근 창간된 타블로이드 신문의 '쥐새끼는 목을 매달아야 한다'는 잔인한 제목에서부터 '유죄 판결 날 듯'이라는 《타임스》의 점잖은 제목까지 그 어투는 다양했지만, 필자들의 의견은 한결같았다. 앤드루스에게 유리한 증언을 해줄 목격자가 단 한 명도 생존하지 못했다는 사실이 곧 그의 유죄를 입증하는 가장 확실한 증거라는 것이었다. 차이가 하나 있다면, 앤드루스를 즉결 군사재판에 회부해 총살형을 내려야 한다, 아니다, 중앙형사재판소에서 정식 재판을 받게 해 총살형을 시켜야 한다는 것뿐이었다.

앤드루스 사건은 최근 전국적인 관심을 끌고 있다. 한 달 전, 랑군에 주둔하던 웨스트셔의 연대가 버마(현 미얀마-옮긴이)의 두 부족간 분쟁이 확대

됐다는 전갈을 받고 황급히 북쪽으로 행군했다. 그러나 그 전갈은 군사들을 함정에 빠뜨리려는 허위 전갈이었음이 뒤늦게 밝혀졌다. 당시 행군 과정에 어떤 일이 있었는지는 구체적으로 드러나지 않았고, 다만 최후만이 밝혀졌을 뿐이다. 웨스트서 연대가 영국군 역사상 최초로 '완전 몰살'이라는 비참한 운명을 맞이한 것이다. 아니, '완전'이라는 말은 틀렸다. 현재 알려진 바대로, 최후의 한 명은 살아남았으니 말이다. 3주 전, 동인도에서 출동한 대대적인 지원부대가 버마의 내전을 종식시켰을 때, 머리카락을 부스스하게 늘어뜨리고 눈은 퀭한 한 군인이 랑군의 경계초소 앞에서 쓰러졌다. 그러나 앤드루스가 전한 생환 과정을 도무지 믿을 수 없었던 지원부대의 지휘관은 그를 즉각 탈영병으로 체포해 재판을 받도록 본국으로 귀환 조치했다.

홈스는 눈썹을 치켜올렸다.

"그럼 자넨 앤드루스의 말을 못 믿겠다는 건가?"

나는 잠시 머뭇거렸다.

"그러니까, 내 말은, 사실 전부 다 믿을 순 없다는 거지. 우리 나라 군 역사에서 그만한 대부대가 완전히 사라진 건 이번이 처음이자 마지막이잖아. 더구나 어떻게 된 일인지 확실한 정보도 없고 말이야."

홈스는 빙그레 미소를 지었다.

"그래? 자넨 어머니에게서 스코틀랜드인 피도 받았지 않은가. 부끄러운 줄 알게, 왓슨."

"하긴. 아차, 9대대를 깜빡 잊고 있었군."

그 이야기는 어머니의 무릎에서 처음 들었을 때 내 뇌리에 깊이 각인되었다. 나는 서성이며 지금도 또렷이 기억나는 그 이야기를 홈스에게 자세히 들려주었다.

"로마가 잉글랜드와 웨일스를 정복했을 때의 일이네. 로마군은 지방 부족들의 맹렬한 저항에 막혀 칼레도니아부터는 더 이상 북쪽으로 진군하지 못했지. 하지만 9대대는 북쪽 지방에서 끝없이 밀려드는 게릴라들을 무찌르고, 영국을 완전히 정복하기 위해 북쪽으로 진군했네.

그런데 9대대가 흔적도 없이 사라져버렸어! 단 한 명도 생존하지 못했지. 대로마제국의 천 년 역사상 유일무이한 사건이었네. 아직까지 그때 무슨 일이 있었는지 밝혀지지 않았지. 칼레도니아, 즉 지금의 스코틀랜드는 완전히 정복된 적이 한 번도 없었고 말이야.

로마제국은 9대대가 잔인하기로 유명한 북쪽 부족 손에 몰살당했을 거라고 주장했지만, 그건 아니야. 굉장히 뛰어난 전략가가 치밀한 계획을 세우고 여러 부족이 협력하지 않는 한, 그만한 부대가 감쪽같이 사라질 순 없는 노릇이지. 누군지는 알 수 없지만, 그 장군은 9대대의 운명을 알릴 군사를 한 명도 남기지 말아야 한다는 걸 알고 있었던가 보네. 그래야 로마군이 이후 전의를 상실할 테니 말이야. 두려움은 그 어떤 무기보다 더 큰 공포감을 적에게 안겨주지 않나.

엄청난 전투가 벌어졌던 게 틀림없네! 지옥 훈련을 받은 스코틀랜드 고지대 전사들은 몸을 숨기고 명령을 기다렸지. 정찰병들이 살해됐거나 유인되었을 거야. 그래서 로마군은 함정을 눈치채지 못하고 계속 행군했어. 명령이 떨어졌지. 전진! 그리고……"

그 순간 홈스가 진정하라는 듯 손을 들었다. 나는 내가 이야기에 열중해 소파에 훌쩍 올라가 창문을 부술 듯 지팡이를 휘두르고 있음을 깨달았다. 조금 민망해진 나는 조심스레 소파에서 내려왔.

"홈스, 내 생각이긴 하지만, 9대대를 몰살시켰다는 건 우리 조상이 단순한 야만인이 아니라 철저히 훈련받은 훌륭한 전사였다는 확실한 증거네."

"그 얘기로 왈가왈부할 생각은 없네, 왓슨. 하지만 2천 년 전의 사건이 오늘날 소름끼칠 만큼 똑같이 재현됐네. 지금 얘길 해보세. 만 명이나 되는 대부대가 적진에서 출발했네. 그런데 한 명만 돌아왔어. 그렇다고 그를 탈영병이라 할 수 있을까? 그에게 유죄 판결을 내리기 위해선 합당한 수준의 증거를 찾아야 하네."

"하지만 그가 한 얘기를 생각해 보게, 홈스! 그는 자기 연대가 한밤중에 공격받아 거의 몰살했다고 말했네. 그 후 남아 있는 병사들이 다시 소집해 적을 물리치려 했지만, 역부족이어서 대령은 남은 병사들에게 말을 타고 전속력으로 퇴각하라고 명령했다고 했어. 그때 생존자는 약 1천여 명이었고, 앤드루스는 무려 10분의 1이라는 확률을 안고 도망친 행운아였단 말이네."

"그럼 연대가 전멸했다는 앤드루스의 말을 못 믿겠다는 얘긴가?"

난 고개를 저었다.

"아니. 그는 심문관에게 똑같은 진술을 자세하게 반복했다더군. 물론 천하의 행운아일 수도 있겠지. 하지만 확률을 따져보자구. 그는 1천 명의 생존자들이 숨어 있다가 고개를 넘었다고 주장했어. 그리고 지난 번 전투에서 대령이 죽었기 때문에, 이번엔 대위의 지휘로 다시 싸우다 퇴각 명령을 받았지. 그런데 앤드루스는 자기가 전우들과 운명을 같이 했고 퇴각할 때까지 도주하지 않았다고 주장하는 거야."

나는 어깨를 으쓱했다.

"병사들은 퇴각 명령을 전쟁터로 진격하라는 명령보다 더 무서워해. 그건 '살기 위해선 무슨 짓이든 해도 좋다'는 말이야. 병사가 전우를 외면한 채 도망가도 좋다는 그 명령은 아주 위험하고 긴박한 상황일 때만 내려지네. 어쨌든 그 전쟁이 끝났을 때 생존자 수는 겨우 백 명이었지. 앤드루스는 두 번이나 10분의 1이라는 어마어마한 확률을 뚫고 살아남았다고 주장하는 거야. 암, 행운아지. 1퍼센트밖에 안 되는 가능성을 뚫고 목숨을 부지했으니 말이야."

나는 손가락을 꼽으며 계산했다.

"홈스, 앤드루스는 백 명의 생존자가 대위의 지휘하에 재집결해 남쪽으로 행군했다고 말했네. 하지만 다시 공격을 받았지. 적군은 쓰러진 전우의 현대식 소총으로 무장하고 집중포화를 가했다고 했네. 이번엔 퇴각조차 할 수 없었지. 앤드루스는 그때 총에 맞아 기절했다고 했어. 그 말대로 몸에 상처가 있긴 하지만, 그 다음 일에 대해서는 아무 말도 않고 있네. 물론 자기 말이 사실임을 입증하기 위해 일부러 그럴 수도 있어. 앤드루스 말이, 정신을 차리고 보니 전우들의 시체 속에 파묻혀 있던 자기가 유일한 생존자였다고 하더군. 적군이 자기를 시체로 착각한 것 같다는 거지. 이번엔 무려 100분의 1의 확률이란 말이야!

그래서 앤드루스가 기막히게 운 좋은 사내냐, 탈영이라는 불명예 행위로 살아남은 거짓말쟁이냐 하는 논쟁이 벌어지는 것이지. 신문이 맞아, 홈스 1만분의 1이라는 확률은 말도 안 돼. 얘기가 아무리 그럴싸하더라도 앤드루스는 틀림없이 교수형을 받을 거야."

홈스는 입술을 오므렸다.

"확률 1만분의 1이 말도 안 된다고? 그 점에 대해서 자네에게 이의를 제기해야 되겠네. 처음부터 시작해 보세. 자네가 만 명의 용감한 병사로만 구성된 연대를 지휘한다고 치세. 그중에 겁쟁이는 단 한 명도 없어. 한 명당 죽을 확률이 90퍼센트에 이르는 맹렬한 공격을 받고 있어. 그럼 몇 명이나 살아남을까?"

"그야 당연히 천 명이지."

"그러면 두 번째 공격을 받았어. 이번에도 죽을 확률은 90퍼센트네. 생존자는?"

"백 명."

"그렇다면 한 번 더 엄청난 공격을 받았는데, 이번엔 죽을 확률이 99퍼센트야. 그럼 산 사람은 몇 명이지?"

"한 명이지."

"그렇지! 하지만 우린 맨 처음 만 명 모두 하나같이 용감하다는 전제에서 출발했네. 신문 편집자와 자네는 어떤 사람이 지극히 낮은 확률을 뚫고 살아남았다고 주장할 경우, 그 말이 사실일 리 없다고 추론했어. 그건 논리적으로 잘못된 등식이야."

"세상에! 그렇다면 자넨 앤드루스가 무죄라는 건가?"

홈스는 어깨를 으쓱했다.

"글쎄. 난 그저 통계 수치를 남용하면 재판이 마구잡이로 이루어질 수도 있다는 걸 말하고 싶을 뿐이네. 앤드루스가 탈영했을 가능성은 높아. 하지만 신문처럼 99.99퍼센트의 확실성 운운하는 건 어불성설이야. 물론 이 경우엔 확실한 물증이 없다는 게 문제지. 이번 사건은 내가 다룰 만한 성질의 것이 아니야. 법이 알아서 하겠지. 난 범죄 사건만 다룰 테니까." 그는 창밖을 내다보았다. "범죄 사건 얘길 하니 저기 전문가 한 분이 오시는걸. 레스트레이드 경감이 오는군."

잠시 후 경감은 여느 때보다 환한 표정으로 들어왔다.

"동전던지기 도박 때 절 도와주셨던 거 기억나십니까, 홈스 씨? 보통 동전을 백 번 던져 우연히 뒷면이 63번 이상 나올 확률은 1퍼센트밖에 안 된다고 하시면서 그게 바로 동전을 조작했다는 합당한 수준의 증거라고 하셨지요. 선생님도 아시겠지만, 그때 제가 유죄판결을 얻어낸 다음부터"—그는 자기 가슴을 두드렸다—"그게 국가 지침으로 채택돼 우리 나라의 경찰들 모두 활용하고 있답니다. 덕분에 경찰이 전국의 거의 모든 술집에 잠복해 단순한 오락이든 뭐든 상관 없이 동전던지기 내기를 모조리 감시해서 엄청난 실적을 올렸지요. 러틀랜드에서만도 일 주일에 30건이나 되는 사기 도박을 검거했습니다."

홈스가 눈썹을 치켜올렸다.

"런던에서야 그 정도는 별 대수롭지 않은 수치지만, 낯선 사람이 나타나면 금방 눈에 띄는 시골에선 지나친 수친데요. 그래, 전부 몇 명이나 검거했답니까?"

레스트레이드 경감은 숫자가 빼곡이 적힌 종이를 들여다보았다.

"러틀랜드에서요? 3천 명이요."

홈스는 벌떡 일어섰다.

"3천 명이라고요? 레스트레이드 경감, 당장 그 사람들을 석방하시오!"

경감은 어리둥절한 눈으로 그를 바라보았다.

"석방이라니요? 홈스 씨, 선생 말을 듣고 체포한 건데요."

홈스는 이를 악물었다.

"러틀랜드에서 있었던 동전던지기가 사실은 단순한 게임이라고 가정해 봅시다. 당신은 3천 건의 단순한 동전던지기 놀이를 감시한 것입니다. 전 그 놀이의 1퍼센트에서만 백 번 던졌을 때 뒷면이 63번 이상 나오는 걸 볼 수 있다고 했습니다. 3천 건의 1퍼센트는 얼맙니까? 30이오. 러틀랜드에서 동전던지기를 즐긴 사람들은 거의 모두 정직한 사람일지도 모른단 말이오!"

레스트레이드 경감은 어쩔 줄 몰라 입을 다물지 못한 채 눈만 껌뻑거렸다. 한참 후 그는 가까스로 기운을 차리고 힘없이 말했다.

"우리가 체포한 사람들이 전부 무고한 사람들은 아닙니다. 버밍햄에서는 2천 건을 관찰했는데, 그중 의심 가는 게임은 40건이었지요. 선생님 논리에 따르면, 그중 20명만 체포했어야 하는 거겠지요. 그러니까 녀석들은 석방하면 안 되는 거 아닙니까."

홈스는 고개를 저었다. 그는 종이를 집어 표를 그렸다.

	일반인	용의자
단순게임	1,960	20
사기도박	0	20

버밍햄의 동전던지기

"당신은 그 40명 중에서 약 20명은 무죄고 20명은 유죄라고 추정했습니다. 하지만 그중 한 명을 예로 들어 생각해 보면, 그가 유죄일 확률은 겨우 50퍼센트밖에 안 됩니다. 겨우 그 정도 수치로 사람을 억울하게 구속할 순 없습니다. 그들 역시 석방해 줘야 합니다."

레스트레이드 경감은 종이에 적힌 숫자를 하나하나 짚어보더니 이렇게 말했다.

"글래스고에서는 5천 건을 감시했는데, 그중 1천 건이 의심스러웠다고 했습니다. 그럼 이 경우는 어떻게 되는 거지요?"

홈스는 두 번째 도표를 그렸다.

	일반인	용의자
단순게임	4,000	40
사기도박	0	960

글래스고의 동전던지기

"이 중 40명 정도가 무죄이고, 나머지 960명은 유죄군요. 유죄일 확률은 한 명당 96퍼센트. 무턱대고 체포하기 전에 자세히 조사했다면 더 좋았겠지만, 이 용의자들은 계속 잡아두는 게 좋겠습니다."

경감은 뭐가 뭔지 모르겠다는 표정을 지으면서도, 약간은 체면을 지킬 수 있다는 생각에 안도의 표정을 지으며 돌아갔다. 최소한 구속한 사람 전원을 석방하지 않아도 되니 말이다.

나는 잠시 홈스의 추리에 대해 생각하다가 이렇게 외쳤다.

"자네 논리에 큰 허점이 있네. 내가 러틀랜드에서 장난으로 동전던지기를 했다면, 1퍼센트의 가능성 때문에 억울하게 체포됐겠지만 지금은 풀려났을 걸세. 하지만 글래스고에선 풀려나지 못하네. 그 역시 억울하게 체포된 건데 말이지. 모순 아닌가. 어떤 곳에서는 유죄판결을 받고 어떤 곳에서는 무죄 석방되다니. 나는 사기꾼이 아닌데 글래스고에 사기꾼들이 많다는 이유만으로 말이야. 어떻게 그럴 수 있지?"

홈스는 고개를 끄덕였다.

"맞는 말이야. 난 레스트레이드 경감에게 해준 말의 결과에 책임져야 할 걸세. 그중엔 억울하게 누명을 쓴 사람도 분명히 있을 거야. 하지만 수감된 사람이 백 퍼센트 진짜 범죄자일 순 없어. 판사들도 유죄판결을 받는 이들 중에 누명 쓴 사람도 몇 퍼센트 정도 있다는 걸 알고 있어. 그렇다 해도 난 그렇게밖에 말할 수 없다네. 유죄 확률을 결정할 땐 여러 가지 정보를 빠짐없이 고려해 봐야 하는데, 반드시 해당 지역의 범죄율도 고려해 봐야 하지. 범죄를 뿌리뽑기 위해서는 어쩔 수 없이 억울하게 수감되는 사람도 있게 마련이야."

"무고한 시민을 가두다니 말도 안 돼! 홈스, 가끔 자넨 소름 끼칠 만큼 너무 냉정할 때가 있어."

홈스는 서글픈 표정으로 날 바라보았다.

"유죄 판결을 백 퍼센트 완벽하게 결정할 수는 없는 법일세. 정의의 저울을 달아 무고한 사람을 체포할 확률이 0이어야 한다고 고집한다면, 자넨 아무도 구속하지 못할 걸세. 그러면 진짜 범죄자까지 전원 석방되겠지. 문제는 두 가지네. 거짓 긍정, 즉 무고한 시민이 유죄판결을 받는 경우와 거짓 부정, 즉 범죄자가 석방되는 경우지. 둘 다 비율이 가능한 한 낮으면 좋을 거야. 그리고 확실한 증거를 찾아내 거짓 긍정의 비율이 거짓 부정보다 낮으면 좋겠지. 하지만 오류는 어떤 식으로든 반드시 일어나게 되어 있어. 확실한 증거를 찾으려 노력하는 거야 당연한 거지만, 그게 안 될 때는 몇 퍼센트의 확률이면 '합당한 수준의 증거'라고 할 수 있을지 정해야 하네. 문제는 역사상 모든 사회가 그 문제를 신중하게 생각하지 않고 대강만 결정했다는 점이지."

"예전에 펜턴빌 교도소 의무실에서 복무한 적 있었네, 홈스. 환경이 어찌나 열악했는지 몰라. 그중 일부가 사실은 무고한 사람들이었다고 생각하면, 정말 끔찍한 일이야."

"왓슨, 인간이 인간을 벌하는 데에는 많은 이유가 있지만, 그중 하나가 벌을 받은 뒤 선한 사람이 될 거라는 믿음 때문이야."

"왓슨, 무슨 걱정이라도 있나?"

그날 늦게 퇴근한 내게 홈스가 말을 건넸다.

"응. 골치 아픈 문제가 있어. 오늘 아침 첫 번째 환자를 보기가 무섭더군. 지난 번 그녀를 진단했을 때 리거 씨 병의 징후를 봤기 때문이지. 그 병은 초기에 치료하면 완치할 수 있지만, 치료 시기를 놓치면 금방 사망하는 무서운 병이야. 문제는 치료과정이 무척 고통스럽고 돈도 많이 드는 데다 위험하기 짝이 없는 수술을 해야 한다는 거지. 말기라면 수술도 소용없으니 쓸데없는 고생을 하지 말라고 만류하고 싶을 정도란 말이야. 그녀에게 뭐라고 말해야 좋을지 고민 중이었는데, 다행히 얼마 전 그 병에 대한 새로운 검사법이 발표됐어. 환자의 소변에 반응하는 화학약품을 사용하는 건데, 연구 결과 90퍼센트의 성공률이 입증되어 특허까지 받았지. 오늘 아침 그 약으로 환자를 검사해 보았는데, 양성반응이 나와 수술을 권했네."

난 의학잡지 《랜싯》에 실린 기사를 홈스에게 흔들어보였다.

"내 친구지만 정말 장하군, 왓슨. 자기 분야의 신기술을 계속 받아들이고 활용하다니, 정말 훌륭한 의사야."

"그런데 그 일 외에는 온종일 엉망이었어. 새로 산 시약 한 세트엔 12명을 검사할 수 있는 분량이 들어 있는데, 봉투가 뜯어지는 바람에 유통기한이 하루밖에 안 남았지 뭔가. 내가 낭비를 얼마나 싫어하는지 자네도 알 걸세."

"검소한 스코틀랜드 가문에서 자랐으니 그야 당연한 일이지. 그래서 약품을 다 써야겠다고 생각했나?"

"물론이지. 오늘 만난 환자는 모두 열 명이었는데, 모두 흔하디 흔한 가벼운 병이었어. 어쨌든 아까 말한 시약을 낭비하기 싫어서, 치료를 마칠 때마다 환자들에게 모두 리거 씨 병 검사를 해보았네. 그런데 어이없게 그중 한 명이 양성반응을 보이더란 말이야."

"그게 뭐 어때서? 내가 알기론 리거 씨 병은 상당히 흔한 걸로 알고 있는데."

"한때는 1백 명당 1명 꼴로 걸릴 만큼 흔한 병이었지만, 요즘 같은 시절엔 무작위로 한 사람을 골랐을 때 그 병에 걸렸을 확률이 5백분의 1밖엔 안 된단 말일세. 초기 단계까지 다 합쳐도 말이지. 그러니 어이가 없다는 걸세. 어쨌든 검사 결과가 양성으로 나와 하는 수 없이 환자에게 수술을 권했어. 손가락이 부러져서 부목 대러 왔다가 엉뚱한 병을 알게 됐으니 얼마나 놀랐겠나. 하지만 난 옳은 일을 했다고 생각해. 어쨌거나 그 검사의 정확도는 90퍼센트나 된다고 했으니까!"

홈스는 얼굴을 찌푸렸다.

"정확도 90퍼센트라. 《랜싯》에 났다는 기사 좀 보여주게."

홈스는 새 검사법에 대한 기사를 읽더니, 갑자기 얼굴을 잔뜩 찡그리며 책장에서 얇은 책을 꺼냈다. 그리고 잠시 후 고개를 들었다.

"왓슨, '이 검사는 높은 정확성을 자랑한다'는 문장 때문에 자네가 큰 오해를 한 걸세."

"무슨 말이야, 홈스? 자넨 막연한 개념보다 정확한 퍼센트 수치로 말하길 좋아했잖아."

"물론이지. 하지만 확률에 대한 문장은 문맥에 맞춰 정확하게 쓰지 않으면 아무 의미가 없네. 무엇에 대한, 그리고 어떤 것에 대한 확률인지 정확하게 말해야 한다는 말이지. 병을 검사하든, 죄수를 판결하든, 어떤 실험의 유용성을 측정하기 위해서는 하나가 아니라 세 가지 확률을 고려해야 하네.

첫째, 거짓 긍정의 가능성은 얼마인가? 다시 말해, 건강하거나 무고한 사람이 검사를 통해 환자 혹은 유죄로 나타날 확률은 몇 퍼센트인가?

둘째, 거짓 부정의 가능성은 얼마인가? 환자나 죄인이 건강하거나 무죄로 드러날 확률은 몇 퍼센트인가?

셋째, 관련 인구 중 환자나 범죄자의 실제 발병률 혹은 발생률은 얼마인가?

일반적으로 이 세 가지 숫자가 모두 다를 걸세. 리거 씨 병 검사에 대한 자네 경험이 여기 딱 들어맞는 예로군. 여기서 실제로 말하고 있는 건"―그는 《랜싯》의 기사를 내게 흔들었다―"이 검사는 진짜 감염된 사람들 중 15퍼센트 정도는 병에 걸렸다는 걸 발견하지 못한다는 거야. 즉 거짓 부정에 대해선 85퍼센트의 정확도를 갖고 있는 것이지. 한편 병에 걸리지 않은 사람 중 5퍼센트는 병에 걸린 것으로 나타날 수 있어. 그러니 거짓 긍정에 대한 정확도는 95퍼센트네."

"그래서 85와 95를 평균 내보면 90 아닌가. 그러니 꼼꼼한 수학자가 아닌 평범한 우리가 보기엔 90퍼센트 정확하다는 말이 그럭저럭 맞는 거고, 자네 말이 더 정확하긴 하겠지. 그리고 검사로도 파악되지 않는 환자는 15퍼센트도 안됐네. 하지만 자네 말을 들으니 손가락이 부러져 찾아왔다가 뒤통수를 얻어맞은 환자에게 리거 씨 병 수술을 받으라고 했던 게 잘한 일이라는 확신이 더 강해지는 걸. 거짓 긍정의 비율이 겨우 5퍼센트밖에 안 된다면, 그가 병에 걸린 확률은 95퍼센트 아닌가. 그러니 수술을 받으라고 하는 게 맞지."

홈스는 고개를 저었다.

"틀렸어, 왓슨. 그렇게 말하는 것도 이해는 가지만, 완전히 틀린 말이야! 세 번째 요인을 잊었군. 5백 명 중 1명만 그 병에 걸린다고 했지. 따라서 세 번째 확률은 0.2퍼센트네. 평범한 사람 1만 명을 무작위로 선정해 이 새 검사법을 써본다고 가정해 보게. 그중에 진짜 병에 걸린 사람은 겨우 20명밖에 안 돼. 그 중 17명은 양성반응을, 3명은 음성반응을 보일 거야. 한편 9,980명의 건강한 사람들 중에서도 499명은 양성반응을 보일 거야. 물론 이 수치는 정확한 게 아니라 대략적인 평균 수치에 지나지 않네.

그러면 왓슨, 환자 1만 명을 검사하면 516명이 양성반응을 보일 걸세. 그렇게 많은 사람이 정말 그 병에 걸린 것일까? 천만에. 진짜 환자는 겨우 17명뿐이야. 양성반응이 나온 사람 중 한 명을 무작위로 골랐을 때, 그가 진짜 병에 걸렸을 확률은 90퍼센트 근처에도 안 가. 겨우 3퍼센트 대에 머물 뿐이지."

홈스는 도표를 그렸다.

	양성	음성
건강한 사람	4,000	40
환자	0	960

리거 씨 병

"세상에, 홈스, 이제 알았어. 내일 당장 피터스 씨에게, 그러니까 손가락이 부러졌던 환자에게 연락해야겠군." 이렇게 말하다가 나는 잠시 머뭇거렸다. "그런데 홈스, 처음 진단했던 그 부인은 어떻게 하지? 그녀는 약물검사만 했던 게 아니었단 말이야. 장담할 수는 없지만, 리거 씨 병의 여러 증상들이 확실히 나타났거든."

"그 전에 자네가 그런 증상들을 보고 리거 씨 병을 의심했을 때, 맞은 확률이 얼마나 되나?"

나는 잠시 머뭇거렸다.

"대강 반 정도. 병에 걸린 것 같다고 의심했던 환자 중 반 정도만 진짜 병이었지."

"그렇다면 그 부인은 병에 걸렸을 확률이 50퍼센트인 모집단에 속해 있군. 자네가 의심 가는 사람 1만 명을 진찰했을 때, 5천 명은 병에 걸렸을 테고 그중 4,250명은 양성반응을 보일 걸세. 나머지 건강한 사람 5천 명 중에서 250명도 양성반응을 보일 걸세. 그러니 그 부인에 병에 걸렸을 확률은 94퍼센트야."

나는 고개를 끄덕였다.

"그 정도면 수술을 권해도 될 만한 확률이겠지. 부인에게 새 검사법을 써 본 게 아주 헛된 일은 아니었나보군."

"그렇지 않네, 왓슨. 범인을 신문할 때 자백받는 것과 용의자가 범인임을 증명하는 증거를 찾는다는 건 달라. 자백만 믿는 건 어리석은 일이야. 확실한 증거를 찾는 게 가장 현명한 일이지. 그와 마찬가지네."

나는 의자 깊숙이 눌러 앉아 외투 단추를 풀었다. 안심이 되어야 할 텐데, 마음 한구석 내가 너무 멍청하다는 느낌이 드는 건 어쩔 수 없었다. 이젠 확률에 대해 꽤 많이 알고 있다고 생각했는데 바보같이 또 속았으니 말이다.

"내가 정말 어리석었군. 홈스, 이렇게 얘기가 그럴 듯한데, 자넨 어떻게 척 보기만 하면 틀린 곳을 찾아내지? 정말 대단해." 홈스는 빙그레 미소를 지으며 아까 본 책을 다시 펼치더니 한 곳을 가리켰다. "내게 고마워할 필요는 없네. 감사는 베이즈라는 뛰어난 수학자에게 하게나. 이 같은 사례를 정확히 분석한 최초의 인물이지. 그렇다고 그 전에 있던 수학자들이 모두 바보라곤 생각진 말게. 아까 얘기했던 확률비 계산 기준을 공식화한 건 '베이즈의 정리Bayes's theorem'라고 하네."

"오늘 있었던 일을 책으로 낼 때 반드시 베이즈라는 수학자에게 감사의 표시를 하겠네. 내용을 보여주게. 그의 정리를 요약해서 수록하고 싶은 걸."

홈스가 책장을 넘겨 보여준 공식은 내가 끔찍이 싫어하는 대수학이었다.

"안 그러는 게 좋을 것 같네, 왓슨. 책에 방정식 하나가 들어가면 그 책의 판매량이 반으로 떨어진다고들 하지 않나. 베이즈의 공식을 구구절절 옮긴다면 아무도 자네 책을 사지 않을 걸. 그래선 안 되지. 잠깐 언급만 하게나. 아까 그린 창문 모양의 도표가 베이즈의 정리를 제일 정확하게 요약한 거니까."

그는 골똘히 생각에 잠긴 듯 몸을 앞으로 내밀었다.

"이 공식만큼 확률 문제에 대한 베이즈의 복잡한 생각을 명쾌하게 보여주는 게 없네. 확률을 계산할 땐 전체적인 그림을 염두에 두어야 한다는 게 그의 철학이었지. 내용에 대한 거짓 긍정, 거짓 부정, 전반적인 빈도, 그리고 자료의 한계와 관찰자의 관점 때문에 비롯될 수 있는 모든 편견까지 말이야. 단순한 것 같은 메시지에도 무한한 내용이 담겨 있네. 수학자들은 가끔 '베이지아니즘'이라고 하는 학회를 열어 갖가지 어려운 주제를 다루고 있는데, 내 장담하지만 그 회의는 앞으로도 백 년 넘게 계속될 걸세."

"홈스, 그가 큰 공을 세웠다는 건 알겠네. 하지만 네가 얻은 건 한 가지 교훈밖에 없군. 장사꾼들이 말하는 퍼센트는 아무리 그럴 듯한 것 같아도 절대로 믿지 마라!"

홈스는 빙그레 미소를 지었다.

"긍정적인 면도 있다네, 왓슨. 이번엔 베이지아니즘으로 자네의 의술을 평가해 볼까. 자넨 리거 씨 병에 걸린 환자를 50퍼센트 정도 맞춘다고 말하면서 겸손해했지. 그 얘기를 바탕으로, 자네가 건강한 사람을 환자로 오진할 때와 환자를 건강하다고 오진할 때의 비율에 대해서 얘기해 보지.

자네가 건강한 사람을 환자로 오진하는 비율은 놀라울 정도로 낮네. 진짜 환자는 정확하게 짚어내면서도, ―환자를 건강하다고 오진하는 경우는 전무하지― 건강한 사람을 환자로 오진하는 일은 5백 중 1명꼴로 대단히 드문 일일세. 즉 자네의 거짓 긍정 비율은 겨우 0.2퍼센트밖에 안 되네."

"세상에, 내가 그렇게 실력 있는 의사였다니."

나는 얼굴을 붉혔다.

"진짜 환자를 짚어내는 자네 능력이 겨우 50퍼센트밖에 안 된다고 한다면, 자네가 건강한 사람을 환자로 오진한 확률은 0.1퍼센트도 안 되네. 좀 더 정확히 말하면 그 언저리쯤이겠지. 자네가 아까 말한 그 약처럼 진짜 환자를 85퍼센트의 정확도로 알아낼 수 있다면, 건강한 사람을 병에 걸린 것으로 오진하는 비율은 6분의 1퍼센트도 안 될 걸세. 화학약품 검사보다 30배는 낮은 수치지. 자넨 자네 생각보다 훨씬 훌륭한 의사라네, 왓슨!

베이즈의 정리를 또 다른 방식으로도 응용할 수 있네. 앤드루스의 사건 기억나나? 그가 중앙형사재판소에서 재판을 받는다고 하더군."

난 베이즈의 정리로 그 불운의 군인을 어떻게 돕겠다는 건진 알 수 없었지만, 일단 고개를 끄덕였다.

"자네가 그 사건에 개입하지 않겠다고 한 걸로 아는데, 홈스."

"마음이 바뀌었네. 그 젊은이의 누이가 날 찾아와 도와달라 하더군."

"그녀는 가족이라, 앤드루스에게 유리한 말만 했을 텐데."

"앤드루스의 과거 군대기록은 대단히 훌륭하더군. 그를 겁쟁이로 생각할 만한 근거는 전혀 없었어. 원한다면 날 인정 많은 사람이라고 불러도 좋네.

하지만 벌써 앤드루스 사병의 변호인측 참고인으로 불리기로 했어. 재판은 다음 주에 시작되네. 내가 소환될 날짜를 알게 되면 자네에게도 전해주지."

홈스를 알고 지낸 지는 꽤 오래 됐지만, 내가 중앙형사재판소라는 거대한 건물에 들어간 적은 겨우 한두 번밖에 없었다. 중앙형사재판소를 향해 길게 뻗어 있는 매끄럽고 넓은 복도를 걸어갈 때마다 그 거대한 울림에 간담이 서늘해지곤 했다. 피고인 자격으로 재판소에 간다면 지옥 문앞을 걸어가는 기분일 것이다. 법정에 들어서자 정리가 우릴 떼어놓았고, 내가 방청석에 막 자리를 잡았을 때 홈스는 증인석에서 선서를 하고 있었다. 법정 한가운데에 자리잡은 거대한 판사석에는 가발과 법복 차림의 도널드슨 경이 앉아 있었다. 사형 판결이 나오면 판사는 가발 위에 검은 모자를 쓴다. 이것은 피고에게 그의 운명을 미리 넌지시 알려주어 고통스러운 불안감을 덜어주려는 자비로운 행위다. 키가 작은 앤드루스는 창백한 얼굴로 악명 높은 범죄자들이 앉았던 커다란 나무 피고석에 외롭게 앉아 있었다.

검사는 군사재판에서 냉정하기로 유명한 프렌치 소령이었다. 하지만 그는 내 친구를 과소 평가하는 대실수를 저질렀다.

"홈스 씨, 저는 선생이 앤드루스의 행동을 증언할 생존자가 한 명도 없다는 것을 진술하러 오신 줄 알았습니다. 앤드루스가 유일한 생존자일 수 있었던 것은 바로 탈영병이기 때문입니다! 그의 증언을 뒷받침할 수 있는 증거가 통계 수치밖에 없는 지금 상황에서, 1만분의 1이라는 확률이 바로 더없이 확실한 증거 아니겠습니까."

홈스가 나지막이 대답했다.

"맞습니다. 이번 사건에선 유죄냐 무죄냐를 구분할 수 있는 근거는 통계 수치밖에 없습니다. 그럼 이 사건과 관련된 통계학에 대해서 한 말씀 드려도 되겠습니까?"

그러고 나서 홈스는 리거 씨 병 시험에 대한 내 경험담을 꺼내는 것이었다. 그가 내 이름을 말하자, 방청객은 물론 판사까지 나를 돌아보았다. 판사는 의사봉을 두드리며 홈스의 말을 가로막았다.

"감사합니다, 홈스 씨. 하지만 그 일이 이번 사건과 어떤 관계가 있는지 설명해 주시겠습니까?"

"관계 있습니다, 재판장님. 프렌치 소령에게 질문하겠습니다. 소령, 당신은 여왕 폐하의 가장 유명한 연대 두 곳에서 복무했다고 알고 있습니다. 그때 혹시 비겁하다는 이유로 사형 집행된 사람을 본 적 있으십니까?"

"예, 마드라스 전투가 끝난 뒤 5명이 그랬습니다."

"대단히 치열한 전투였지요? 당시 영국 군인이 5천 명이었던 것으로 기억하고 있습니다. 하지만 맹렬했던 그 용사들 중 겨우 5명만 겁쟁이였군요. 1천분의 1이 말입니다."

프렌치 소령은 몸을 벌떡 일으켰다.

"전 대영제국 군대에 겁쟁이가 많다고 생각지 않습니다. 하지만 그 1천분의 1이라는 수치로 따져보면, 앤드루스의 부대엔 겁쟁이가 무려 10명이나 된다는 얘깁니다. 따라서 선생의 주장은 전혀 설득력이 없습니다."

그는 흡족한 듯한 표정으로 팔짱을 꼈지만, 홈스는 조금도 흔들림이 없었다.

"거짓 긍정과 거짓 부정 문제를 생각해 봅시다. 이해하기 쉽게 숫자를 단순하게 만들어보지요. 10만 명의 병사가 10명 남짓으로 줄었다고 생각해 봅시다. 앤드루스 연대의 생존자와 같은 숫자입니다. 그 연대에는 1백 명의 겁쟁이와 9만 9천9백 명의 용감한 군인이 있습니다. 또 탈영한 겁쟁이의 생존 확률이 용감한 병사보다 1백 배 높다고 가정해 봅시다. 물론 이는 다소 과장된 수치입니다. 탈영에도 상당한 위험이 따르니까요. 영국 군인이 탈영하면 뒤이어 헌병대가 즉시 출동하니, 탈영도 쉬운 일은 아니지요.
　이때 용감한 사람의 생존 확률은 1만분의 1이고, 탈영병의 생존 확률은 1백분의 1이라고 가정해 봅시다. 따라서 용감한 군인 10명이 전쟁터에서 생존한다면, 겁쟁이는 겨우 1명밖에 생존하지 못합니다. 탈영병 한 사람의 생존 확률은 겨우 10분의 1밖에는 안 되는 것입니다."
　홈스는 앞으로 나가더니 과장된 몸짓으로 커다란 도화지의 덮개를 벗겼다. 거기엔 눈에 익은 도표가 그려져 있었다.

	사망	생존
용사	99,890	10
겁쟁이	99	1

생존자와 겁쟁이

　"자, 앤드루스의 연대는 1만 명이었고 생존자는 단 한 명입니다. 하지만 비례적으론 똑같습니다. 소령, 앤드루스가 당신과 마찬가지로 겁쟁이가 아닐 확률은 10분의 9인 것입니다!"

　"자네 정말 앤드루스가 전우들만큼 용감했다고 생각하나?"
　베이커 가로 돌아오는 길에 홈스에게 묻자, 그는 어깨를 으쓱했다.
　"소령이 영국군인 중에 겁쟁이가 있다는 가능성을 부인하리라 예측하고 수치를 약간 조작한 건 사실이네. 그렇지만 용감함과 비겁함도 무한한 등급으로 나눠볼 수 있어. 영웅이 있는가 하면, 용감한 사람이 있고, 평범한 사람도 있지. 사람마다 두려움을 감당할 수 있는 수준이 다르네. 그 선을 넘으면 등을 돌리고 도망칠 걸세. 탈영병이 군사재판에 회부되느냐 마느냐는 당시 상황이 얼마나 극단적이었느냐에 따라 달라지는 거야."
　홈스는 아득히 먼 곳을 응시했다.

"앤드루스가 얼마나 비겁했는지 용감했는지는 정확히 알 수 없네. 하지만 앤드루스는 수백 마일이나 되는 적진을 기어 힘들게 돌아왔네. 그런 그를 기다리는 건 적군보다 더 잔인한 동포였지. 정의는 자비와 함께 해야 하는 걸세, 왓슨. 인간에겐 박테리아와 달리 감정이 있지. 자네 같은 의사들이 세균을 잔인하게 처단하는 게 옳은 일이라면, 나 같은 사람들은 거짓 부정을 소수 양산해 낸다 하더라도 거짓 긍정을 줄이기 위해 노력하게 하는 게 옳은 일이야. 앤드루스와 그 가족들은 이미 충분히 고통받았네. 난 오늘의 재판 결과를 보고 안도의 한숨을 쉬었네."

9

장교의 살인

문을 두드리는 소리가 들리기에 나가보니 웬 군인이 서 있었다. 군에 복무한 지는 까마득했지만 문 앞에 서 있는 말쑥한 젊은 장교의 태도를 보자 연병장 시절이 선연히 떠올라 하마터면 거수 경례를 할 뻔했다.

"셜록 홈스 씨, 계십니까?"

"아니오, 조금 전 프랑스 대사관에 갔습니다. 30분 정도 있으면 돌아올 겁니다."

"그럼 다시 오겠습니다. 왕립 제7경기병대 소속 헨더슨 대위가 시급히 뵙고자 한다고 전해주십시오."

"무슨 일 때문에 그러시죠?"

그의 태도가 좀 더 뻣뻣해졌다.

"저는 곧 군사재판에 회부됩니다. 20명을 살해한 혐의로 기소됐습니다."

"셜록 홈스에게 무죄를 입증해 달라고 오신 건가요?"

"아닙니다. 제가 유죄인지 아닌지 밝혀주십사 하는 것입니다. 저도 확신이 서지 않아서입니다."

그러고 나서 그는 씩씩하게 경례한 뒤 프로이센식으로 뒤꿈치를 딱 맞부딪치며 몸을 돌렸다.

나는 고개를 절레절레 저었다. 기억상실증에 대해 공부한 적 있었다. 실제로 그런 사례가 있긴 하지만, 지극히 드문 일이다. 그런데 피고 중엔 어이없이 곧 죽어도 기억나지 않는다며 고집 부리는 이들이 더러 있다. 헨더슨이 정말 죄를 저지르고서 홈스를 재판에 끌어들이는 게 자신에게 유리할 거라고 착각하고 있다면, 반드시 그에 상응하는 벌을 받을 것이다.

30분이 안 돼 돌아온 홈스는 한숨을 쉬며 팔걸이 의자에 털썩 주저앉았다.

"대사관 일은 어떻게 되었나?"

홈스는 손에 얼굴을 파묻으며 신음소리를 냈다.

"재수가 없었어, 왓슨. 하긴 그 전에 벌어진 일을 생각하면 이상한 것도 아니지. 첫째, 처음 침입한 흔적을 발견했을 때, 대사와 관계자들이 같잖게 형사 흉내를 냈다는 거야. 그리고 다음 날엔 프랑스 경찰이 몰려와 두 번째 현장조사를 했는데 그때도 건진 게 없었다지. 그러니까 그제야 대사가 런던 경찰을 불렀다네. 그러자 이번엔 레스트레이드 경감의 부하들이 영국이 사건 해결에 열심이라는 것을 프랑스인들에게 보여줄 양으로 건물을 거의 분해하다시피 해놓았지. 그 다음에야 날 부를 생각을 한 거야. 망할, 코끼리 떼가 세 번 연속 날뛰고 지나간 자리에서 쥐새끼 흔적을 찾으라는 얘기 아닌가!"

난 한숨을 쉬었다.

"그런데 레스트레이드 경감은 그게 단순강도 사건일 뿐이라고 확신하고 있는 게로군. 홈스, 그 사건은 자네가 맡을 성질의 것이 아니라고 말하게."

"나도 레스트레이드 경감이 맞다고 생각해, 왓슨. 용의자 두 명을 벌써 감금해 놓았지. 그런데 프랑스 대사는 곧 죽어도 이 사건이 단순 강도사건이 아니라는 거야. 비밀 문서 사본을 가져가고는 그걸 눈가림하려고 강도로 위장한 거라고 믿고 있더군. 내가 연루된 건 마이크로프트 형이 부탁했기 때문이네. 형은 이 사건을 즉시 해결하지 않으면 양국 관계가 악화될 거라고 생각하는 거지. 그 이상은 자네에게도 말할 수 없어."

"홈스, 정말 단순 강도사건이었나?"

"의심의 여지가 없네. 레스트레이드 경감은 자기랑 똑같이 생긴 부하들을 두고 있더군. 그 두 녀석이 얼마나 멍청한지, 그 건물이 대사관이라는 것도 몰랐다는 거야. 그래서 범인 체포 영장까지 발부했다지. 그래서 러드와 존슨이라는 사람을 구속했네. 러드는 전직 권투선수였는데 상대편 선수에게 얻어맞기만 해서 이젠 권투를 그만둔 사람이고, 존슨이란 사람은 행상인인데 정직하게 물건을 팔아선 도저히 먹고 살 수 없는 사람이라네. 정말 아이러니컬한 건 말이야, 런던의 제일 가는 그 멍청이 둘이 정말 엄청난 일을 저질렀다는 거야."

"그렇게 멍청하다면 둘 중 한 명이라도 취조 중에 벌써 털어놨을 텐데? 혐의가 확실히 드러나지 않았던 모양이지?"

홈스는 세차게 도리질했다.

"어리석은 사람이라고 과소평가하지 말게, 왓슨! 영리한 사람이 말실수를 할 수는 있어도, 우둔한 사람은 고집 세게 입만 다물면 그만이야. 둘 다 상습범이네. 그런데도 멍청한 낙관주의자는 자백만 기다리는 거고."

그때 또다시 노크 소리가 들렸다. 그제야 나는 아까 왔던 대위 얘기를 깜빡 잊었다는 것을 깨달았다. 하지만 내가 입을 열기도 전에 홈스가 벌떡 일어나 문을 열었다.

"홈스 씨이십니까? 전 왕립 제7경기병대 소속 헨더슨 대위입니다. 얼마 전 앤드루스라는 병사의 군사재판에 출석해 사형을 면케 해주셨다고 들었습니다. 저도 얼마 안 있어 군사재판을 받게 됩니다."

홈스는 그에게 의자를 권했다.

헨더슨 대위가 20명을 죽였다는 것을 떠올린 나는 부지깽이를 집어 벽난로를 뒤적이는 척하다가 의자 옆에 슬쩍 세워두었다.

홈스는 헛기침을 했다.

"대위님, 이 친구의 실례를 용서하십시오. 이 친군 한여름에도 벽난로를 뒤적이곤 하지요. 그런데 무슨 죄로 피소되셨습니까?"

"부하 20명을 죽게 한 혐의를 받고 있습니다."

난 내가 너무 경솔하게 부지깽이를 집었다는 생각이 들었다.

"정말 죄를 저질렀습니까?"

"잘 모르겠습니다."

홈스가 뭐라 대답하기도 전에, 내가 침을 튀기며 말했다.

"대위님, 전 의사입니다. 기억상실증에 대해선 잘 압니다. 기억상실증이 실제 있기는 하지만 대단히 드문 일입니다. 거의 없지요. 막연히 기억나지 않는다고 주장하면, 누가 대위님 얘기를 믿어주겠습니까."

헨더슨은 차분한 눈으로 나를 바라보았다.

"기억이 나지 않는다는 얘기가 아닙니다. 그 사건은 아주 정확히 기억하고 있습니다. 실제로 사람이 죽었고, 순전히 제 결정에 따라 그렇게 되었습니다. 하지만 제 결정이 정말 부주의한 것이었는지, 아니면 단순히 운이 없기 때문이었는지 모르겠습니다. 전 그게 궁금한 것입니다."

홈스는 내게 조용하라는 손짓을 하고는 몸을 앞으로 내밀었다.

"자세히 말씀해 보십시오."

홈스의 태도가 대위를 안심시킨 것 같았다. 하지만 그 순간 바깥에서 커다란 굉음이 들렸다. 흔한 소리였지만, 그 소리가 헨더슨에게 미친 여파는 상상을 초월하는 것이었다. 벌떡 일어나더니 소파 뒤에 엎드려 손으로 머리를 감싸고는 부들부들 떠는 것이었다.

홈스는 창가로 달려갔다.

"술 나르는 마차가 돌에 부딪힌 것뿐입니다."

내가 브랜디를 따르는 동안 홈스는 대위를 다시 의자에 앉혔다. 처음으로 그 젊은 대위가 안됐다는 생각이 들었다. 나는 아프가니스탄에서 그냥 겁쟁이라고 하기엔 심각한 정신질환자들을 많이 보았다. 눈앞에서 사람들이 죽어나가는 것을 너무 많이 본 병사들은 정신질환에 걸려 손이 마비되기도 하고 사람을 향해 총을 쏠 수도 없었다. 또 바로 옆에서 폭탄이 터지는 것을 목격한 병사 중에는 그 충격으로 기억력이나 시력을 잃는 경우도 있었다.

헨더슨은 브랜디를 단숨에 비우더니 이내 이야기를 시작했다.

"저희 연대는 얼마 전 동인도에서 귀환했습니다. 그곳에선 마우라스라고 하는 부족 때문에 산발적인 전투가 끊이지 않는다는 걸 두 분도 알고 계실 겁니다. 사고 당시, 저는 며칠째 소대를 이끌고 정찰 중이었습니다. 당시 폭도들에겐 변변한 무기가 없었는데, 여러 지방에서 북쪽으로 중장비를 공급한다는 소문이 나돌아 확인차 떠난 것이었습니다. 우린 바아르 계곡이라고 하는 늪지대를 지나갔습니다. 그곳의 높은 산에서는 북쪽을 한눈에 볼 수 있습니다."

그는 주머니에서 반듯하게 접은 종이 한 장을 꺼내 대충 그린 지도를 보여주었다.

"초저녁이 다 되어 주둔 명령을 내리려 한 순간, 상병 하나가 북쪽 벼랑 끝에서 무언가 움직이고 있다고 외쳤습니다. 망원경을 설치하고 렌즈를 들여다봤을 때, 전 심장이 멎는 것 같았습니다. 엄청나게 큰 대포를 끄는 말과 긴 반란군 행렬이 보였던 것입니다. 소문은 사실이었습니다. 하지만 그보다 더 무서웠던 것은 여러 부분으로 나뉘어 운반 중인 거대한 대포였습

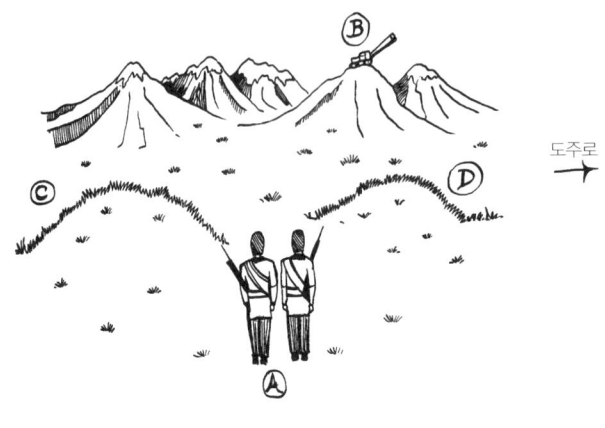

비아르 계곡

니다. 오래 전부터 50킬로그램이 넘는 대포알을 발포한다는 소문이 있었습니다. 그 대포의 이름은 '빅 버사'라고 했습니다."

"이상하군요! 제가 10년 전 아프가니스탄에서 복무할 때도 똑같은 이름의 대포 소문이 있었는데요."

홈스는 빙그레 미소를 지었다.

"빅 버사는 세상에서 제일 큰 대포를 가리킬 때 흔히 쓰는 별명이었네. 진짜인지 상상인지 알 순 없지만."

"정말로 있었습니다. 대포를 봤다고 뭐 대수냐 하실는지 모르겠지만, 상상을 초월할 정도로 컸습니다. 그때 적군이 동요하는 게 보였습니다. 말을 세우고 사람들이 내리더니 몇 명이 우리 쪽을 가리키는 것이었습니다. 몇 분 간 그들을 보고 있던 우리 존재가 발각된 것입니다. 제 망원경 렌즈에 햇빛이 반사되어 우리 존재가 드러난 것 같았습니다."

"툭 트인 벌판이라 쉽게 눈에 띄었겠지요."

홈스가 위로하듯 말했다.

"그럴지도 모릅니다만, 어쨌든 우린 위기 상황에 처했습니다. 늪지대에서는 빠르게 이동할 수도 없고 적군은 대포를 갖고 있으니, 전멸할 게 틀림없었습니다. 하지만 다행히 대포를 조립하는 데에는 시간이 많이 걸리고 해가 빠르게 지고 있었습니다. 하지만 새벽이 되면 게임이 끝나는 건 시간 문제였습니다.

당시 벌판에선 빠져나갈 가망이 없었습니다. 하지만 서둘러 이동하면 닿을 수 있는 거리에 작은 언덕 두 개가 있었습니다. 여기 지도에 C와 D라고 적어놓은 게 그 언덕입니다. 이름도 없는 작은 언덕이지만, 밤이 될 때까지 적의 무기로부터 우릴 안전하게 가려줄 정도는 됐습니다. 하지만 문제는 빅 버사였습니다. 높은 곳에서 쏜 그 대포 한 알이면 언덕 뒤에 숨은 우리들은 단번에 전멸할 테니 말입니다."

"절망적이었겠군요."

내가 말했다.

"그렇지 않습니다! 커다란 대포의 가장 큰 단점은 연속해서 발포할 수 없다는 것입니다. 한 번 포를 쏘면 포신이 너무 뜨거워져서, 다시 쏘려면 몇 시간 동안 식혀야 합니다. 손이 많이 가는 과정입니다. 사실 빅 버사는 실제 전쟁터에서의 이용 가치보다는 그 크기 때문에 선전효과가 높은 것입니다.

다음날 새벽이면, 우린 한쪽 언덕에 몸을 숨길 테고 적은 어느 언덕에 우리가 숨었는지 모를 것입니다. 해가 지기 전까지는 빅 버사를 한 번 쏠 시간밖에 없었습니다. 적군은 어느 언덕을 맞출 것인지 계산할 것입니다. 문제는 우리가 어느 언덕에 몸을 숨기느냐는 것이었습니다. 선택할 시간이 많지 않았습니다. 완전히 어두워질 때까지는 우리가 어느 쪽으로 갈 것인지 적에게 들키면 안 되니 말입니다. 전 선임하사와 이 점에 대해 의논했습니다. 전 제멋대로 명령만 내리는 군인은 아닙니다."

"동전던지기를 하지 그러셨습니까. 어느 언덕이든 상관없었으니까요. 왈가왈부 논쟁만 해선 소용없는 일이 아닙니까. 똑같은 두 건초더미 중 어느 쪽으로 먼저 갈지 결정하지 못해 가운데서 굶어죽었다는 당나귀 꼴이 될지도 모르는데요."

내 말에 헨더슨은 고개를 저었다.

"생각만큼 두 언덕이 똑같은 것은 아니었습니다. D 언덕은 벌판 끝 가까이 있었습니다. 우리가 D 언덕에 숨고 빅 버사가 다음 날 아침 우리에게 날아오지 않는다면, 밤 사이 무사히 빠져나와 안전하게 귀대할 수 있습니다. 반대로 C 언덕에 숨는다면, 빅 버사를 피한다 해도 안전은 보장되지 않습니다. 상황은 우리에게 유리할 수도 불리할 수도 있었습니다. 예를 들어 해가 빨리 지면 아무것도 보이지 않아 적이 포를 못 쏠 수도 있지만 그 사이 적군의 지원부대가 올 수도 있었습니다. 미래는 언제나 불확실합니다. 대강 말하자면 이렇습니다. C 언덕에 숨고 빅 버사의 포탄을 피한다면, 우리의 생존확률은 50퍼센트입니다. 반대로 D 언덕에 숨고 빅 버사에 맞지 않는다면, 생존확률은 100퍼센트였습니다."

"그렇다면 D 언덕에 숨는 게 현명한 선택이었겠군요."

헨더슨은 나를 경멸하는 듯한 눈길로 바라보았다.

"하지만 그 지방 지형을 잘 아는 부족민들도 D 언덕이 우리 쪽에서 볼 때 유리하다는 걸 알고 있을 것입니다. 그래서 그들이 D 언덕에 포를 날릴 것 같았습니다."

"그렇다면 C 언덕에 숨는 게 옳았겠군요."

"박사님, 군사 전력의 첫 번째 가르침이 적을 얕보지 말라는 것입니다. 전 부족민도 우리 생각을 예상하고 C 언덕에 포를 쏠지 모른다고 생각했습니다."

"그렇다면 역공을 해야죠. 부족민이 그 정도로 계산이 빠르다고 생각했다면, D 언덕으로 가면 되는 거 아니었습니까. 밤 사이 무사히 빠져나갈 수도 있으니 말입니다."

홈스가 미소를 지으며 입을 열었다.

"하지만 부족민들도 똑같이 예상한다면 그땐 어떻게 하겠나? 자넨 계속 쳇바퀴를 돌고 있네. 그렇게 생각해서는 아무 결정도 내리지 못하지."

헨더슨은 고통스러운 듯 머리를 흔들었다.

"운명의 그날 밤도 선임하사와 똑같은 논쟁을 벌였습니다. 그는 C 언덕으로 가자고 했고, 전 D 언덕으로 가자고 했습니다. 딱히 결정을 내리지 못했습니다. 게다가 빅 버사를 조립하는 것이 보였습니다. 프로이센에서 만들고 독일인들이 공급한 것이 틀림없었습니다. 독일 무기가 가는 곳이라면 독일 병사가 동행하고 있을 것입니다. 그리고 분명히 프로이센 병사가 대포를 조준할 것입니다. 영국군보다 군사 전략과 전술을 훨씬 제대로 교육받은 이들이 말입니다. 그 병사는 나무랄 데 없는 논리로 어느 언덕을 조준할지 결정할 것입니다. 제가 그 논리를 파악할 수만 있다면, 그의 결정을 예측할 수 있다면, 우린 전원 살아남을 수 있었을 것입니다! 하지만 논쟁을 거듭할수록 결정을 내리기는 더욱 힘들어졌습니다.

나중엔 박사님이 말씀하셨던 것처럼 동전을 던져보려고도 했습니다. 하지만 병사들의 목숨을 책임지고 있는 제가 그렇게 무책임하게 결정한다는 건 비겁한 짓 같았습니다. 동전에 제 결정을 맡길 수는 없었습니다. 전 선임하사의 의견을 무시하고 D 언덕으로 가서 새벽이 될 때까지 숨어 있었습니다.

다음 날 정오가 될 때까지 적군으로부터는 아무런 기색도 보이지 않았습니다. 그런데 정오가 지난 직후, 귀를 찢을 듯 엄청나게 큰 천둥소리가 들렸습니다. 빅 버사를 발포한 것입니다! 실제로는 겨우 몇 초밖에 안 되는 그 짧은 시간이 몇 시간처럼 길게 느껴졌습니다. 무서웠습니다. 그리곤 휘파람 소리 같은 것이 처음엔 희미하게 들리다가 점점 커지고 빨라지고, 쐐

액……"

헨드슨은 손에 얼굴을 파묻은 채 어깨를 부들부들 떨었다. 홈스는 헨더슨의 잔에 브랜디를 더 따라 손에 쥐어주었지만, 그는 손을 내저었다. 잠시 후 다시 진정되었다.

"무시무시한 정적이 흘렀습니다. 처음엔 폭발소리 때문에 아무것도 들리지 않았습니다. 청력이 회복되는 데 며칠이 걸렸지요. 제 주위엔 시체가 널려 있었습니다. 형체를 알아볼 수 없을 만큼 산산조각 난 시체가 사방에 흩어져 있었습니다. 적은 우리보다 한 수 위였습니다. 포탄이 우리 한가운데 떨어진 것이었습니다. 그런데 무슨 요행인지, 저만 살아남았습니다. 처음엔 저도 죽고 싶었지만, 부대로 돌아가 보고해야 할 의무가 있다는 것을 상기하고는 그날 밤 귀대했습니다."

"그런데 당신 말을 믿어주지 않았습니까?"

홈스가 물었다.

"아니오, 믿어주더군요. 제게 탈영죄를 덮어씌우는 사람도 없었습니다. 하지만 그보다는 가볍지만 그래도 중죄에 해당하는 직무태만으로 기소되었습니다. 저보다 계급이 낮긴 해도 나이도 많고 경험도 많은 선임하사의 충고를 무시한 저의 무모한 행동 때문에 병사들이 떼죽음을 당했다는 것이었습니다. 제 군사재판은 내일 열립니다. 유죄판결을 받으면 잘해야 강등이고 못하면 불명예 제대일 것입니다."

그는 홈스의 눈을 들여다보았다.

"선생님, 제 결정에 대해 책임을 회피하고 싶진 않습니다. 제가 정말 무모했다면, 그 벌을 달게 받겠습니다. 하지만 의문이 계속해서 뇌리에서 떠나질 않습니다. 미칠 것 같습니다. 내가 정말 무모한 행동을 한 것일까? 아니면 그저 운이 나빴던 것일까? 전 순교자가 아닙니다. 운이 없었던 것뿐이라면 군사재판은 패배에 대한 희생양 찾기에 지나지 않습니다. 어떻게 생각하면 좋을지 모르겠습니다. 전 철학자나 수학자가 아니라서 잘 모르겠지만, 셜록 홈스 씨라면 이 문제를 간단히 해결해 주실지 모른다는 생각이 들었습니다."

홈스는 몸을 일으켜 그의 어깨를 다독였다.

"사건을 맡겠습니다. 재판이 언제 열립니까? 화요일 트라팔가 광장 옆에 있는 옛 해군본부에서요? 알았습니다. 변호인측 참고인 명단에 제 이름을 올리십시오. 자신을 가지십시오. 당신 편에 서겠습니다."

하지만 헨더슨을 배웅하고 돌아와 보니, 홈스는 근심 어린 표정을 짓고 있었다.

"이보게, 홈스! 자넨 요 몇 달 간 논리와 확률 문제를 기막히게 잘 풀어 날 놀라게 했으니 이 문제도 쉽게 풀겠지?"

"아닐세, 왓슨. 우리가 지금까지 풀었던 문제는 자연이 설정한 확실한 확률 문제였네. 자연은 헤아릴 수 없을 만큼 신비해도 사악하지는 않아. 그래서 비교적 쉽게 계산할 수 있었지. 하지만 지금은 분석할 수도 없고 선택의 논리를 혼란시키려고 작정한 머리 좋은 적군과 대결하고 있는 셈이네. 이 게임의 법칙은 너무 어려워."

"어릴 때 놀이가 생각나는 걸."

내가 생각에 잠겨 말하자, 홈스가 궁금한 듯 눈썹을 치켜세웠다.

"한 아이가 조개껍질 두 개 중 하나에 사탕을 숨기면 다른 아이가 맞추는 거 말이야. 난 형편없었어. 보통은 내가 사탕을 숨겼지. 속임수는 없었던 것 같은데, 이상하게도 내가 전에 숨겼던 조개에 다시 숨기든, 다른 데 숨기든 아이들이 기막히게 잘 맞추더라구. 내 마음을 읽는 것처럼 말이야."

홈스는 빙그레 미소를 지었다.

"별 다른 실수가 있었던 게 아니라면, 아마 자네가 쉽게 예측할 수 있는 사람이기 때문이었을 거야. 지금 와서 충고해 봤자 소용없겠지만, 차라리 동전던지기로 정했다면 좋았을 걸 그랬군."

"아까 헨더슨 대위가 말했던 것처럼 결정을 그런 식으로 하는 건 좀 바보 같다는 생각이 들었거든."

"절대로 그렇지 않네, 왓슨. 마담 젤다의 사건에서 아무렇게나 고른 숫자가 얼마나 형편없는지 봤잖아. 무심코 일종의 패턴에 빠지기 때문이지. 예측당하지 않기 위해선 외부의 도움을 받아 완전히 무작위가 돼야 하네. 역설적으로 동전을 던지는 게 가장 논리적일 수 있다는 거지!

하지만 이번 사건은 그보다 훨씬 복잡하다네. 헨더슨은 어떻게 해야 했을까? 경험이 많은 선임하사의 육감에 따라야 했을까? 결국 동전을 던져야 했을까? 그 답을 알 수 있다면 좋겠네. 아니, 끼어들지 말게. 이 문젠 해결하기가 몹시 힘들군. 집중해서 생각해야 하니 날 방해하지 말고 혼자 내버려두게."

식사시간을 알리는 종이 울렸는데도 홈스가 모습을 드러내지 않아 위층에 올라가보았다. 그는 어두운 표정으로 의자 팔걸이를 손끝으로 천천히 두드리며 가만히 허공을 응시하고 있었다. 앞에 놓인 종이에는 간단한 표가 그려져 있었다.

		H	
		C	D
M	C	0	100
	D	50	0

C냐 D냐?

"좀 진전이 있었나 보군. 이게 무슨 뜻인지는 모르겠지만 말이야."

종이를 가리키자, 홈스는 공허한 눈빛으로 올려다보았다.

"아닐세, 왓슨. 그건 그냥 네 가지 가능성을 그려놓은 것뿐이야. 세로줄은 헨더슨의 선택을, 가로줄은 마우라스 족의 선택일세. 헨더슨이 어둠 속에 몸을 숨기기 위해 C나 D를 선택할 수 있었다면, 마우라스 족은 C와 D에 대포를 겨눌 수 있었다는 거지. 숫자는 병사들의 생존 가능성이고, 양쪽 다 C나 D를 택하면 생존확률은 0이네. 그럼 소대는 몰살하는 거야. 헨더슨이 D를, 마우라스 족이 C를 선택했다면, 생존확률은 100퍼센트이고, 헨더슨이 C를, 마우라스 족이 D를 골랐다면, 생존확률은 50대 50이지."

그는 서글픈 듯 고개를 저었다.

"이 표는 말도 안 되게 단순해. 하지만 어느 정도는 이 속에 수수께끼의 답이 있을 걸세."

"최소한 조금은 진전이 있었던 거로군. 점심을 들면서 잠시 머리를 식히면 머리가 더 잘 돌아갈 걸세. 어쨌든 앤더슨 재판처럼 사람 목숨이 걸린 건 아니잖아."

"어떤 의미에선 죽고 사는 문제와 다를 게 없어, 왓슨. 젊은 남자란 자존심이 강해서 치욕스러운 일을 겪고 나면 자살을 할 수도 있네. 게다가 내가 이 문제에 집착하는 이유가 또 있어. 언젠가 나도 헨더슨처럼 이런 딜레마에 빠진 적이 있었던 느낌이 들더군. 분명히 나도 이런 기분을 느낀 적이 있었는데, 무슨 일이었는지 기억이 나질 않았지. 그러다 드디어 생각났네."

그는 표를 가리켰다.

"헨더슨의 H와 마우라스 족의 M을 홈스의 H와 모리어티 교수의 M으로 바꿔 생각해 보게. 무슨 생각 안 나나?"

나는 어리둥절한 눈으로 도표를 들여다보았다.

"왓슨, 몇 년 전 런던에서 도버로 도망쳤던 거 기억하나? 그때 내가 모리어티 교수로부터 완전히 벗어나기 위해선 이 나라를 뜨는 수밖에 없었네. 그래서 프랑스행 배를 타려 했지."

"그런데 모리어티는 특급열차를 빌려 자넬 따라갔지. 자넬 잡기만 하면 죽이려고 말이야. 그 일을 어떻게 잊을 수 있겠나!"

"다행히 내가 탄 특급열차는 도중에 캔터베리에 정차했지. 난 얼마 못 살더라도 그곳에 내려 이 나라를 떠나지 않기로 결심했네. 모리어티도 도버로 갈 줄 알았으니까. 모리어티와 내가 둘 다 같은 종착지를 택한다면, 난 죽은 목숨이었네. 내가 도버로 가고 그가 캔터베리로 가면, 난 살 수 있었지. 내가 캔터베리에 가고 그가 도버에 간다면, 확률은 50대50이었네." — 그는 도표를 가리켰다. — "H를 홈스로, M을 모리어티로, C를 캔터베리로, D를 도버로 바꿔보게. 그날 내가 겪었던 것과 아주 똑같은 딜레마 아닌가. 모리어티는 명석한 수학자였어. 그가 철두철미한 논리로 캔터베리와 도버 중 하나를 택하리라 생각했지. 그때 내가 어떻게 종착지를 결정했는지 아나, 왓슨? 바로 동전던지기였어!"

"그때 자네가 동전던지는 건 못 봤는데."

"그럴 필요가 없었지. 그냥 주머니에 손을 넣은 채 처음 손에 잡힌 동전을 만져봤을 뿐이니까. 나는 손가락 끝이 무척 예민해서 눈으로 보지 않고도 동전의 어느 쪽인지 알아맞힐 수 있거든. 그때 뒷면이 나왔기 때문에 캔터베리로 간 거지. 자네에게 아무 말 말고 내 결정을 믿어 달라고 말한 것도 그게 얼마나 마구잡이로 결정됐는지 말하고 싶지 않아서였어."

나는 걱정이 되어 그를 바라보았다.

"정말 힘들었어. 하지만 이제 옛날 일 아닌가. 자네는 캔터베리를, 모리어티는 도버를 선택했고, 결국 그는 라이헨바흐 폭포에서 오래 전에 죽은 시체로 발견되지 않았나. 그러니 그 일은 잊어버리고 가서 식사나 하게. 아니, 이렇게 부탁하네. 불규칙한 식사는 건강에 치명적이야."

"고맙지만 사양하겠네. 헨더슨이 부하들이 죽은 게 자신의 판단 착오 때문인지 운이 없기 때문인지 알고 싶어 애태우는 만큼 나도 진실을 알고 싶어. 내가 지금까지 살아남을 수 있었던 게 판단을 잘 했기 때문일까, 아니면 그저 운이 좋았기 때문일까? 그 해답을 정확히 알아낼 때까지는 마음이 편할 것 같지 않아."

전에도 그런 홈스를 보았던 나는 수심에 잠겨 방을 나섰다. 왕진을 마치고 돌아와보니, 홈스는 아까와 똑같은 자세로 자욱한 담배연기 속에서 수척하고 창백한 얼굴로 앉아 있었다. 모리어티 교수에게 쫓기던 악몽 같은 나날이 다시 떠오른 게 틀림없었다.

"홈스, 생각만 너무 많이 하면 좋지 않아. 친구로서 하는 충고를 듣지 않겠다면, 의사로서 하는 충고라도 듣게. 나는 힘든 일이 닥치면 부끄러워하지 않고 그 분야의 전문가에게 물어본다네. 자네도 그리 하게. 자넨 탐정이지 수학자가 아니지 않은가."

홈스는 무표정한 얼굴로 나를 바라보았다.

"누구한테 물어보면 좋겠나, 왓슨?"

"글쎄, 마이크로프트 형님은 어떨까? 정부에서 일하니, 하루 종일 숫자놀음을 할 텐데."

홈스가 얼굴을 찌푸렸다. 난 그가 형에게 도와달라고 하는 걸 얼마나 싫어하는지 알고 있었다. 형제끼리 일종의 라이벌 의식 같은 게 있었던 것이다. 나는 재빨리 이렇게 덧붙였다.

"마이크로프트 형님은 자네한테 주저 없이 프랑스 대사관 사건을 도와달라고 하지 않았나."

화가 난 듯한 홈스의 매서운 눈빛에 난 온몸이 굳어버릴 것 같았다. 하지만 그는 갑자기 머리를 젖히고 웃음을 터뜨렸다.

"아, 왓슨, 정말 대단해! 자네의 상식은 정말 훌륭해! 형에게 가서 무슨 소릴 하는지 들어보고 오겠네."

홈스는 생각보다 빨리 돌아왔다. 그의 손에는 '디오게네스 클럽 도서관'이라는 도장이 찍힌 커다란 가죽양장 책 한 권이 들려 있었다.

"마이크로프트 형은 쓸데없는 말은 절대 안하지. 이 책을 읽어보라 하더군."

그는 늘 그렇듯 엄청난 속도로 책장을 넘겼다. 마이크로프트가 군인 클라우제비츠의 고전 작품 같은 군사전략 책을 빌려준 것 같아 속으로 무척 흡족했다. 잠시 후 홈스는 종이에 숫자를 갈겨쓰기 시작했다. 드디어 그가 책을 덮었다. 책표지에 적힌 《게임 이론》이라는 제목이 보였다.

"홈스, 자네 정말 왜 이러나! 헨더슨 사건을 해결하고 있는 줄 알았더니, 이런 도박 책이나 보면서 빈둥거리다니."

따끔하게 한마디 하는 나를 홈스는 부드러운 눈으로 바라보았다.

"도박과는 관계 없는 책인데."

"그럼 동전던지기에 대한 건가?"

"아, 책제목을 보고 오해했나 보군. 각종 도박을 수학적으로 분석한 게임 이론도 있지만, 이 게임 이론은 그보다 더 진지한 내용이라네. 특히 상대방을 이겨야만 하는 경쟁 상황에 응용할 수 있는 전술책이야. 그런 상황을 제로섬zero-sum게임이라고 하지. 사업세계나 전쟁에서 흔히 벌어지는 일이야."

"그러면 그 책이 무슨 도움이 됐나?"

"아주 많이. 문제는 헨더슨이 언덕 두 개 중 하나를 선택해야 했다는 거였어. 하지만 분명히 논리만으로는 결정할 수 없었지. 자신의 행동을 적에게 예측 당해선 안 되었으니까. 적들은 어느 정도 무작위적이었고.

아까 내가 그린 도표는 잘못된 거야. 거기엔 그에게 두 가지 선택밖에 주어지지 않았다고 되어 있으니까. 하지만 답이 그 안에 있을 거라고 생각했네. 난 가로세로 줄을 너무 조금 그린 거였어. 그 사이에 존재하는 또 다른 가능성은 무시하고 말이지. 헨더슨이 진짜 선택해야 했던 건 **전술**이라네. C 언덕이 아니라 D 언덕으로 가기 위해 얼마 만큼의 **확률**을 배정해야 할지

헨더슨이 D로 갈 확률

	6/6	5/6	4/6	3/6	2/6	1/6	0/6
6/6	0	8	17	25	33	42	50
5/6	17	21	25	29	33	37	42
4/6	33	33	33	33	33	33	33
3/6	50	46	42	38	33	29	25
2/6	67	58	50	42	33	25	17
1/6	83	71	58	46	33	21	8
0/6	100	83	67	50	33	17	0

마우라스족이 D를 노릴 확률 (왼쪽 세로 레이블)

헨더슨의 생존확률(%) C냐 D냐?

선택해야 했다는 의미에서 말이야.

그 내용을 표로 만들면 이렇게 되네. 헨더슨이 주사위를 굴려 결정했다고 가정해 보세. 주사위를 던지기 전에 어떤 면이 C 언덕인지 D 언덕인지 결정하겠지. 세로줄 7개가 헨더슨이 선택할 수 있는 전술들이네. 그가 몇 개나 되는 주사위 면을 D로 결정했는지에 따라 D 언덕으로 향하는 데에는 6분의 0부터 6분의 6까지의 확률을 배정할 수 있네.

물론 마우라스족은 그의 생각을 예측하려 할 걸세. 또 그들 역시 헨더슨에게 예측당하지 않도록 무작위로 전술을 선택해야 하지. 마우라스족도 주사위를 던져 결정한다고 가정해 보세. 그러면 표의 가로줄은 마우라스족이 쓸 수 있는 전술들을 가리키네. 그들이 빅 버사를 C가 아니라 D 언덕으로 조준할 확률이지."

나는 복잡한 표를 슬쩍 쳐다보았다.

"헨더슨은 생존확률이 가장 높은 세로줄을 선택하고 싶을 걸세. 반대로 마우라스족은 그의 생존확률을 최소화할 수 있는 가로줄을 선택하겠지. 여기서 게임 이론가들이 좋아하는 미니맥스Minimax 개념이 나오는 거야. 우린 최저값이 가장 높은 세로줄을 찾아봐야 하네."

나는 손가락으로 세로줄을 하나 하나 짚어보았다.

"첫 번째 세로줄에서는 최저값이 0이군. 두 번째에서는 8, 세 번째는 17, 네 번째는 25, 다섯 번째는 33, 여섯 번째는, 어라, 또 17이군. 그리고 일곱 번째는 0이네. 그러면 헨더슨은 다섯 번째 세로줄을 골라야 되겠군. 그럼 D 언덕으로 갈 확률이 1/3이고, C 언덕으로 갈 확률은 2/3이네."

"이번엔 마우라스 족의 전술을 말해 보게. 당연히 마우라스족은 헨더슨의 최대 생존확률을 최소화하고 싶겠지."

나는 가로줄을 살펴봤다.

"마우라스족은 세 번째 줄을 골라야 하네. 그럼 D 언덕을 노릴 확률은 2/3이고, C 언덕을 노릴 확률이 1/3이군."

"맞았어, 왓슨! 둘 다 그렇게 했어야 했네. 훨씬 확실하지 않나?"

"글쎄, 난 도무지 무슨 소린지 알 수 없는 걸. 너무 복잡해서 말이야. 동전던지기를 해도 똑같은 결과가 나오나?"

"표를 보게, 왓슨. 그 경우는 3/6이라고 적힌 가로줄과 세로줄을 선택한 것에 해당하네. 그러면 헨더슨의 생존확률은 38퍼센트지. 헨더슨에겐 괜찮은 확률이지만, 마우라스족에겐 아니야. 그러니 마우라스족이 이런 선택을 했을 리 없네."

나는 고개를 끄덕였다. 그런데 그 순간 좀 더 복잡한 생각이 떠올랐다.

"홈스, 적이 뛰어난 게임 이론가라면, 자네가 도표대로 움직이든 아니든 아무 소용이 없는 것 아닌가. 자네가 그랬어야 한다고 했던 것처럼, 마우라스족이 세 번째 가로줄을 선택했다 쳐도 헨더슨의 행동과는 아무 관계 없지 않나. 그 줄에 있는 확률이 모두 33퍼센트니 말이야. 마찬가지로 헨더슨이 다섯 번째 세로줄을 선택했다 해도, 마우라스족의 전술과는 관계가 없네. 둘 다 게임 이론에서 벗어난다면 또 몰라도 말이야."

나는 잠시 생각하다가 다시 들떠서 말했다.

"파수꾼의 역설과 조금 비슷하군. 바다에 있는 모든 배는 대서양 한복판에 있다 해도 다른 배와 충돌하지 않도록 계속해서 망을 봐야 하네. 하지만 사실 다른 배들이 모두 법을 지켜 제대로 망을 본다고 생각하면, 다른 배가 우리 배를 피할 테니까 내가 망을 보든 안 보든 상관이 없지."

그때 홈스가 내 말을 가로챘다.

"다른 배의 선장도 똑같이 생각할 때까지는 그렇겠지. 아닐세, 왓슨. 한 번은, 아니 여러 번은 그런 식으로 충돌을 피할 수 있을 걸세. 하지만 자네의 선택이 완전히 무작위적이지 않다는 걸 적이 눈치채면, 그땐 끝장이네. 만약 다음 세계 대전에서 영국군이 치밀하게 계산해야 할 때 동전던지기로 결정한다면, 적이 우위를 차지할 걸세.

쉬운 예를 들어볼까. 우리가 런던에서 동쪽으로 쫓기던 때를 생각해 보게. 모리어티와 내가 캔터베리와 도버 중에서 하나를 선택해야 했던 때 말이네. 모리어티는 우리 둘 다 똑똑하고 내가 게임 이론을 안다고 가정했을 걸세. 그래서 그는 주사위를 던져 내가 도버로 가는 데 2/3의 확률을 주었고, 실제로 그랬네. 하지만 사실 나는 게임 이론을 무시하고 동전을 던졌어. 그 결과 네 번째 세로줄을 골랐지.

물론 모리어티가 내가 게임 이론을 몰라 동전을 던졌다고 추측했을 수도 있네. 그렇다면 그는 틀림없이 도버를 선택했을 걸세. 내가 게임 이론을 모른다고 모리어티가 확신했다면, 주사위를 던진 결과가 아니라 첫 번째 가로줄을 선택한 결과에 따라 도버에 갔겠지. 백 퍼센트 확신을 갖고 말이야. 그러면 내 생존가능성, 즉 미니맥스는 겨우 25퍼센트밖에 안 돼. 3분의 1이 아니라 4분의 1이었단 말이지."

"홈스, 그야 알 수 없지. 결국 자넨 캔터베리로 가서 살아남았잖아. 모리어티는 이미 죽었으니 어떤 근거로 도버를 선택했는지 말을 못하고 말이야. 그거야 아무도 모르는 일 아닌가."

홈스는 나를 보고 있었지만, 정확히 말하면 나를 바라보는 게 아니었다. 그의 시선은 내 등 너머 한없이 먼 어딘가를 향해 있었다.

"그럴까, 왓슨? 챌린저 호와 여러 물리학자들이 뒷받침해 주고 있는 양자 이론의 다차원적 실재관 기억나나? 우리가 사실은 실재가 무한하게 펼쳐지는 다차원 세계에 살고 있다는 논리 말이야."

나는 어깨를 으쓱했다.

"그 논리가 그럴 듯했다는 건 기억나네만, 지금도 그 생각만 하면 골치가 지끈지끈 아파."

"그 경우 캔터베리로 가는 길에 동전을 던졌던 진짜 홈스는 엄청나게 많은, 그러나 무한하지는 않은 수의 분신을 만들어냈네. 거기서 내가 주사위를 굴렸다면 그 분신들의 3분의 1은 살았을 걸세. 하지만 동전을 던졌기 때문에 지금 존재하는 건 내 분신의 4분의 1뿐이야."

나는 한동안 홈스처럼 벽난로를 바라보며 철학적 세계관에 대해 생각했지만, 도무지 무슨 소린지 알 수 없었다. 마침내 벽시계가 나를 현실의 지금 이 자리로 되돌려 놓았다.

"그럼 헨더슨은 유죄가 되겠군. 최선의 전술을 택하지 않았으니까."

"정반대네. 내 증언이 그의 무죄를 입증해 줄 테니까."

"뭐라고! 어떻게?"

"대영제국은 군인들이 모두 용감하고 지적이라고는 생각해도, 불가능한 일을 기대하진 않네. 내가 증인석에 서서 나, 이 셜록 홈스가 비슷한 상황에서 올바른 결정을 내릴 수 없었다고 증언하면, 아무도 그의 유죄를 입증하지 못할 거야."

그는 한숨을 쉬며 조간신문에 손을 뻗었다. 1면을 차지하고 있는 프랑스 대사관 사건 기사에는 '셜록 홈스, 런던 최고의 명청한 도둑을 놓치다'라는 제목이 달려 있었다.

"달리 어쩔 도리가 없어. 언론은 분명 신이 나서 날 웃음거리로 만들겠지. 엄청난 비난도 쏟아질 테고. 신께선 내게 겸손함을 가르치고 싶으신가 보네."

주말이 되자 셜록 홈스의 예언은 모두 사실로 드러났다. 헨더슨은 무죄 판결을 받았고, 주간지들은 홈스를 잔인할 만큼 비웃었다. 그중에서도 열등생이란 이름표를 단 셜록 홈스가 형사 뒤에 앉아 있는 《메신저》지의 1면 시사만화는 너무하다 싶을 정도였다. 다행히 홈스가 아직 아침 식사를 하러 오기 전이라, 나는 얼른 《메신저》를 지난 신문 밑에 숨겨놓았다.

그런데 홈스가 막 자리에 앉으려 한 순간 문이 벌컥 열렸다. 그의 눈이 휘둥그레졌다. 돌아보니 마이크로프트였다.

"잘 잤니, 홈스. 네가 지난 번 사건 때문에 마음 고생을 하는 게 아닌가 걱정했단다. 신문은 지나치게 편파적이더구나. 신문이 그러면 쓰나!"

마이크로프트가 묘한 미소를 지으며 외투 주머니에서 꺼낸 것이 내가 몰래 감춰둔 바로 그 시사만화였다.

기사를 읽은 홈스의 얼굴은 무표정했지만, 속으로는 충격받았다는 것을 난 알 수 있었다. 하지만 침착하게 마이크로프트에게 의자를 권하고 커피를 따라주었다.

"형이 절 놀리려고 일요일 아침 이 시간에 여기까지 오셨을 리는 없고, 대체 무슨 일입니까? 프랑스 대사관 사건이 여전히 오리무중인가요?"

"아니다. 그냥 유야무야되었단다. 외교 사태가 늘 그렇지, 뭐. 하지만 덕분에 재미있는 일이 일어났단다. 너한테 고맙다고 인사하려고 온 거야."

홈스는 어리둥절한 표정을 지었다.

"저한테 고맙다고요? 무슨 일로?"

"네가 직접 나섰는데도 프랑스 대사관 사건이 해결되지 않기에 유죄를 입증할 만한 방법이 없을까 궁리하던 중이었거든. 그런데 요전 날 네가 찾아왔을 때 게임 이론이 떠오르더구나. 답은 멀리 있지 않았지. 내가 생각해도 난 너무 대단해. 공범이 있는 사건이라면 얼마든지 자백받아낼 아주 간단한 방법을 생각해 냈단다!"

홈스가 눈을 치켜떴다.

"굉장하군요. 형, 자세히 얘기해 보세요."

마이크로프트는 주머니에서 눈에 익은 표를 꺼냈다.

"존슨과 러드를 예로 들어보자. 이 두 사람은 같이 짜고 저지른 강도사건으로 현재 구속되어 있지. 분명 유죄판결을 받고 각각 한 달 형을 받을 게다. 하지만 일반 강도사건과 달리 프랑스 대사관 사건은 훨씬 심각한 문제라, 확실한 증거만 찾으면 1년 형을 받을 수도 있어. 하지만 범행 일체를 자백하고 공범을 대면 감형된다는 건 너도 알 게다."

"얼마나 감형됩니까?"

내가 물었다.

"상황에 따라 천차만별이오. 보통은 20퍼센트지. 하지만 체포되지 않았을지도 모르는 공범을 대면, 완전 감면받을 수도 있소. 즉각 석방되는 거요.

난 러드와 존슨을 다른 경찰서에 구류시켜 놓았소. 둘이 연락을 취하지 못하도록 말이오. 존슨은 바인 가 경찰서에, 러드는 바우 가 경찰서에 있소.

존슨을 만나러 갔는데, 둘 중에 조금 더 똑똑해 보이더군요. 그는 공범과 똑같이 한 마디도 입을 열지 않고 있었소. 난 가벼운 강도사건의 범인은 한 달 형을 받을 게 틀림없다고 얘기했소. 그도 알고 있더군. 하지만 대사관 강도사건이 그의 소행이라는 게 드러나면, 한 달이 아니라 열두 달 형을 받을 거라고 했소. 그 다음 판사에게 미리 허락받은 미끼를 던졌지요. 존슨이

		러드	
		침묵	자백
존슨	침묵	존슨=1 러드=1	존슨=12 러드=0
	자백	존슨=0 러드=12	존슨=10 러드=10

강제 자백

범행을 자백하고 공범을 댔는데 러드가 계속 범행은 부인하면, 존슨은 석방되고 러드만 1년 징역을 선고받을 거라고 말이오. 또 둘 다 범행을 자백하면, 둘 다 징역을 살아야 하지만 자백한 대가로 열두 달이 아니라 열 달로 감형될 거라고 솔직히 얘기해 줬소.”

"저라면 자백하지 않겠습니다. 자백을 안하는 게 둘 다에게 좋은 거 아닙니까."

마이크로프는 내 말에 고개를 끄덕였다.

"그렇게 말하는 게 당연하오, 박사. 하지만 셜록은 박사보다 한 발 앞서 생각하고 있을 거요. 존슨에게 또 다른 얘기를 했지. 존슨이 볼 때는 두 가지 시나리오가 있을 수 있소. 러드가 범행을 자백하고 자기가 공범이라는 것을 얘기하거나, 그렇지 않거나. 하지만 어느 쪽이든 존슨은 자백하는 게 훨씬 유리하오. 표를 보시오. 러드가 자백하지 않을 경우, 존슨은 자백을 하면 바로 석방이오. 반대로 러드와 존슨이 모두 자백하지 않으면 한 달 형을 선고받지요. 한편 러드와 존슨이 모두 자백하면 열두 달에서 열 달로 감형받을 수 있소. 그러니 러드가 어떻게 하든 존슨은 자백을 하는 게 논리적으로 유리한 거요.

난 존슨에게 생각해 보라고 얘기한 다음, 바우 가로 가서 러드를 만났소. 러드는 존슨보다 멍청해 보였지만, 어쨌든 존슨에게 했던 얘기를 반복했소." 마이크로프트는 헛웃음을 지었다.

"조금 영악하지만 정말 대단한 방법 아니오? 둘 다 자백하지 않는다면, 양쪽 다 10배의 이익을 볼 수 있소. 열 달이 아니라 한 달밖에는 징역을 살지 않으니까 말이오. 하지만 어느 쪽이든 조금만 더 논리적으로 생각한다면, 자백을 할 수밖에 없소! 다음 날 난 범행 일체를 자백받을 거라고 자신하며 둘을 찾아갔소."

셜록 홈스가 빙그레 미소를 지었다.

"그래 어찌 됐습니까?"

마이크로프트가 갑자기 화를 버럭 내며 주먹으로 탁자를 내리쳤다. 그 바람에 커피가 쏟아졌다.

"아무도 자백하지 않더구나! 둘 다 기막힐 정도로 멍청해서 이렇게 간단한 논리조차 생각하지 못하는 게 문제였지. 논리적으로 따지면 다른 사람이 어떻게 하든 둘 다 자백하는 게 좋은데, 실제로는 아무도 자백을 안 한 거야."

"그런데 왜 저한테 오신 겁니까?"

"셜록, 그건 말이다, 네가 첨단 지식에 대해선 나보다 아는 게 별로 없지만," 그러면서 마이크로프트는 시사만화를 톡톡 쳤다. "나보다 잘하는 게 한 가지 있기 때문이지. 넌 머리 나쁜 사람들에게 설명을 아주 잘하잖아. 가끔 이 왓슨 박사한테도 난해한 얘기를 정확히 이해시킬 정도로 말이다."

마이크로프트의 머리가 좋다는 건 나도 인정하지만, 어쩌면 이렇게 셜록 홈스와 다를까 싶었다. 또 한 번 그는 내가 좋아할 수 없는 위인이라는 생각이 들었다.

셜록은 고개를 끄덕였다.

"형을 도와드릴 수 있어서 기쁘군요. 서로 돕고 사는 게 좋지요. 한 시간 후에 왓슨과 함께 바우 가로 가겠습니다. 거기 가면 저보다 설명을 더 잘해

줄 사람이 있을 겁니다."

"강도끼리 신의를 지킨다는 건 옛날 얘기에나 나오는 줄 알았는데, 러드와 존슨이 그랬다니 좀 놀랐어. 강도짓으로 먹고살긴 해도 자기네들끼리는 도덕이라는 게 있는가 보지? 마이크로프트의 묘책도 쓸모 없게 만들 만큼 말이야."

내 말에 셜록 홈스는 콧방귀를 뀌었다. 기분이 좋아보였다. 약속 장소로 가는 길이었다.

"난 그렇게 생각하지 않네, 왓슨. 마이크로프트 형처럼 머리가 좋은 사람들도 단편만 보느라 큰 그림을 못 본다는 게 훨씬 놀라운 일이지. 문제는 전체적인 맥락에서 볼 때만 의미 있는 거야. 형만 그런 게 아닐세. 형이 빌려준 책을 보니, 세계적으로 위대한 수학자들도 현실과 동떨어진 추상적이고 공허한 게임 이론을 만들어내려고 노력하다가 아주 뒤늦게 자신들의 오류를 깨달았더군."

우린 몇 분 일찍 도착했다.

난 거기서 똑똑한 젊은 형사를 만날 거라고 생각했다. 하지만 홈스는 그저 입구에서 자기 이름을 대고 러드와의 면회를 예약할 뿐이었다. 약속 시간이 되자 마이크로프트가 나타났다.

"형, 형님과 다른 이론가들이 저지른 실수는 오래 전부터 '죄수의 딜레마'라고 부르던 것이었습니다."

홈스는 경찰서 복도를 걸어가며 아무렇지 않게 말했다. 마이크로프트는 어리둥절한 표정으로 돌아보았다.

"존슨과 러드가 형을 마친 후, 각자 다른 식민지로 이송돼 죽을 때까지 다시는 만나지도 못하고 영국에서 저질렀던 과거가 비밀에 부쳐진다는 것을 안다면, 진짜 딜레마에 빠질 겁니다. 하지만 그런 일은 절대 일어날 리 없습니다. 게임 이론가들은 '한 판' 벌리는 사람들이 속임수를 쓰면 이익을 볼 게 뻔한데 왜 사기를 치지 않는지 이해하지 못할 때가 많습니다. 문제는 도박판이 평생 한 번 벌어지는 일이 아니라는 점입니다. 사업가는 생계를 유지하기 위해 똑같은 상대와 거래를 하는 일이 많지요. 어떤 사람을 속이면 다시는 그 사람과 거래를 하지 못합니다. 더구나 믿을 수 없는 사람이라는 낙인이 한 번 찍히고 나면, 아무도 그와 가까이 하려 하지 않을 테지요. 그래서 사업가는 정직하게 장사하는 겁니다. 그건 윤리의식 때문이 아니라 자기 이익을 위해서입니다. 범죄도 마찬가지예요. 어떤 강도가 동료를 밀고했다면, 공범뿐 아니라 나중에 손잡게 될 다른 사람들도 그를 멀리할 겁니다. 소문은 발 없는 말처럼 빠르니까요."

마이크로프트는 눈살을 찌푸린 채 생각에 잠겨 있다가 조심스레 말했다.

"그러니까 네 말은, 반복적인 상황을 따져야 하는 계산은 한 번으로 끝나는 상황과는 다른 최선의 선택을 할 거라는 말이구나."

솔직히 나는 어안이 벙벙해 눈만 꿈뻑거릴 뿐이었다. 대체 이게 무슨 소리란 말인가. 셜록 홈스는 면회실 문을 열었다.

"맞습니다, 형. 그리고 이 방엔 그 얘길 누구보다 잘 설명해 줄 사람이 있습니다. 러드 씨, 마이크로프트 형님은 벌써 만나셨지요?"

몸집이 큰 러드는 수상쩍다는 눈으로 우릴 바라보았.

홈스는 천천히, 참을성 있게 말했다.

"러드 씨, 전 당신을 속이려는 게 아닙니다. 당신은 유죄판결을 받지 않을 겁니다. 그리고 지금 이 자리에서 당신이 무슨 말을 하든 법정에서 불리하게 작용하지 않을 겁니다. 형에게 왜 동료를 밀고하려 하지 않는지 설명해 주십시오."

러드는 방관만 하는 마이크로프트를 조금은 재미있다는 표정으로 바라보며 천천히 입을 열었다.

"그가 여기서 나가면 내 목을 날릴 게 뻔하기 때문이오."

"정말 애석한 일일세, 왓슨. 샤덴프로이데Schadenfreude! 그게 바로 인간의 본성일 거야."

셜록 홈스가 뜬금없이 내뱉었다. 다소 돌아가기는 하지만 볼거리가 많은 리젠트 공원을 지나 베이커 가로 돌아가는 길이었다.

"뭐라고? 샤덴, 뭐?"

"다른 사람의 불행을 보고 좋아하는 것을 가리키는 독일 말일세. 영국 사람들은 위선적이라 그런 감정을 표현하는 영어단어가 없지만, 다른 나라 말엔 그런 표현이 있지. 중국 속담도 생각나는군. 대강 번역하면, '사랑하고 존경하는 죽마고우가, 온 마을 사람이 보는 가운데 진흙탕에 미끄러져 벌렁 드러누운 것을 보는 것만큼 재미있는 일은 없다.'"

그는 주머니에서 자기가 저능아 이름표를 달고 있는 시사만화를 꺼내 슬픈 눈으로 바라보았다.

"영국인들이 날 존경한다고 생각했는데. 오늘 이 만화를 보고 무척 재미있어 했겠지. 마찬가지로 나도 수학자들을 조롱하고 싶군. 특히 마이크로프트 형을 말이야. 런던 최고의 멍청이가 런던 최고의 석학에게 강연하는 모습, 재미있지 않나! 그걸 보니 구겨진 내 자존심이 조금은 회복되는 것 같더군.

하지만 완전히 회복된 건 아닐세. 외국 문화에 대해 얘기하다 보니, 얼마 전 새로 생긴 가게 생각이 나는군. 최고급 와인을 수입해 파는 가게인데, 이 길로 가다보면 나올 걸세. 거기 가서 슬픔 따윈 잊어버리세, 왓슨. 허드슨 부인이 기다리다 못해 우리 밥을 고양이에게 던져준 대도 하는 수 없지!"

10 불쌍한 관찰자

"왓슨, 가끔씩 난 자네가 우리의 체험담을 책으로 펴내지 않았으면 좋겠네! 이게 뭔지 아나? 자네가 《스트랜드》지에 화이트브리지 후작과 마담 젤다 사건을 낸 다음, 이런 편지를 한두 통 받은 게 아닐세."

나는 셜록 홈스가 내민 빽빽한 종이를 살펴보았다. 워익에 사는 블렌킨숍 소령은 자신이 포커를 치다가 친구가 하룻밤에 두 번이나 로열 플러시를 잡는 바람에 큰 돈을 잃었다면서, 그게 순전히 우연인지, 아니면 친구한테 속은 건지 알고 싶다는 것이었다.

"홈스, 난 그 친구가 의심스러운 걸. 그런 일이 일어날 확률은 굉장히 낮지 않나!"

"사실이네, 왓슨. 로열 플러시를 한 번 잡을 확률은 어림잡아 65만분의 1밖엔 안 되니까."

"그렇다면 당장 친구를 고발하라고 말하게."

"너무 성급히 굴지 말게, 왓슨. 솔직히 실제로 그런 일이 일어났다는 게 좀 의심스럽네. 하지만 우리 나라의 전문 포커 플레이어가 몇 명이나 되는지 생각해 보게. 우리 나라에서 한 해 벌어지는 도박이 총 10억 회는 될 거야. 평범한 플레이어가 하룻밤에 65번 도박을 한다고 가정해 보자구. 로열 플러시를 두 번 잡을 확률은 약 1억분의 1이네. 우리 나라에 일주일에 평균 이틀 도박을 하는 포커 플레이어가 4백만 명이라고 가정하면, 소령이 겪은 일은 일 년에 약 네 번 정도 일어날 수 있는 일이지. 자네의 소설 덕분에, 난 전국적으로 그런 사건을 보고받고 있는 셈이네. 그러니 기이한 도박 얘기를 하는 편지를 받아도 그리 놀랍지 않아. 사실 그런 일이 아예 없다는 게 더 이상하겠지.

이 얘기는 불가능을 계산할 때 관찰자의 상황을 어떻게 고려해야 하는지 가르쳐주고 있어. 블렌킨숍 소령이 볼 땐 하룻밤에 로열 플러시를 두 번이나 잡았다는 게 대단한 일이지만, 내가 볼 땐 별일이 아니야. 따지고 보면 수백만 명의 블렌킨숍 소령이 있지만, 포커를 하는 보통 사람들은 그 사실을 내게 알리지 않을 뿐이지!"

나는 홈스의 설명을 듣고 마음이 놓였다. 친구를 사기죄로 고발해 스캔들을 일으킬 것인가 말 것인가라는 딜레마에 빠진 양심적인 소령이 상상되었기 때문이다.

"그렇다면 의심할 필요가 없군."

난 기분 좋게 말했다. 하지만 홈스는 고개를 저었다.

"그건 지나친 생각이네. 포커 사기는 흔치 않지만 로열 플러시가 사기일 가능성은 높아. 자료를 좀 더 봐야 블렌킨숍 소령의 친구가 진짜 속임수를 쓴 건지 아닌지 판단해 볼 수 있겠네. 그렇게 편지를 쓸 생각이네."

그날 늦게 퇴근하는데 허드슨 부인이 현관에서 나를 불러 세웠다.

"실례합니다, 박사님. 한 신사분이 박사님이나 홈스 씨를 급히 뵈어야 하겠다고 오셨습니다."

"그래요? 그분 성함이 뭡니까?"

"롤먼 씨예요. 바넘 롤먼 씨."

"착각하셨나 보군요, 허드슨 부인. 롤먼 씨가 여기 오셨을 리 없어요."

내가 미소를 지으며 조용히 말하자, 부인은 불쾌하다는 듯 허리에 손을 얹었다.

"왜 제가 착각했다고 하시는 거죠, 왓슨 박사님?"

"1년 전에 제 두 눈으로 그가 호텔 바닥에 죽어 있는 걸 똑똑히 봤으니까요!"

그때 등뒤에서 목소리가 들렸다.

"하지만 저 여기 있는데요, 박사님."

묘하게 떨리는 듯한 미국식 억양의 그 목소리는 롤먼 씨가 틀림없었다. 어찌나 놀랐는지 그만 펄쩍 뛸 뻔했다. 하지만 내 뒤엔 노인의 유령이 아니라 웬 젊은 남자가 현관 한쪽 구석에 서서 모자를 벗고 있었다.

"전 바넘 롤먼 2세입니다. 미국의 사업가 집안에서는 아들에게 아버지의 이름을 붙이는 경우가 많지요. 선생님께서 아버지를 도와주셨다고 알고 있습니다. 이번엔 제가 홈스 씨의 충고를 들으러왔습니다."

나는 그것 보라는 듯한 허드슨 부인의 얼굴을 애써 외면한 채 롤먼을 데리고 위층으로 올라가 의자를 권했다.

"홈스는 외출 중입니다. 무슨 문제인지 말씀해 보십시오. 제가 도와드릴 수 있을지도 모르니까요."

그는 고개를 끄덕였다.

"아버지께서 돌아가신 다음, 전 곧바로 아버지의 사업체를 물려받았습니다. 전 제 식대로 기업을 운영하려고 했지만, 제대로 관리하기가 힘들더군요. 제 생각이지만 전에는 뉴욕 지사를 꽤 잘 운영했습니다. 그런데 1만 명의 직원을 거느린 세계적인 기업을 운영하는 건 1천 명 남짓한 지사를 관리하는 것과 상당히 다르더군요. 예전엔 부서마다 직접 돌아다닐 수도 있고 직접 연락할 수도 있었는데, 지금은 그게 불가능하니까요."

전에도 이런 이야기를 들은 적이 있었다. 사촌 제임스의 이야기와 거의 똑같지 않은가. 얼마 전 제임스를 만나 사양길에 있던 택시 회사를 되살렸을 뿐 아니라, 아버지가 운영했던 때보다 훨씬 크게 번창하고 있다는 소식을 들었다. 나는 그때 홈스가 제임스에게 들려줬던 이야기를 똑똑히 기억하고 있었다. 홈스의 도움 없이도 나 혼자 사건을 해결할 수 있음을 증명할 기회가 생겨 마음이 들떴다.

"그런 문제라면 제가 도와드릴 수 있을 것 같군요. '푼돈 아끼려다 큰 돈 잃는다.'는 속담이나 우선 투자의 오류, 그리고 마부의 오류 같은 얘길 들어보셨는지 모르겠습니다."

롤먼은 비웃는 듯한 눈길로 날 바라보았다.

"그런 건 소싯적에 이미 배웠습니다."

그 말을 들은 순간, 문이 열리고 귀에 익은 목소리가 들려와 마음이 놓였다.

"왓슨, 두 대륙에 걸쳐 수십 가지 사업을 하는 대기업 문제는 일개 마차 회사의 문제와는 차원이 다르네!"

홈스는 의자에 앉아 제일 좋아하는 파이프에 담배를 넣으며 롤먼에게 고개를 끄덕였다.

"말씀 계속하십시오. 뉴욕 지사를 잘 운영하셨다고요?"

"감히 제 입으로 말해도 된다면, 그렇습니다."

"천 명이나 되는 직원을 관리하셨다면 위임 방법은 벌써 알고 계실 텐데, 그래도 만 명을 관리하는 건 힘드셨나 보지요?"

롤먼은 고개를 끄덕였다.

"물론 일을 분담하긴 했습니다. 하지만 제가 직접 아는 사람에게 위임했지요. 전 모든 일을 제 눈으로 직접 조사하고 확인했습니다. 어떤 문제가 있으면 바로 눈치챌 수 있었지요. 하지만 지금은 제가 큰 규모의 결정을 내리지 못한다는 게 아니라, 기본 정보가 없다는 게 문제입니다. 그렇다고 자료가 없다는 뜻은 아닙니다. 원하기만 한다면 파묻힐 정도로 자료는 많습니다. 하지만 그 자료를 의미 있게 추려낼 재간이 없어요. 보고서와 숫자만으로는 실제로 어떤 일이 일어나는지 알아낼 수 없는 것이지요."

"자신을 너무 혹사시키는 것 아닌가요. 새로운 직책을 맡으면 어느 정도 적응기간이라는 게 필요한 법입니다. 부친께서는 틀림없이 회사의 각 부서에 능력 있는 경영자를 임명하셨을 겁니다. 사태를 정확히 파악할 때까지는 그 사람들에게 맡기고 천천히 당신 방식대로 운영하면 되지 않을까요?"

내 말에 롤먼은 고개를 흔들었다.

"아니요, 박사님. 그렇게 여유 부릴 만한 상황이 아닙니다. 큰 조직에는 선체에 붙어 있는 갑각류처럼 조직을 갉아먹는 거짓말쟁이와 부패한 기생충이 있게 마련입니다. 그런 종자는 싹부터 없애야 합니다. 그렇지 않고 내버려뒀다간 엄청난 문제가 터질 겁니다. 중심체계가 흔들린다는 기미가 조금이라도 보이면, 지사장들은 일제히 사기를 칠 겁니다. 그러면 배가 침몰하는 건 순식간이지요. 문제를 빨리 파악하지 못하면 아버지가 이룬 사업체는 금방이라도 몰락할 겁니다."

그는 애처로운 눈으로 홈스를 바라보았다.

"홈스 씨, 선생님이 이런 일은 안 맡으신다는 거 압니다. 하지만 제가 부탁드리는 이유는 이게 저만을 위한 것이 아니기 때문입니다. 제 사업 목표는 두 가지입니다. 하나는 물론 사업을 더 확장하고 많은 이익을 남기는 것이지요. 하지만 제가 바라는 또 한 가지는 직원들에게 더 나은 대우를 해주는 것입니다. 현재 경영진들은 높은 봉급을 받고 있지만, 일반직원들은 말도 안 되게 낮은 임금을 받고 있지요. 그 불균형을 어느 정도 바로잡고 싶습니다."

홈스는 생각에 잠겨 고개를 끄덕였다.

"도와드릴 수 있을 것 같군요. 어떤 문제가 있다고 생각하시는지 예를 들어 말씀해 보십시오."

롤먼은 무기력하게 손을 내저었다.

"어디서부터 시작해야 좋을지도 모르겠습니다. 하나하나 따지고 보면 대수롭지 않은 일 같아서 말이죠. 컨트리 클럽을 예로 들어보겠습니다. 의심스럽긴 하지만 솔직히 진짜 문제인지, 막연히 제 상상일 뿐인지 확실하지도 않습니다."

"말씀해 보십시오."

"컨트리 클럽은 아버지가 새로 세우신 계획이었습니다. 돌아가실 때까지도 공사 중이었지요. 아버진 뉴욕 사업가들이 사냥이나 낚시, 사격 같은 취미활동에 돈을 아낌없이 쓴다고 생각하셨습니다. 그래서 뉴저지에 커다란 클럽과 호텔을 짓고 계셨지요. 그 부대시설 중 하나가 잉어 천 마리를 풀어놓은 커다란 연못인데, 그중 5백 마리는 눈에 쉽게 띄는 금색입니다. 낚시를 못하는 사람도 고기 몇 마리는 잡을 수 있도록 말입니다. 하지만 좀 더 실력 있는 낚시꾼들도 스릴을 맛볼 수 있도록 나머지 5백 마리는 눈에 잘 안 띄는 검은색 잉어를 풀어놓았습니다. 검은 색이 훨씬 비싸긴 하지만, 아버진 무릇 일은 완벽하게 해야 한다고 하셨지요.

연못을 만든 하청업자가 좀 의심스럽습니다. 제가 직접 관리했다면 잉어를 수송할 때 꼼꼼히 확인했을 겁니다. 진짜 천 마리인지 세어봤겠지요. 하지만 제가 가보았을 때는 벌써 잉어를 모두 풀어놓은 상태였습니다. 두 가지 방법으로 속았을 것 같더군요. 하나는 잉어가 모두 천 마리여야 하는데 그보다 적을지 모른다는 거고, 또 하나는 반 이상이 값싼 황금색 잉어일지 모른다는 것이었지요. 직접 배를 타고 연못에 가보았더니, 검은색보다는 황금색이 더 많이 보였으니까요."

홈스는 고개를 가로저었다.

"그건 제대로 봤다고 할 수 없지요. 황금색이 쉽게 눈에 띄니까요. 차라리 그렇게 하지 말고—"

"전 그렇게 바보가 아닙니다, 홈스 씨. 그래서 표본조사라는 걸 해보았습니다. 직원 둘에게 밤에 낚시하라고 시켰습니다. 깜깜하면 아무것도 보이지 않아서 황금색인지 검은색인지 모르고 잡을 테니까요. 그들이 잡은 고기는 백 마리였고, 대략 반 정도가 진짜 검은색이었습니다. 그래서 의심을 증명할 길이 없었지요."

"그러다 잉어가 죽거나 다치지는 않았습니까?"

"전혀요. 게다가 일단 잡은 잉어에는 지느러미에 조그맣게 표시한 다음, 다시 안전하게 돌려보냈습니다. 표시를 해두면 같은 잉어를 다시 잡았을 때 알 수 있으니까요. 연못의 잉어가 진짜 천 마리인지 아닌지 알 수 있는 방법이 없을까요? 표본조사로는 안 되더군요. 천 마리를 모두 잡거나 연못 물을 다 빼지 않고 확인할 수 있는 방법을 도무지 모르겠습니다."

홈스가 미소를 지었다.

"아니요, 표본조사로 계산할 수 있습니다, 롤먼 씨. 그러면 일도 반으로 줄어들지요."

롤먼은 믿을 수 없다는 눈으로 홈스를 바라보았다.

"잉어를 백 마리 잡아서 표시를 해두었다고 하셨지요. 그러면 어느 정도 시간이 흐른 뒤 표시한 잉어가 다른 잉어들과 섞일 겁니다. 그러면 다시 사람을 보내 다시 백 마리를 잡도록 하는 겁니다.

연못에 진짜 천 마리가 있다면, 그중 10퍼센트에 표시가 되어 있을 겁니다. 따라서 잡힌 잉어의 10퍼센트에도 표시가 있겠지요. 반대로 5백 마리밖에 없다면, 그중 20퍼센트에 표시가 되어 있을 테고, 두 번째로 잡은 고기 중 20마리에 표시가 되어 있을 겁니다."

"이제야 무슨 말씀인지 알겠습니다, 홈스 씨!"

"역으로 생각해 보면 됩니다. 그 방법은 동물학자들이 오랫동안 고심해서 생각해 낸 것입니다. 야생 동물의 숫자를 계산하는 가장 확실한 방법이지요. 전 세계 바다에 살고 있는 물고기를 계산할 때도 이 방법을 씁니다."

롤먼은 의자 깊숙이 눌러 앉으며 한숨을 내쉬었다.

"말씀하신 대로 지시하겠습니다. 그런데 더 까다로운 문제가 또 있습니다." 롤먼은 머릿속을 정리하느라 말을 그쳤다가 잠시 후 입을 열었다. "세계 각국의 지사 상황을 직접 파악하려고 몇 달 간 각국을 둘러보아야겠다고 결심했습니다. 그런데 문제가 있었지요. 제가 시찰한다는 걸 직원들 모르게 하고 싶습니다. 사람은 높은 사람이 지켜본다는 걸 알고 있으면 평소와 다르게 행동하는 경향이 있으니까요. 관찰자가 있으면 관찰당하는 사람의 행동이 달라지는 법이지요."

"물론입니다. 양자물리학의 관찰자 문제와 비슷하군요."

홈스는 롤먼의 어리둥절한 눈길을 의식하고는 계속하라는 손짓을 했다.

"미국 어딜 가든 사람들은 제가 누군지 쉽게 눈치챌 겁니다. 하지만 대서양 반대편에선 저를 알아보는 사람이 거의 없지요. 아버지께선 런던에서 커다란 사업체 두 개를 운영하셨습니다. 바넘 상점과 새로 나온 버스 회사가 바로 그것입니다."

나는 깜짝 놀랐다. 그 버스가 짧은 간격으로 베이커 가를 오고가는 걸 자주 보았으면서도 그게 롤먼의 사업체라고는 상상도 못했던 것이다. 또 바넘에서 가끔 물건을 산 적도 있었다. 그 대형상점은 소형에서 대형에 이르기까지 갖가지 크기의 다양한 물건을 갖춘 것으로 유명했다. 하지만 그 상점의 가장 큰 특징은 독특한 셀프서비스 쇼핑 방법이었다. 종업원의 도움을 받지 않고 손님이 자유롭게 상점을 돌아다니면서 특수 제작된 바구니에 물건을 담는다. 장을 다 보고 나면, 1층으로 내려가 계산대 앞에서 줄을 서서 계산한다. 언뜻 후진 상점 같이 들릴지 모르겠지만, 난 대단히 편리한 방법이라고 생각했다. 참견하기 좋아하는 점원 때문에 나 같이 내성적인 남자들은 지레 겁을 먹고 쇼핑을 싫어했던 것이다.

"버스는 예상보다 수익이 적었습니다. 혁신적이고 투기성 짙은 사업이었으니 그리 이상한 일도 아니지요. 그보다는 바넘의 수익까지 급격히 감소하고 있다는 게 더 큰 일이었습니다. 둘 중 어떤 쪽에 전념할지 결정하기 전에, 버스와 상점을 몰래 둘러보면서 실상을 파악하려 했습니다. 아무도 절 알아보지 못하도록 가명을 써서 배를 탔지요. 또 그저 그런 호텔에 투숙할 때도 똑같은 가명을 썼습니다.

다음 날 골더스 그린에서 핵크니까지 운행하는 버스를 시찰했습니다. 바로 이 집 앞을 지나가는 차지요." 그러면서 그는 미소를 지었다. "백만장자가 그런 운송수단에 탄 건 제가 처음일 겁니다. 수수한 옷을 입고 직원 모자를 깊숙이 눌러쓴 다음, 동쪽으로 가는 마블 아치 정류장에서 차를 기다렸습니다.

그런데 무려 20분이나 기다려야 차가 와 조금 실망했지요. 차는 골더스 그린에서 20분마다 출발하기로 되어 있습니다. 하지만 무슨 이유 때문인지 한참만에 오는 것이었습니다. 어쩌면 그저 운이 없었는지도 모르지요. 그래서 그날 오후 다시 버스를 기다려보았습니다. 그런데 이번엔 무려 30분이나 기다려야 하더군요! 오기가 나서 확실한 통계 표본을 만들 때까지 계속 차를 타고 왔다갔다했지요.

차가 실제로 20분마다 운행된다면 승객은 평균 10분만 기다리면 됩니다. 예기치 못한 사태가 벌어진다 하더라도 하루 운행되는 버스 수는 일정하니, 버스를 기다리는 평균 시간에는 차이가 없어야 합니다. 한 번은 오래 기다린다 해도 다음 차는 금방 올 테니까요. 그런데 직접 정류장에서 기다려보니 평균 30분은 기다려야 하더군요. 예상보다 무려 3배가 긴 시간이었습니다.

맨 처음 드는 생각은 지사장이 버스를 조금만 운행하고 있는 게 아닌가 하는 것이었습니다. 버스 대수를 줄여 수백 명의 시민들은 빗속에 서 있게 하고 혼자서 차액을 챙기는 게 아닐까 싶더군요. 확인차 종점인 골더스 그린에 가보았습니다. 그런데 놀랍게도 버스는 진짜 20분마다 출발하는 것이었습니다.

그 다음에 드는 생각은, 버스가 시간 맞춰 종점에서 출발하기는 하지만 그중 몇 대는 노선대로 운행하지 않는 게 아닐까 하는 것이었습니다. 정해진 노선을 다 돌지 않고 종점으로 돌아가는 게 아닌가 했지요. 전 마블 아치 정류장에서 몰래 감시해 보기로 했습니다. 인근 커피숍의 창가 자리에 앉아 오랫동안 버스를 살펴보았지요. 그런데 그 결과가 정말 놀라웠습니다."

롤먼은 다소 오랫동안 말이 없었다.

"커피숍에서 내려다보니, 버스가 실제로 평균 20분마다 운행되는 것이었습니다. 물론 편차는 있었습니다. 때로는 두세 대가 연달아 빨리 오기도 했고, 때로는 30분 이상의 간격을 두고 오는 경우도 있었습니다만, 평균적으로 보면 1시간에 세 대가 오는 게 틀림없었습니다." 그는 씁쓸한 미소를 지었다. "하지만 제가 종업원에게 돈을 지불하고 직접 정류장에 나가보면, 평균 30분 가량을 기다려야 했습니다. 이 수수께끼 같은 일의 답은 하나밖에 없습니다." 갑자기 그가 주먹으로 탁자를 내리쳤다. "고의적으로 저를 얕잡아본 것입니다. 저를 감시하고 런던 직원들이 절 몰래 우롱한 게 아니고 무엇이겠습니까! 제가 밖으로 나와 정류장에 서 있는 게 보이면, 재빨리 그 소식을 전해서 다음 버스를 다른 곳으로 운행하거나 일부러 천천히 달리게 한 것이죠. 제게 심술을 부린 겁니다.

버스뿐만이 아닙니다. 바넘 상점에도 여러 번 들렀습니다. 물건을 갖고 1층으로 내려가 계산대에 서기 전에 줄 서 있는 사람들을 세어봤습니다. 그리곤 제일 사람이 적은 줄에 섰지요.

그런데 그때마다 짜증이 치솟더군요. 이 쇼핑 방법의 가장 큰 단점이 그겁니다. 대부분은 빨리 계산을 하고 가더군요. 물론 가끔 늦어질 때도 있었습니다. 가격표가 흐릿하다거나 고객이 지갑을 못 찾는다거나 거스름돈이 모자르다고 입씨름을 벌일 때는 그랬지요.

전 매번 제일 짧은 줄에 섰는데, 그때마다 제일 늦어졌습니다. 저와 같은 차례에 서 있던 다른 줄의 사람들보다 훨씬 늦게 계산이 끝나는 것이었습니다. 정말 속이 뒤집히더군요. 어쩌다 한두 번은 운이 나빠 그럴 수 있다고 쳐도, 매번 똑같은 일이 반복되는 건 분명히 직원들이 절 골탕먹이려고 일부러 그런다고밖에는 생각할 수 없는 것 아닙니까."

롤먼은 황당한 표정으로 셜록 홈스를 바라보았다. 홈스의 어깨가 조금씩 들썩이는 듯 싶더니, 나중엔 뒤로 넘어갈 듯 웃음을 터뜨린 탓이었다. 롤먼은 울그락불그락한 얼굴로 벌떡 일어섰다.

"세상에, 직원들에게 무시당했다고 절 그렇게 비웃으시는 거라면 단단히 실수하시는 겁니다! 홈스 씨, 당신은―"

그제야 홈스는 웃음을 가까스로 참고 달래듯 몸을 앞으로 내밀었다.

"제가 비웃은 건 당신이 아니라 우주입니다. 자연은 우리한테 못된 짓을 하곤 하지요. 당신 문제를 해결해 드리겠습니다. 하지만 몇 가지 조사할 것이 있으니 하루 정도 시간을 주십시오. 산더미 같이 자료를 갖고 계시다고 하셨지요? 내일 저녁 7시에 만납시다. 자료를 갖고 오시면 즉시 해결해 드리지요."

다음 날, 나는 젊은 산모가 고열에 시달리는 바람에 평소보다 늦게까지 일해야 했다. 7시 직전에 집에 와보니, 롤먼은 아직 도착하지 않은 상태였고 거실 바닥에는 커다란 천이 깔려 있었다. 그 아래엔 비죽비죽한 것들이 널려 있었고 바깥쪽으로는 분필로 그린 직선이 보였다.

"밟지 말게, 왓슨. 몇 시간이나 고생하면서 준비한 거야."

"알았네, 홈스. 하지만 허드슨 부인이 보기 전에 치우는 게 좋겠군. 살인 현장을 재현해 놓았나 보군. 여기 분필로 그린 선은 탄도인가?"

"틀렸어. 어, 롤먼 씨가 오는군. 설명은 한꺼번에 하겠네.

안녕하십니까, 롤먼 씨. 이 모형 실험을 하는 데 절 좀 도와주시겠습니까. 여기 있는 조약돌을 한 움큼 집어 선 위에 아무 데나 놓으십시오."

롤먼은 콧방귀를 뀌면서도 홈스가 시키는 대로 했다. 홈스는 결과를 살펴보고는 만족스러운 듯 미소를 지었다.

"좋습니다! 틀림없이 전 아무 간섭도 하지 않았습니다. 이 선은 베이커 가에 있는 우리 집 건너편 버스정류장에서의 2시간을 말합니다. 그리고 당신이 놓은 조약돌은 임의로 정류장에 도착한 사람들을 가리킵니다. 이 사람들이 버스를 얼마나 기다려야 하는지 살펴봅시다. 첫째, 완벽한 세계에서는 버스가 20분마다 온다고 가정해 봅시다."

홈스가 천을 조금 걷자 또 다른 선이 드러났다. 거기엔 가게에서 흔히 살 수 있는 1페니짜리 장난감 버스가 일정한 간격으로 놓여 있었다. 그 선에는 B라고 적혀 있었다.

"이 사람들이 얼마나 기다렸을까요?" 홈스는 주머니에서 줄자를 꺼내 허리를 숙였다. "첫 번째 사람은 약 6인치, 1인치는 이 눈금으로 1분을 가리킵니다. 두 번째는 3인치, 세 번째는 16인치, …… 그러면 예상대로 평균 10분이 되는군요. 이번엔 버스가 아무 때나 온다고 생각해 봅시다."

그는 천을 더 걷어 선 C를 보여준 다음, 롤먼에게 줄자를 건네주었다. 롤먼은 선을 따라가며 중얼거렸다.

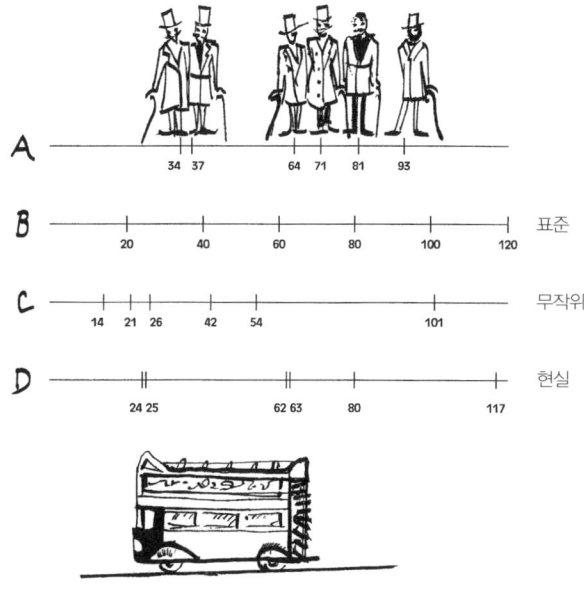

버스 기다리기

"평균 18분이군요. 홈스 씨, 어떻게 이럴 수 있죠? 줄에 있는 버스 대수는 아까와 똑같으니, 버스 간 평균 거리도 같아야 하지 않습니까."

"사실 그렇습니다. 버스 간 가장 짧은 간격은 5분이고 가장 긴 간격은 47분이지만 평균은 똑같습니다. 하지만 이렇게 생각해 보십시오. 당신이 5분 만에 오는 버스를 기다린다면, 평균 2½분 정도 기다릴 겁니다. 하지만 47분 만에 오는 버스를 기다리면, 평균 23½분을 기다려야 되겠지요. 47분을 꼬박 기다릴 수도 있습니다! 버스를 조금만 기다려도 될 확률은 겨우 10분의 1입니다. 평균은 10분보다 깁니다. 사실 수학적으로 계산해 보면, 아무렇게나 오는 버스를 기다리는 시간은 일정 간격으로 오는 버스를 기다리는 시간의 꼭 두 배입니다. 10분이 아니라 20분인 것이죠."

홈스는 천을 조금 더 걸었다. 선 D가 드러났다.

"하지만 롤먼 씨, 오늘 종일 이 방 건너편 정류장에 서는 버스의 실제 운행 시간을 기록해 보니, 단순히 아무렇게나 오는 게 아니라 아주 마구잡이로 오더군요. 버스는 두 대씩 오는 경향이 있었습니다. 짧은 간격으로 버스가 온 다음에는 한참 있다가 한 대가 오는 것이었습니다."

롤먼은 눈살을 찌푸렸다.

"대체 왜 그런 겁니까?"

"조금만 생각해 보면 아주 간단합니다. 버스가 정시에 출발했는데 한두 정거장에 승객이 없었다고 가정해 봅시다. 버스는 아무도 없는 정류장을 전속력으로 지나칠 겁니다. 그래서 앞에 가는 버스와 간격이 줄어들기 시작하지요. 앞에 가는 버스와 가까워지기 때문에 정류장마다 새로 기다리는 승객 수는 조금씩 줄어듭니다. 또 앞에 가는 버스가 승객들을 실어가기 때문에 뒤에 오는 버스가 정류장에 서지 않고 그냥 지나치는 경우도 점점 늘어납니다. 그렇게 해서 두 번째 버스는 속도가 점점 빨라지고, 버스끼리의 간격은 점점 줄어듭니다. 그래서 예정된 시간보다 빨리 도착하는 것입니다.

공학자들은 그걸 **긍정적 피드백**positive feedback이라고 합니다. 그 말이 경제분야에서는 좋은 보고서를 의미하는 것으로 잘못 사용되고 있지요. 하지만 공학자들은 부정적인 문제에 이 말을 씁니다. 정의하자면 '갈수록 커지는 모순'이지요.

똑같은 결과가 역으로 작용한다는 점에 주목해 보십시오. 버스가 조금 지체되면, 정류장마다 기다리는 승객 수는 평균적으로 더 많아집니다. 따라서 갈수록 시간이 지체되고 버스는 점점 더 뒤쳐지게 되지요."

롤먼은 홈스가 말하는 동안 바닥에 그려진 선을 줄자로 재었다.

"실제로 승객이 기다리는 평균 시간은 30분 정도 되는군요. 제가 마블 아치에서 그랬던 것처럼 말이죠."

홈스는 빙그레 미소를 지었다.

"롤먼 씨, 역설적이지 않습니까? 한 곳에 앉아 있는 관찰자는 세 경우 모두 버스 간격이 평균 20분이라고 했습니다. 하지만 버스를 타려는 관찰자는 10분보다 훨씬 오래 기다립니다. 그건 버스가 금방 올 때보다는 한참 만에 올 때 정류장에 도착할 확률이 더 높기 때문이지요."

홈스는 롤먼에게 의자를 권했다.

"전 오후 내내 버스 시간만 계산했습니다. 오전에는 이 멋진 모형 버스도 살 겸 바넘 상점에 가보았습니다. 그리고 오전 내내 계산대 앞에서 여기저기 줄도 서보았지요."

나는 이때 기침을 하며 홈스의 말에 끼어들었다.

"홈스, 그 얘기에 대해 할 말이 있네. 갑자기 생각난 건데, 자네가 오른쪽이든 왼쪽이든 옆줄을 살펴본다면, 옆줄이 자네 줄보다 빨리 움직일 확률은 3분의 2야. 하지만 바로 옆줄뿐 아니라 모든 계산대 줄을 살펴본다면, 통계적으로 계산해 볼 때 다른 줄이 자기 줄보다 빨리 움직일 리 없지 않나. 심리적인 요인 때문에 다른 줄이 자기 줄보다 빨리 움직인다고 착각하는 게 아닌가 싶어."

홈스는 고개를 저었다.

"그건 충분한 설명이 안 되네. 하지만 이 문제는 버스 문제보다 훨씬 간단히 풀 수 있지. 계산대 직원들이 모두 똑같은 속도로 계산하지 못한다는 게 일차적인 이유야. 어떤 사람은 효율적으로 빨리 계산하지만, 어떤 사람은 꾸물거리더군.

보통 상점 고객들은 이 같은 사실을 금방 눈치채네. 누가 빨리 계산하는지, 느리게 하는지 알아보는 거지. 그래서 짧은 줄에 서는 게 아니라, 계산을 빨리 끝낼 수 있는 줄에 선다네. 제일 짧은 줄이 제일 느리게 움직인다는 걸 아니까 말이야. 어쩌다 한번 상점에 들르는 사업가나 수학자들이 쇼핑의 대가들과 경쟁하게 되면 누가 이기겠나. 당연히 자주 쇼핑하는 손님들이겠지.

게다가 선택적 기억이라는 요인도 있네. 어느 날 운이 좋아 짧은 줄에 서서 계산을 빨리 끝냈다고 치세. 그런 경우엔 줄 서 있던 시간을 거의 기억하지 못할 걸세. 하지만 운이 나빠 한참만에 계산을 끝낸 날은 그 기억이 깊이 각인될 테지. 예전에 계산대 앞에 줄 서 있던 순간을 아무 때나 떠올려본다면, 오래 기다렸을 때가 더 많이 떠오를 거야. 따라서 운이 나빴던 경우가 많았다는 인상을 갖게 되는 것이지. 버스 정류장의 경우도 마찬가지네. 버스가 빨리 오는 경우보다는 늦게 왔던 일이 더 많다고 기억되는 거지."

롤먼은 한숨을 쉬며 의자 깊숙이 눌러 앉았다. 그는 한 손으로 머리카락을 쓸어올렸다. 나는 얼른 담뱃갑을 내밀었다. 그가 담배를 피우고 싶어할 것 같았다. 롤먼은 담배 한 모금을 빨고는 홈스의 눈을 들여다보았다.

"수수료는 얼마든 청구하십시오, 홈스 씨. 선생님 얘기를 들으니 안심이 됩니다. 그럼 버스를 일정한 간격으로 운행할 방법을 모색해 봐야겠군요."

"그 부분에 대해서는 드릴 말씀이 없군요."

"선생님께 제 일을 모두 대신해 달라고 할 수는 없지요. 그건 제가 직접 생각해 보겠습니다."

그는 불룩한 서류가방을 열더니 두꺼운 회계 서류 뭉치와 편지 몇 통을 내밀었다.

"자료를 가져오라고 하셨죠. 여기 있습니다. 제 문제는 수익을 많이 내자는 게 아닙니다. 제가 바라는 건 모든 직원이 공평한 임금을 받고 고객도 공평한 대접을 받는 것입니다. 가능하다면 버스 승객률이 높은게, 다시 말해 좌석이 꽉 차는 게 좋겠지만, 그렇다고 손님들을 만원 버스에 시달리게 하긴 싫습니다."

"공존할 수 없는 목표 두 개를 한꺼번에 원하시는군요. 승객이 많으면서 공간이 넉넉했으면 좋겠다니, 어떻게 그럴 수 있습니까. 버스 지사장들은 불가능한 일이라고 할 겁니다."

내가 말하자, 편지를 훑어보던 홈스가 입을 열었다.

"그건 아닐세, 왓슨. 지사장들은 런던 버스 좌석의 평균 50퍼센트가 찬다고 주장하고 있군요. 롤먼 씨, 직접 버스를 타보셨을 때도 그랬습니까?"

"사실 제가 탄 버스는 항상 붐볐습니다. 그래서 직원들이 승객 수를 줄여서 보고하고는 수익을 몰래 빼돌리고 있다는 생각이 들더군요."

"그렇게까지 생각하실 필요는 없습니다. 아시겠지만, 버스 한 대당 평균 승객 숫자와 승객 한 명이 볼 때 같은 버스에 탄 승객의 평균 숫자는 다르니까요. 버스 승객들은 그래서 혼잡하다고 느끼는 겁니다!"

롤먼은 어리둥절한 표정을 지었다.

"무슨 말씀을 하시는 건지 정확히 모르겠군요."

"좌석 수가 각각 열 개인 버스 열 대가 총 50명의 승객을 태우고 있다고 가정해 봅시다. 차량의 좌석 이용률은 50퍼센트지요. 승객들이 버스마다 골고루 분포해 있다면, 버스 한 대에 다섯 명이 탔을 것이고 승객 한 명이 느끼는 혼잡률 역시 50퍼센트일 겁니다. 승객 한 명이 좌석 두 개를 차지하는 셈이지요.

이번엔 텅 빈 버스 다섯 대와 승객이 꽉 찬 버스 다섯 대가 있다고 가정해 봅시다. 차량의 좌석 이용률은 이번에도 50퍼센트입니다. 수익도 똑같습니다. 하지만 이번엔 혼잡률은 100퍼센트입니다. 버스에 탄 모든 승객에겐 여분의 좌석이 없습니다. 텅 빈 버스는 아무에게도 득이 되지 못하고요."

"알겠습니다. 좌석 이용률에 대한 혼잡률의 최적 비율은 승객이 버스마다 고루 분포되었을 때로군요. 분포도가 고르지 못할수록 회사에도 이익이 되지 못하고 승객도 불편하다고 느끼는군요."

"그렇습니다. 롤먼 씨, 제게 주신 다른 자료에 대해 생각해 볼 시간을 주실 수 있습니까? 일주일 뒤에 뵐 수 있으면 좋겠군요."

내가 롤먼을 배웅하고 돌아오자, 홈스는 위스키를 따르고 있었다.

"한 잔 들겠나, 왓슨?"

"괜찮다면 소다를 많이 타주게."

홈스는 내 얼굴을 보고는 키득거리며 웃었다.

"왓슨, 오늘은 신나게 마시세. 이번에 처음 시도해 본 이 경영 컨설턴트 업무 덕분에 편안한 노후를 대비할 수 있을 것 같으니 말이야."

"수수료를 얼마나 받으려고? 하긴 롤먼 정도면 부르는 대로 줄 수 있겠지."

"그뿐이 아니네, 왓슨." 홈스는 바닥에 널려 있는 조잡한 모형 버스를 가리켰다. "이걸 버리지 말고 보관해야겠어. 언젠가는 상당한 돈이 될 거야."

"1페니밖에 안 되는 이 애들 장난감이? 무슨 소리야, 홈스!"

"농담 아니네, 왓슨. 모형 버스는 애들이 갖고 노는 것이지. 장난감을 부수고 망가뜨리고 잃어버리는 아이들이 말일세. 희귀한 것은 가격이 올라가는 법이야. 자네도 몇 개 사두는 게 어떻겠나."

"내가 보기엔 투자할 가치가 전혀 없네, 홈스."

"판단하기 나름이겠지. 어쨌든 지식은 재산보다 훨씬 소중한 거야. 자네가 지난 며칠 동안 얘기한 사건의 공통점에서 교훈을 얻었다면 그렇게 말하진 않을 걸세."

나는 우리가 얘기한 사건들을 손가락으로 하나하나 꼽아보았다.

"이상한 카드 도박 편지, 연못의 물고기 수, 버스 기다리는 시간, 계산대에서 줄서는 시간······. 홈스, 이 얘기 사이에 무슨 공통점이 있다는 거야?"

"있네, 왓슨. 그 얘기들은 모두 통계자료 수집과 관찰자의 한계, 즉 관찰 **방법**, 관찰 **위치**, 관찰 **대상**의 결정 등과 관련 있어. 이 요인들을 모두 기억하지 않는다면 세상을 전체적으로 볼 수 없다네."

생각에 잠겨 소다수를 조금씩 마시던 나는 한참 후에 입을 열었다.

"양자물리학에서 말하는 관찰자 문제와 비슷한 건가?"

"아니야. 양자물리학에서는 관찰이 관찰당하는 방식에 영향을 미친다고 했지. 롤먼도 자기가 보고 있으면 직원들이 자신을 의식해 행동이 달라진다고 생각했어. 하지만 그 생각은 틀렸네. 롤먼은 아까 말한 요인을 고려하지 않은 거야. 자기가 본 것은 지극히 예외적이고 그 모두가 자신을 속이려고 조작된 거대한 음모라는 생각이야말로 편집증 초기 단계일 뿐 아니라 부족한 상상력을 가진 자들의 마지막 도피처일세. 양자물리학자들도 그 점을 기억해 두어야 할 거야."

11. 완벽한 회계장부

　　　　　　홈스는, 허드슨 부인이 편지를 올려두는 은쟁반을 그냥 지나쳤다. 그중 한 봉투에 눈에 익은 이름이 적혀 있었다. 같이 근무하는 펜버리 박사가 보낸 것이었다. 그는 내가 좋아할 만한 사람은 아니었지만, 같이 일하는 이유는 그에게 큰 장점이 있기 때문이었다. 펜버리는 홈스의 열렬한 숭배자였던 터라, 홈스가 수사에 나를 끌어들여 잠시 자리를 비울 때면 기꺼이 내 환자를 맡아주었던 것이다. 봉투 안에는 예상대로 또 한 통의 편지봉투가 들어 있었다. 나는 그것을 보자마자 한숨을 내쉬었다. 그게 홈스의 호기심을 자극했나 보다.

"이보게, 난 자네를 속속들이 알긴 하지만, 자넨 가끔 날 궁금하게 한단 말이야. 안팎에 있는 봉투 모두 펜버리가 보낸 거로군. 게다가 안에 있는 봉투에도 소인이 찍힌 걸 보니 한 번 배달됐던 것이고, 수신처는 자네 병원이고. 왜 그가 자네에게 편지를 보냈고, 봉투를 뜯지 않은 상태에서 다시 보낸 거지? 무슨 일인지 몹시 궁금한 걸."

나는 슬픈 표정으로 봉투를 흔들었다.

"이 편지야말로 내 어리석음을 확실히 증명해 주는 걸세, 홈스. 지난 주에 바보 같이 펜버리를 부추겨 내기를 했지 뭔가.

　별 생각 없이 펜버리에게 도박은 어리석은 짓이라고 일장연설을 했다네. 그랬더니 그가 소위 과학적 공식이라는 것으로 지난 토요일에 열리는 더비 경마장의 우승마를 예측할 수 있다면서 20파운드 내기를 하자더군. 그런데 토요일이 되기 전까진 우리가 만나지 못할 것 같으니, 우승마의 이름을 적어 내게 편지로 보내겠다고 했네. 경기가 열리는 날 아침 출근길에 확인해 보라는 거였지. 홈스, 그는 영리하다네. 그래서 토요일에 출근했을 때 편지가 없기에 안심했어. 그런데 편지가 늦게 배달됐다는 거야. 그 사실을 펜버리가 월요일 아침에 알았다는 걸세. 안에 들어 있던 봉투엔 금요일자 소인이 선명히 찍혀 있으니, 여기에 우승마의 이름이 적혀 있다면 내기한 대로 돈을 줘야 해."

"자넨 펜버리를 믿나?"

나는 날카로운 홈스의 눈빛에 몸을 움찔했다.

"진료에 관한 한 당연히 믿지. 안 그러면 왜 같이 일하겠나. 하지만 좀 비뚤어진 윤리관을 갖고 있어. 아니, 유머감각이 좀 비뚤어졌다고 말하는 게 낫겠군. 그는 자기랑 내기를 하는 사람이 멍청하다면, 거짓말을 하거나 법을 위반하지 않는 한도 내에서는 상대의 어리석음을 이용해도 좋다고 생각하니까."

"흠! 전문 사기꾼이 되려고 애쓰는 아마추어 사기꾼의 자기 정당화처럼 들리는군. 자네가 의심하는 것도 당연해. 봉투를 조작했다고 생각하나? 이리 줘보게."

홈스는 내가 건넨 편지봉투 가장자리를 자세히 들여다보고는 작은 메스로 조심스레 긁어냈다. 그러고는 봉투를 풀로 붙인 자리에 점안기로 화학약품을 떨어뜨려 실험하고 또 실험했다. 그는 실망한 듯 고개를 저으며 봉투를 돌려주었다.

"왓슨, 조작한 흔적은 없네. 보통 종이를 풀로 붙인 것도 확실하고, 뜯었다 다시 붙인 흔적도 없어. 우체국 소인도 틀림없고."

나는 편지를 뜯어보고는 한숨을 내쉬었다.

"미켈란젤로, 우승마. 틀림없네. 열심히 번 돈 20파운드가 이렇게 고스란히 날아가는군. 그래도 덕분에 쓸데없는 소린 하면 안 된다는 교훈 하나는 얻은 셈이지. 그걸로 위안을 삼아야겠네."

홈스는 고개를 끄덕이곤 자기 앞으로 온 편지를 열었다. 그러다 갑자기 이마를 딱 소리 나게 치는 것이었다.

"저런, 오늘은 왜 이렇게 머리가 안 돌아가는지 모르겠군. 왓슨, 걱정 말게. 자네 돈 20파운드는 무사하니까."

나는 멍한 눈으로 그를 바라보곤 다시 봉투와 편지를 살펴보았다.

"봉투를 조작한 게 아니라면서."

"물론 아니야. 답은 눈에 보이는 편지가 아니라 보이지 않는 편지에 있네. 경마엔 말 여덟 마리가 뛰지. 펜버리는 금요일에 편지 여덟 통을 부쳤을 거야. 각각 다른 말 이름을 적어서 말이네. 그러고는 금요일자 소인은 찍히되 토요일까지 배달되지 않을 만큼 늦은 시간에 편지를 부친 거야. 그러고는 월요일 출근길에 예상대로 편지 여덟 통을 보았지. 어느 봉투에 어떤 말 이름을 적어넣었는지 표시해 두었을 걸세. 주소의 글자 간격을 약간씩 다르게 하거나 해서 자기만 알아볼 수 있게 말이야. 그 다음 일곱 통은 태우고 남은 하나만 자네에게 다시 보낸 거네."

"망할 자식! 그런데 다른 편지를 다 태웠다면 어떻게 증명하지?"

"아까 그 사람은 거짓말은 안한다고 하지 않았나. 아마 자기가 거짓말을 하지 않는다고 자네가 생각해 주길 바랄 걸세. 그러니 터놓고 물어보면 솔직히 시인할 게야."

"정말 고맙네, 홈스. 자네의 탁월한 능력을 이런 시시한 일에 쓰게 해서 좀 미안한 걸."

"천만에, 왓슨. 사실 나도 아까부터 자네한테 물어보고 싶은 게 있었네."

"무슨 일이지?"

홈스는 몇 통의 편지와 롤먼이 두고 간 두꺼운 회계장부를 가리켰다. 홈스는 지난 주 거의 내내 그 장부를 들여다보고 있었다.

"이 장부가 아주 귀한 힌트를 줄 걸세. 편지 내용을 일일이 확인하느라 엄청난 시간을 낭비했어. 하급관리자부터 회장인 롤먼에 이르기까지 모두 업적을 자랑하느라 바쁘더군. 그들의 주장은 모두 사실이네. 하급관리자들이 뻔히 들킬 거짓말을 하지 않은 건 분명해. 하지만 뭔가 미심쩍은 게 있어. 난 그걸 찾아야 하네. 중요한 건 이들이 말하지 않은 거란 말이야."

"그 말은 꽤 진척됐다는 뜻으로 들리는데."

홈스는 화가 나는 듯 고개를 저었다.

"바넘 상점에 대해선 그렇지. 하지만 더 심각한 문제에 대해선 맨 땅에 헤딩하는 기분이야." 그는 초록색 회계장부를 가리켰다. 바넘의 회계장부였다. "롤먼이 대형상점에 대해 미심쩍어할 만하더군. 수치상으로는 총매출이 급격히 감소하고 있는데, 직접 매장에 가보면 장사가 엄청나게 잘 되고 있더라구." 그는 손가락으로 탁자를 가볍게 톡톡 두드렸다. "하지만 이 회계장부에선 그 어떤 오류나 모순도 찾을 수가 없단 말이지! 구매, 판매, 재고 등 여러 각도에서 확인해 봐도 모든 수치가 딱딱 들어맞아."

"어떻게 그럴 수 있지?"

"이 회계장부는 날조한 게 틀림없어! 바넘의 실제 거래 상황과 아무 관련 없는 내용을 적어놓았는데, 문제는 그게 아주 일관성 있단 말이지."

"그렇다면 직접 발로 뛰어야지, 홈스. 가운이나 걸치고 방 안에 앉아서 대체 뭐 하는 짓인가. 밖으로 나가 직접 확인해 보게. 그게 건강에도 좋을 거야. 솔직히 날씨가 이렇게 좋은데 방 안에만 틀어박혀 있는 자넬 보면 걱정되더군. 그 숫자들이 조작된 것이라면, 그걸 들여다본다고 무슨 소용이 있겠나?"

"왓슨, 그 얘긴 틀렸네. 마담 젤다 사건 기억나나? 모순이 전혀 없는 숫자를 조작하기란 상당히 힘든 일이야. 그것만 발견하면 게임 끝인데 말이야." 홈스는 장부를 들어 대강 훑어보더니 한숨을 쉬며 내려놓았다. "그런데 이걸 누가 만들었는지는 몰라도 마담 젤다의 사촌보다는 머리가 훨씬 좋은가봐. 지금까지 건진 게 하나도 없어. 자네 충고를 받아들이지, 왓슨. 목욕하고 나서 나가봐야겠어."

홈스를 잘 아는 나는 30분 뒤 문이 열리면서 금테 안경과 잘 다듬은 콧수염의 붉은 머리 사내가 나왔을 때 과히 놀라지 않았다. 공장주로 변장한 것이다. 나는 그에게 핀잔을 주었다.

"머리 좀 단정히 빗지 그러나, 홈스?"

"아닐세, 왓슨. 이렇게 해야 오전 내내 런던 곳곳의 상점을 돌아다니며 물건을 선전한 사람처럼 보일 거야." 그의 눈길이 내 무릎에 놓인 회계장부와 노트에 머물렀다. "장부를 분석하고 있었나 보군."

나는 겸연쩍게 웃었다.

"그래. 뭔가 찾아낼까 해서. 그런데 천만의 말씀이야. 쓸데없는 짓만 했나 보네."

"아니야, 말해 보게. 자네 생각을 듣고 싶네."

나는 썩 내키지는 않았지만 하는 수 없이 입을 열었다.

"물건값들을 죽 훑어보면서 첫 번째 숫자를 눈여겨보았네. 1에서 10 중 아무 숫자나 골라보라고 하면 대게 7을 고른다고 언젠가 자네가 얘기했었지. 첫 번째 숫자가 정말 아무렇게나 골라낸 건지, 아니면 유난히 자주 나오는 숫자가 있는지 찾아봤네.

먼저 1부터 세어봤는데, 10분의 1이 아니라 9분의 1 정도 되더군. 2와 3

도 마찬가지였네. 좀 이상하더군. 그때 물건값이 0부터는 시작될 수 없다는 것을 깨달았지. 그러니까 9분의 1이 맞는 거였어."

이렇게 고백하던 내 얼굴은 괜히 화끈거렸다.

홈스는 웃음을 터뜨렸다. 그런데 갑자기 웃음을 뚝 그치더니 천장을 뚫어져라 바라보며 소리 없이 입술을 달싹거렸다. 잠시 후 그는 이마를 딱 치고는 가짜 콧수염을 떼어 탁자에 내던졌다.

"고맙네, 왓슨! 자네가 귀찮은 짐을 덜어줬어. 이 숫자들이 어쩐지 미심쩍다고만 생각했는데 자네가 이유를 가르쳐주었네."

"조금 전에 의심의 여지가 없다고 말했는데."

"절대로 아닐세, 왓슨. 어쨌든 고맙네. 이제야 한동안 손놓고 있던 바이올린을 연습할 수 있겠군. 잘 안 되는 소절이 있었거든."

"그럼 결국 외출하지 않겠다는 건가?"

어리둥절해진 내가 묻자 홈스는 빙그레 미소를 지었다.

"아직도 내 건강을 염려하고 있군. 그렇다면 타협하세. 오늘 롤먼이 올 걸세. 그때 공원 음악당 옆 야외에서 점심 식사를 하세. 그 다음 다 같이 산책을 하지. 그러면 건강에도 좋을 테니 말이야. 어때, 좋지?"

다행히 음악당에선 공연이 없었고 신선한 공원의 산들바람이 런던의 뜨거운 여름 열기를 식혀주고 있었다. 우린 식탁보가 바람에 펄럭이는 둥근 탁자에 자리를 잡았다. 셜록 홈스는 식탁보가 날아가지 못하도록 두꺼운 회계 장부를 올려놓고 ―재미없는 책을 재활용하는 방법 치고 이만한 건 없다고 나는 생각했다― 탁자 한가운데에는 스케치북을 얹어두었다. 그러고는 롤먼에게 편지 뭉치를 건네주었다.

"좋은 소식과 나쁜 소식이 있습니다. 좋은 소식은 이 편지에 적힌 내용이 모두 사실이라는 것이고, 나쁜 소식은 그 얘기가 모두 진실을 왜곡하고 있다는 것입니다. 예를 들어 맨 위에 있는 편지 세 통을 보십시오."

"지사장들 모두 똑같은 얘기를 했군요. 작년에 자기네 매장의 평균 임금이 올랐다고요. 첫 번째 지사의 평균 임금은 18퍼센트가 올랐고, 두 번째와 세 번째 지사는 무려 40퍼센트나 올랐다고 했습니다. 게다가 매장 수익에 아무런 악영향도 주지 않고 말입니다. 전 직원에게 정당한 봉급을 주고 수입을 공평하게 분배하는 게 저의 목표입니다. 아버지께선 직급이 낮은 직원에겐 너무 형편없는 봉급을 주셨지요. 이 지사장들도 그런 상황을 개선하기 위해 노력한 게 틀림없습니다. 기억납니다. 그래서 첫 번째 지사장에겐 표창을 했고, 나머지 두 사람에겐 표창도 하고 승진도 시켰습니다."

"아니요, 세 사람 모두 전혀 다른 얘기를 하고 있습니다. 첫 번째 편지에는 임금의 **평균값**이 상승했다고 했고, 두 번째는 **최빈값**이, 세 번째는 **중간값**이 상승했다고 했으니까요."

롤먼은 눈살을 찌푸렸다.

"예전에 수학 시간에 들은 기억으로는 그게 다 같은 뜻이었던 것 같은데요."

"그렇지 않습니다. 전혀 다른 뜻입니다. 임금의 평균값은 단순히 임금 총액을 직원수로 나눈 것뿐입니다. 임금의 최빈값은 가장 많은 수의 직원이 차지하는 봉급 대역이고, 임금의 중간값은 이렇게 정의할 수 있지요. 임금 순으로 직원을 일렬로 세웠을 때 줄 한가운데 서 있는 사람의 봉급이라고 말입니다.

이른바 종형곡선이라고 하기도 하고 왓슨이 나폴레옹의 모자라는 재미있는 명칭을 붙인 그 유명한 정규분포곡선에서 보면, 이 세 값은 사실 똑같습니다. 예를 들어 직원들을 키 순서대로 세워보면, 평균 키 역시 가장 일반적인 신장이고 이 줄의 한가운데 있는 사람의 신장과 일치한다는 것을 알 수 있을 겁니다.

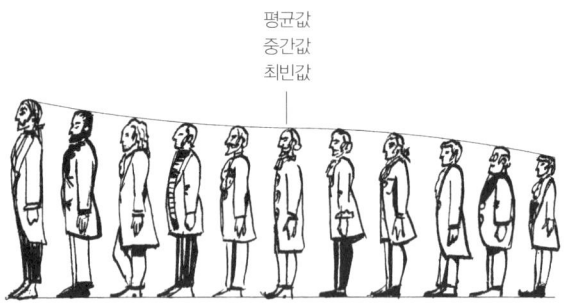

신장순으로 본 직원 상황

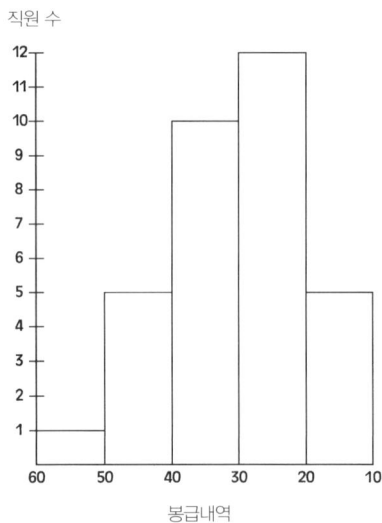

입금순으로 본 직원 상황

"하지만 임금 곡선은 전혀 다른 이야기를 하고 있습니다. 아버님께서 일반 부서에 임금을 어떻게 할당했는지를 보여주는 막대그래프가 여기 있습니다. 표를 보면 지사장의 임금은 55달러, 다섯 명의 주임은 각각 44달러, 숙련 노동자 열 명은 각 35달러, 반숙련 노동자 열두 명은 25달러, 수습직원 다섯 명은 15달러입니다.

 임금 총액은 1천 달러입니다. 직원은 모두 33명이지요. 평균 임금은 임금 총액으로 직원 숫자로 나누면 됩니다. 약 30달러가 되는군요. 하지만 최빈 임금은 25달러입니다. 그리고 중간, 즉 17번째 직원의 임금 역시 25달러로군요. 이 경우 평균 임금이 올라간다면, 원인이 무엇일까요?"

 롤먼은 얼굴을 찡그렸다.

 "임금 총액이 올라가거나 직원 숫자가 줄어들어서겠지요."

 "직원 각자가 받는 임금에 대해서 뭐라고 말할 수 있을까요?"

 "글쎄요."

 "예를 들어 지사장이 수습 직원을 모두 해고하고 그 차액인 75달러를 자기 임금에 더하면, 평균 임금은 18퍼센트 올라갑니다. 아이오와 지사장이 한 일이 바로 이것입니다."

 "징계를 내려야겠군요!"

 "그렇게 하시길 바랍니다. 자, 아까 본 그림을 다시 봅시다. 임의로 주임 세 명을 숙련 노동자로 강등시키고 27달러를 지사장의 임금에 더해봅시다. 그러면 임금 총액에는 변화가 없지요. 그러면 평균 봉급은 똑같습니다. 하지만 최빈 봉급은 25달러에서 35달러로 40퍼센트 증가하지요. 이게 바로 델러웨어 지사장의 소행입니다."

 "그 자식도 징계를 줘야겠군!"

 "이번엔 뉴올리언스 지사를 봅시다. 중간 임금은 일반적으로 형평성을 측정할 때 가장 믿을 만한 척도지요. 하지만 이 역시 눈을 속일 수 있습니다. 원래 그림을 보면, 반숙련 노동자를 숙련 노동자로 한 명을 승진시키고 수습 직원들의 임금에서 2달러를 삭감해 13달러를 주었습니다. 이렇게 하면 평균 임금에는 변화가 없지만, 중간 임금은 25달러에서 35달러로 이 역시 40퍼센트 증가했다는 결과가 나옵니다."

나는 더 이상 가만히 있을 수 없었다.

"망할! 통계학으로 교묘한 장난을 친다더니, 이런 짓을 한 거군. 롤먼 씨, 통계표를 보느니 차라리 직접 가서 눈으로 확인해 보십시오."

셜록 홈스는 조용히 고개를 흔들었다.

"진정하게, 왓슨. 통계 수치로 사람을 속일 수도 있지만, 또 통계 자료만큼 좋은 것도 없다네. 지난 주 직접적인 관찰 역시 진실을 왜곡할 수 있다는 얘길 했잖아. 어느 하나만으론 대기업의 실태를 정확히 파악할 수 없는 거야.

통계 자료가 없을 순 없네. 문제는 선택된 자료, 다시 말해 누군가가 선별한 자료에만 의지한다면 얼마든지 속을 수 있다는 점이지. 직접 전체적인 그림을 그릴 줄 알아야 하네. 그러기 위해서는 보고 싶은 자료를 구체적으로 표현한 그래프나 도표를 봐야하는 거지. 롤먼 씨, 인간의 눈은 속기 쉽습니다. 지사장들에게 새 임금 구조에 대해 막대 도표를 그려보내라고 했다면, 어떻게 된 일인지 즉시 파악할 수 있었을 겁니다.

어떤 일이 시기적으로 어떻게 전개되었는지를 정확히 파악하고 싶을 때도 그래프가 대단히 유용합니다. 두 가지 예를 들어볼까요." 그는 또 다른 편지를 꺼냈다. "성냥을 만드는 뉴저지 공장의 지사장은 판매가 계속 하락하고 있긴 하지만 작년에 비해선 하락폭이 줄어들었다고 말했지요."

"그럭저럭 성과가 있었던 것 같군."

내가 말했다.

홈스는 편지에 동봉된 그림을 보여주었다.

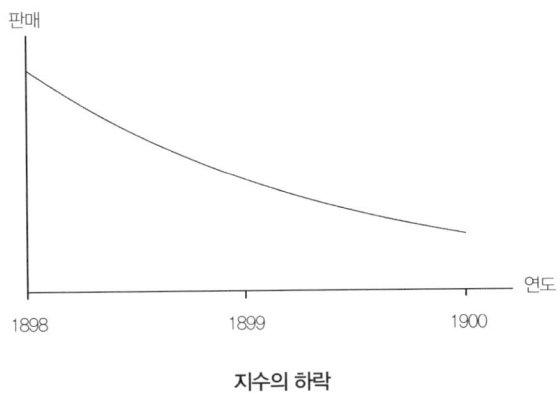

지수의 하락

 "실제로 이 그림을 보면 판매가 지수적으로, 즉 매달 일정 비율만큼 하락하는 것처럼 보입니다. 여전히 상황이 좋진 않지만, 판매 하락률을 나타내는 그래프의 하강 곡선이 점차 완만해지고 있기 때문에, 지사장은 하락폭이 줄어들고 있다고 말한 것이죠. 그래프의 곡선은 언제 봐도 재미있습니다. 잠시 미적분학에 대해—"
 그 순간 내가 벌떡 일어나는 바람에 의자가 뒤로 넘어졌다.
 "난 미적분의 '미'자만 나와도 치가 떨려!"
 "앉게, 왓슨. 그림으로 보여줄 테니 안심해도 돼. 미적분학의 첫 단계는 곡선의 기울기가 0인 최고 혹은 최저점을 찾아보는 거야."
 그는 또 다른 그래프를 그렸다.
 "간단하군."
 "좋아, 기울기가 0인 곳을 찾은 다음 여러 맥락에서 최적 조건을 찾아보게. 예를 들어 이 곡선이 물건값과 판매에 대한 총수익을 나타낸다고 치세. 제품의 개당 수익은 설정되는 가격에 따라 증가하지만, 판매 개수는 가격이 높아질수록 낮아지지. 그래서 곡선이 제일 뾰족해지는 곳이 최적 조건이야."

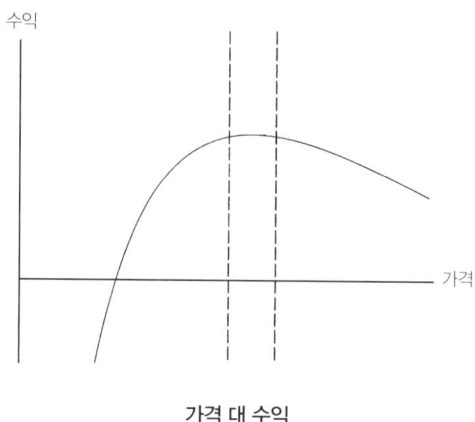

가격 대 수익

롤먼이 고개를 끄덕였다.

"경영학과에서 맨 처음 배우는 내용이지요."

"롤먼 씨, 그런데 재미있는 결과가 나옵니다. 최적 가격을 찾은 다음, 그래프의 경사가 0이기 때문에 수익에 별 다른 영향을 주지 않고도 가격을 다양하게 정할 수 있는 것입니다. 예를 들어 가격을 10퍼센트 높이거나 낮추어도 수익은 겨우 1퍼센트밖에 줄어들지 않지요." 홈스는 점선을 그렸다. "당신이 사회적인 양심의 가책을 느낀다면, 슈퍼마켓 가격을 이렇게 바꾸어보십시오. 빵 가격은 조금 낮추고 사치품은 올리는 겁니다. 그러면 가난한 사람들에게 이익이 되고 당신도 손해를 보지 않지요.

간접적으로는 상점에도 이익일 수 있습니다. 푼돈 아끼려다 큰 돈 잃는다는 오류를 알고 계시겠지요. 빵 값이 경쟁사보다 20퍼센트나 싸고 사치품은 겨우 5퍼센트밖에 비싸지 않다면 빵 값을 절약하려고 많은 사람들이 몰려와 사치품 차액 이상의 돈을 거기서 쓸 테니까요."

롤먼은 고개를 끄덕였다.

"앞으로는 이런 식으로 그래프를 그리라고 해야겠군요, 홈스 씨. 이런 그래프로는 거짓말을 할 수 없겠지요."

"너무 성급한 판단은 내리지 마십시오. 가로 세로 줄에 붙은 명칭을 읽어보고 그래프가 진짜 관심 있는 내용을 보여주고 있는지 확인해 봐야 합니다. 버스의 좌석 이용률과 혼잡률의 미묘한 차이를 다시 떠올려보십시오. 그리고 축에 붙은 숫자도 눈여겨봐야 합니다. 조간신문 좀 보여주시겠습니까?"

롤먼은 갑작스런 요구에 어리둥절해하면서도 이내 신문을 건네주었다. 홈스는 신문을 뒤적였다.

"여기 좋은 예가 있군요. 신문이 숫자를 말로 표현할 때 가장 많이 저지르는 잘못이 있습니다. 기자는 감비아 공화국 어린이들의 기생충 감염 발병률이 매우 높다면서, 40퍼센트의 어린이가 질병을 앓고 있다 했군요. 하지만 작년에 '10퍼센트가 개선됐다'고 했습니다. 이 말이 건강한 아이의 비율이 60에서 66퍼센트로 10분의 1 증가했다는 뜻일까요? 아니면 감염된 아이들의 비율이 10분의 1, 즉 40에서 36퍼센트로 감소했다는 뜻일까요? 아니면 감염된 아이들의 비율이 40에서 30퍼센트로 줄었다는 뜻일까요? 아무도 모릅니다. 기자가 이 차이를 아는지, 혹은 신경이나 쓰는지 모르겠군요. 그래프나 파이 도표를 정확히 그려 정보를 명확하게 전달해 줄 수도 있었을 텐데, 그런 것은 없군요."

홈스는 신문을 몇 장 더 넘기더니 우리에게 보여주었다.

"하! 그래프로 눈속임을 하는 완벽한 예가 여기 또 있군요. 감비아 공화국의 표범과 악어에 의한 사망률과 질병으로 인한 사망률이라."

"질병으로 죽는 확률과 육식동물에게 죽는 확률이 비슷한 나라가 있다니, 정말 이상한 걸."

"틀렸네, 왓슨. 세로줄의 눈금을 잘 보게! 이 두 도표를 잘 비교하면, 중앙 아프리카에서도 병으로 죽는 사람이 육식동물에게 먹혀 죽는 사람보다

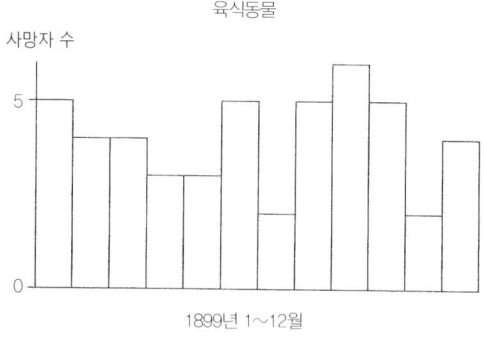

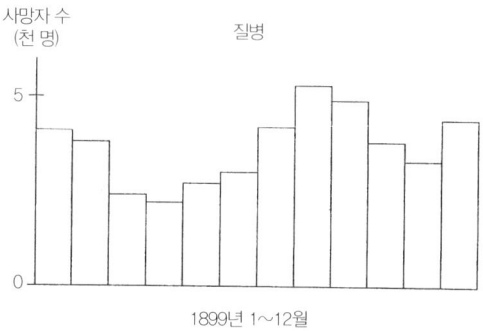

감비아 공화국의 사망률

천 배나 많다는 걸 알 수 있네. 하지만 기자는 표범과 악어가 훨씬 눈에 띄고 재미있는 기사거리라는 걸 알고 있기 때문에, 상대적으로 낮은 수치를 큰 그래프와 똑같은 크기로 부풀려 그린 거야. 신문은 평범한 죽음보다는 끔찍한 죽음을 눈에 띄게 보도하고, 그래서 우린 위험에 대한 엄청난 편견을 갖게 되지. 실제로 사자와 호랑이보다는 파리와 모기 때문에 죽는 사람이 훨씬 많다네.

그래프로 눈속임하는 예가 경제면에 하나 더 있군. 이 주가는 상당히 불안정한 것 같지, 안 그런가?"

"서던 철도회사엔 절대로 투자하면 안 되겠군."

철도회사 주가변동

나는 엄청난 등락폭에 몸서리를 쳤다.

"자세히 들여다보게, 왓슨. 그래프가 0에서 출발한 게 아니야. 사실 이 등락폭은 대단히 미미한 거라네. 사실은 주가가 1년 내내 거의 27½펜스로 안정되어 있지."

"교훈을 하나 얻었군요. 신중하라, 하지만 통계 수치를 나타낼 때는 그래프가 훨씬 좋다. 앞으로는 이런 식으로 보고서를 제출하라고 각 지사에 전달하겠습니다."

웨이터가 주문을 받으러 다가왔다. 롤먼은 그에게 돌아가라고 손짓했다.

"대단히 재미있군요, 홈스 씨. 하지만 아직 석연치 않은 부분이 있는데, 식사를 하기 전에 해결하는 게 어떻겠습니까? 바넘의 회계장부에서 문제를 찾아내셨습니까? 뉴욕에서 초빙한 최고 실력의 회계사도 계속 뭔가 석연치 않은 점이 있는 것 같은 한데 그게 뭔지는 모르겠다고만 하더군요."

"아, 그렇습니다. 분명히 이상하지요. 왓슨이 단번에 알아냈습니다."

롤먼은 홈스의 말을 듣더니 불쾌할 만큼 못 믿겠다는 표정으로 나를 바라보았다.

"왓슨이 회계장부에 있는 모든 물건 가격의 첫 번째 숫자가 1부터 9까지 균등하게 나온다는 걸 알아냈습니다."

"원래 그래야 하는 것 아닙니까?"

"아니죠. 1이 가장 많아야 합니다. 현재 바닐에 있는 물건값 중 거의 3분의 1이 1로 시작한다고 장담할 수 있습니다."

"저희 상점을 둘러보다가 그런 인상을 받으신 것 같은데요. 하지만 잘못 아셨을 겁니다. 우리 상점엔 수천 개나 되는 물건이 있고, 항상 표준의 법칙을 준수하고 있습니다. 말도 안 되는 말씀입니다, 홈스 씨."

롤먼이 눈살을 찌푸리고 말했지만, 홈스는 짜증을 내기는커녕 장난꾸러기 같은 미소를 지으며 앞에 놓인 메뉴를 내려다보았다.

"런던 물가가 갈수록 터무니없이 올라가는군요. 여기 와인 목록을 살펴보십시오. 특히 샴페인을요. 볼링어 와인도 굉장히 비싸군요."

그의 시선이 롤먼과 마주쳤다.

"롤먼 씨, 이 샴페인 한 병을 걸고 내기 하나 할까요? 당신 상점에 있는 물건을 아무거나 하나만 대십시오. 다음 백 년 동안 그 물건값이 어떻게 변하는지 보여드리죠. 틀림없이 약 백 년의 3분의 1 정도는 가격이 1로 시작될 겁니다."

"정말이십니까, 홈스 씨?"

"물론입니다. 아무 물건이나 대십시오."

"좋습니다. 최고급 향수로 하죠. 뉴욕에서는 30센트인데, 여기서는 정확히 얼마인지 모르겠군요."

"괜찮습니다. 달러로 계산할 테니까요. 그러면 계산하기도 쉽습니다. 왓슨, 자네 계산기 가져왔나?"

나는 계산자를 꺼냈다. 빅토리아 여왕 시대의 학생이라면 이 자를 모르는 사람이 없지만, 혹 본 적 없는 독자가 있을지 몰라 그림을 그려놓겠다.

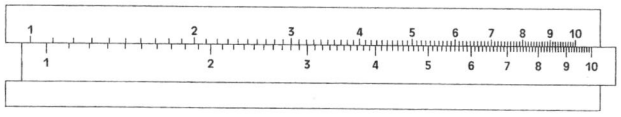

계산자

"롤먼 씨, 달러 가치가 매년 조금씩 하락하는 물가 상승 과정에 대해선 잘 아시겠지요. 앞으로 백 년 동안 한 해 물가상승률이 얼마나 되리라 예상하십니까? 물론 정확하지 않아도 좋습니다. 적당한 수치를 골라보십시오."

"한 해 7퍼센트라고 하지요."

"좋습니다. 왓슨, 3에 표시하고 1.07을 곱해 보게."

그렇게 했다. 위의 계산자를 보면 3을 1.07로 곱한 결과를 알 수 있다. 예를 들어 아래의 눈금을 보고 위의 눈금을 보면, 3 곱하기 1.07이 3.21이라는 것을 알 수 있을 것이다.

"32센트 정도 되는군."

"내년에는 가격이 그 정도 될 걸세. 거기 표시하고 다시 1.07을 곱해 보게."

"1902년에는 34센트가 돼."

"한 번 더 곱하게."

"1903년에는 37센트. 표시가 일정한 간격으로 벌어지는군."

"당연하지, 왓슨. 계산자는 보통 자의 눈금과 달리 대수계산자라고 하는 것에서 발전했으니까. 자를 일정한 간격으로 옆으로 민다는 건 그에 상응하는 숫자로 곱하는 것과 같지. 그게 곧 계산자의 원리야. 자를 끝까지 다 밀면 10을 곱하는 것 잊지 말게. 물론 그 다음엔 다시 1부터 시작하게나. 소수점 자리도 바꾸고."

나는 계산자를 들여다보면서 목록을 작성했다. 1918년에는 향수 값이 1달러가 될 것이고, 1934년에는 2.99달러……

향수의 가격 변동

1900 $ 0.30	1919 $ 1.08		1962 $ 19.90	1982 $ 77.02
1901 $ 0.32	1920 $ 1.16	1942 $ 5.14		
1902 $ 0.34	1921 $ 1.24	1943 $ 5.50	1963 $ 21.30	1983 $ 82.41
1903 $ 0.37	1922 $ 1.33	1944 $ 5.89	1964 $ 22.79	1984 $ 88.18
1904 $ 0.39	1923 $ 1.42		1965 $ 24.38	
	1924 $ 1.52	1945 $ 6.30	1966 $ 26.09	1985 $ 94.35
1905 $ 0.42	1925 $ 1.63	1946 $ 6.74	1967 $ 27.91	
1906 $ 0.45	1926 $ 1.74		1968 $ 29.87	1986 $ 100.95
1907 $ 0.48	1927 $ 1.86	1947 $ 7.21		1987 $ 108.02
	1928 $ 1.99	1948 $ 7.72		1988 $ 115.58
1908 $ 0.52			1969 $ 31.96	1989 $ 123.67
1909 $ 0.55	1929 $ 2.13	1949 $ 8.26	1970 $ 34.20	1990 $ 132.33
1910 $ 0.59	1930 $ 2.28	1950 $ 8.84	1971 $ 36.59	1991 $ 141.59
	1931 $ 2.44		1972 $ 39.15	1992 $ 151.51
1911 $ 0.63	1932 $ 2.61	1951 $ 9.46	1973 $ 41.89	1993 $ 162.11
1912 $ 0.68	1933 $ 2.80		1974 $ 44.83	1994 $ 173.46
	1934 $ 2.99	1952 $ 10.12	1975 $ 47.96	1995 $ 185.60
1913 $ 0.72		1953 $ 10.83		1996 $ 198.59
1914 $ 0.77	1935 $ 3.20	1954 $ 11.58	1976 $ 51.32	
	1936 $ 3.43	1955 $ 12.39	1977 $ 54.91	1997 $ 212.49
1915 $ 0.83	1937 $ 3.67	1956 $ 13.26	1978 $ 58.76	1998 $ 227.37
1916 $ 0.89	1938 $ 3.92	1957 $ 14.19		1999 $ 243.28
		1958 $ 15.18	1979 $ 62.87	2000 $ 260.31
1917 $ 0.95	1939 $ 4.20	1959 $ 16.25	1980 $ 67.27	
	1940 $ 3.39	1960 $ 17.38		
1918 $ 1.01	1941 $ 4.81	1961 $ 18.60	1981 $ 71.98	

"저런, 원점으로 되돌아왔군."

"향수 값이 10배가 됐으면 그만 하게. 왓슨, 하고 싶으면 계속해도 좋고."

"2000년에는 향수 한 병 값이 무려 260달러나 돼!"

나는 손을 부들부들 떨며 말했다.

"그때가 되면 그것도 그리 큰 돈이 아닐 걸세. 자, 1900년의 가격부터 시작해 보지. 가격의 첫 번째 숫자가 어떤지 말해보게."

"3이 다섯 개, 4와 5가 세 개, 6, 7, 8이 두 개씩, 그리고 9는 하나밖에 없군."

"그리고 1은?"

"열한 개나 되는 걸!"

"잘했네, 왓슨. 여기서 중요한 것은, 1달러부터는 향수 가격이 두 배가 될 때까지 맨 앞에 오는 숫자가 바뀌지 않는다는 점일세. 그런데 9달러부터는 가격이 12퍼센트만 올라도 첫 번째 숫자가 바뀌지. 90달러와 100달러도 마찬가지야. 큰 숫자는 금방 넘어가고 작은 숫자가 많이 나왔을 거야. 실제로 계산자에는 숫자가 갈수록 좁은 간격으로 표시되어 있기 때문에, 어떤 숫자가 나올 확률은 그 숫자가 자를 차지하고 있는 길이에 비례하네. 1은 자의 약 30퍼센트를 차지하고 있지만, 9는 겨우 5퍼센트만 차지하고 있지."

롤먼은 곰곰이 생각에 잠겼다.

"아무 연도를 골라 특정 제품을 사러 상점에 가셨을 때, 가격이 낮은 숫자로 시작할 확률이 높다는 건 알겠습니다. 하지만 그래도 특정 시기의 모든 물건값을 살펴봐도 이런 결과가 나올지 잘 모르겠군요."

"그렇다면 이렇게 생각해 보십시오. 이 목록에서 낮은 숫자가 차지하는 비율이 큰 이유는 물건값이 매년 일정 금액만큼 높아지는 게 아니라 등비 비례로, 다시 말해 현재 가격에 비례적으로 높아지기 때문이라고 말입니다."

"복리처럼 말이죠."

"오늘 매장에 있는 모든 물건을 가격순으로 정리한다고 상상해 보십시오. 제일 싼 것부터 제일 비싼 것까지 말입니다. 그 다음 매장을 걸어가 보면 가격도 등비 비례로 증가한다는 것을 알게 될 겁니다. 가격이 높을수록 가격차도 커지는 것이지요.

예를 들어, 바넘의 욕실용품 코너에 가보니 수도꼭지가 여러 개 있더군요. 황동제품은 2센트, 청동은 3센트, 은은 4센트였습니다."

"전 제품을 늘 그렇게 갖춰놓습니다. 싼 것과 비싼 것을 모두 갖다놓고 고객들이 원하는 대로 고르게 하는 것이죠."

"목욕가운도 그렇더군요. 10달러부터 21달러짜리까지요. 말씀해 보십시오. 당신은 목욕 가운을 10.01달러, 10.02달러 등등 해서 제일 비싼 것까지 갖춰놓습니까? 물론 아니겠지요. 그건 말도 안 됩니다. 게다가 매장에 그럴 공간도 없을 테구요. 가격은 일정 금액 차이가 아니라 비례적으로 높아집니다.

이렇게 가격의 첫째 자리에 특정 숫자가 가장 많이 나온다는 법칙은 사이먼 뉴컴이란 수학자가 1881년에 발견했습니다. 이유는 제대로 설명하지 못했지만 말입니다. 지금도 완전히 설명되진 않았지요. 하지만 이 법칙은 대단히 널리 적용되고 있습니다. 비단 인간이 만든 물건에만 적용되는 건 아닙니다. 어떤 개체를 크기별로 모두 모아보십시오. 돌을 예로 들어볼까요. 크기순으로 일렬로 놓아보면, 크기가 작은 돌멩이보다는 큰 돌일수록 차이가 커진다는 걸 알 수 있을 겁니다. 그렇지 않다면 세상에는 큰 돌이 엄청나게 많을 테고, 작은 돌은 또 말도 안 되게 적을 겁니다. 우주는 큰 것보다는 작은 것에 더 많은 공간을 주었지요.

뉴컴의 법칙은 그 유명한 정규분포곡선을 보완하고 있습니다. 사람의 신장처럼 비교적 크기가 균등한 개체를 생각해 보면, 정규분포곡선에 꼭 들어맞을 것입니다. 하지만 아주 작은 것에서 아주 큰 것까지 크기가 다양하고 차이가 큰 개체는 뉴컴의 법칙에 맞는 경향이 있지요.

더 나아가 철학적 의미까지 얘기할 수도 있지만, 전 실용적인 사람이라 당신 회사의 지사장이 잘못을 저질렀다는 것을 입증하는 선에서 그만하겠습니다. 목이 마르기 시작하는군요."

홈스의 의미심장한 말에 롤먼은 활짝 미소를 지으며 웨이터를 불렀다.

"샴페인을 대접하게 돼서 대단히 기쁩니다. 조작된 회계장부를 적발할 확실한 방법을 위해 건배하시지요!"

"손에 든 게 뭔가, 왓슨? 또 펜버리가 편지를 보낸 건 아니겠지."

나는 약간 죄책감이 들었다.

"아, 아닐세. 자네 말대로 순순히 자백하더군. 그 사람, 원래 매사를 긍정적으로 생각하거든. 자네 능력을 조금 시험해 보려고 그런 짓을 했다면서, 솔직히 얘기하려 했다더군. 내가 그를 너무 나쁘게만 생각했나 봐."

홈스는 콧방귀를 뀌었다.

"솔직히 얘기하려 했다고? 속임수가 들통나지 않았을 때도 과연 내기 돈을 내놓지 말라고 했을까? 어쨌든 내 질문에 아직 대답 안했네, 왓슨."

"이거 소포인데, 신나는 일이 있었어. 일주일 전에 꽤 큰 상금이 걸린 행사가 있었는데 내 이름이 뽑혀서 2차전까지 진출했다는 통보를 받았지." 나는 편지를 내려다보았다. "내 이름이 어떻게 뽑혔는지 모르겠지만, 상품이 호화판 공짜 미국여행부터 문구류 같은 위로상품까지 무척 다양하지.

그런데 내 이름이 결승전까지 갔다는 거지 뭔가! 그래서 결승전 진출 기념상품을 받은 걸세. 이 행사를 후원한 잡지를 1년 간 정기구독하고 최종 결과만 기다리면 된다네."

홈스의 뚱한 표정이 눈에 들어왔다.

"홈스, 자네도 가끔은 도박이 괜찮을 때도 있다고 하지 않았나. 이 편지가 거짓말 같지는 않네. 게다가 잡지사도 유명한 데야. 속임수를 써서 법적 문제를 일으키진 않을 거야."

나는 결승전에 진출했음을 확인하는 인증서를 집었다. 거기엔 잡지사 편집자의 사인이 적혀 있었다.

"지금까지 운이 좋았으니까, 다음에도 내 이름이 뽑힐 확률이 높을 거야."

홈스는 고개를 저었다.

"왓슨, 왓슨, 대체 언제쯤 정신 차릴 건가? 꼭 거짓말을 해야 통계로 사람들을 속일 수 있는 건 아니야. 몇 가지 사실만 골라서 말해도 얼마든지 속일 수 있네. 이 편지에는 매번 몇 명을 뽑았는지 적혀 있지 않아. 상품이 몇 개라는 말도 없고.

내 생각엔 이렇게 됐을 걸. 1차전에 10만 명이 참가했다 치면, 2차전에는 9만 9천9백 명이 '우승자'로 뽑혔을 걸세. 결승 진출자도 비슷한 비율로 뽑았을 걸세. 모두들 결승전에 진출했다고 통보받았겠지. 자네가 그 잡지를 1년 구독한다면, 모르긴 몰라도 무료 휴가를 떠날 확률은 10만분의 1일 테고 잡지사 이름이 적힌 싸구려 펜을 받을 확률은 거의 백 퍼센트일 거야. 이 편지는 거짓말이 아니네. 내가 이 편지를 거짓말이라고 주장하면, 잡지사 측에서는 날 고소할 거야. 그렇긴 해도 사기성이 농후한 건 사실이지. 바넘 롤먼이 이 자리에 있었다면, 이런 편지를 미국인들이 뭐라고 하는지 가르쳐주었을 걸세. 이런 걸 바로 '정크 메일', 즉 대량 광고 우편물이라고 한다네."

나는 한숨을 내쉬었다. 너무 좋은 조건이라 조금은 의심스럽긴 하지만, 그래도 속는 셈치고 잡지를 정기 구독하려 했기 때문이다. 나는 넌더리가 나 인증서를 꾸겼다.

"이 인증서는 이제 필요없겠지?"

"왜 필요가 없나. 벽난로에 던져놓게. 가을이 멀지 않았으니 이런 일이 계속된다면 겨울 내내 땔감 걱정은 안해도 될 거야."

12. 독이 든 사탕

시체는 애원하는 듯한 눈으로 날 바라보고 있었다. 공포와 경악, 분노가 뒤엉킨 표정으로 입을 벌리고 눈을 부릅뜬 채 죽어 있는 엘리 스콰이어는 저승사자를 만나러 가기가 끔찍이 싫었던 듯했다. 그 끔찍한 얼굴을 들여다보던 나는 왜 홈스가 최근 런던의 범죄자들 사이에 유행처럼 번지는 자살 행렬이 양심의 가책 때문일 것이라는 설을 비웃었는지 충분히 이해할 수 있었다.

홈스는 엘리가 살다 죽었던 허름한 작은 방을 서둘러 조사하다가 시체 앞 탁자에 흩어져 있는 사탕 여섯 개를 가만히 바라보고 있었다. 내가 보기엔 그저 평범한 사탕일 뿐이었다. 그때 홈스가 사탕 옆에 놓인 종이 한 장을 집어 큰 소리로 읽었다.

"나, 엘리 스콰이어는 5백 파운드 상당의 위조지폐를 만들었음을 인정하고 그 대가를 치르기로 결심했다…….' 서명이나 날짜는 쓰지 않고 그저 이 말만 쓰면 된다고 생각했나 보군. 꾹꾹 눌러 쓴 이 글씨체는 엘리의 필적이 맞아. 폭행당한 흔적도 없고. 정말 이상한 사건이야, 왓슨."

"경찰의 수사망이 좁혀지고 있다고 생각했나 보지."

"그래, 사실 그랬지. 하지만 엘리는 그리 호락호락한 인물이 아니야. 돈도 있고 연줄도 많아. 원한다면 그 어떤 문서든 위조할 수도 있어. 그런데 왜 도망가지 않았을까? 얼마든지 가명을 써서 외국으로 도망갈 수 있었는데. 아니, 굳이 외국이 아니더라도 다른 지방에 가 신분을 위장하기만 해도 상관없을 텐데. 그런데 엘리가 이렇게 간단히 포기했다는 게 믿어지지가 않아."

"그럼 살인이란 말인가? 어째서?"

셜록 홈스는 대답 대신 엘리가 앉은 의자 뒤로 가 허리를 굽히더니 시체의 가슴을 팔로 안고 있는 힘껏 조였다. 동시에 시체 상체가 꿈틀거렸다. 표정은 아까보다 일그러지고 입은 더 크게 벌어졌다. 끔찍한 소리와 함께 시체의 입에서 작고 둥근 것이 튀어나왔다. 그게 내 얼굴로 곧장 날아오는 것이었다. 난 소리를 지르며 얼른 뒤로 물러났다.

홈스는 뛰어가 그것을 손수건으로 집어 탁자에 있던 사탕 옆에 내려놓았다. 겉이 약간 녹았을 뿐, 똑같은 사탕이 틀림없었다.

"그럼 독살이야?"

"그런 것 같아."

"그렇다면 간단하잖아. 누가 엘리에게 독이 든 사탕을 준 거잖아."

"그래? 그렇다면 이 쪽지는 어떻게 설명하지, 왓슨?"

나는 당황해 머뭇거렸다.

"억지로 먹인 게 아닐까?"

홈스는 한동안 아무 말도 하지 않았다.

"그런 것 같아. 하지만 싸운 흔적이 없어. 엘리도 자기가 죽을 걸 알았을 거야. 총구가 자길 향해 있다 해도, 왜 그렇게 간단히 죽었을까? 아냐, 왓슨, 뭔가 미심쩍은 게 있어."

그 순간 육중한 발소리가 계단에서 들려왔다. 홈스는 손수건과 사탕을 황급히 주머니에 쑤셔 넣었다. 잠시 후 레스트레이드 경감과 제복 차림의 경찰 두 명이 모습을 드러냈다.

"저런, 이번엔 두 분이 더 빨리 오셨군요. 하긴 다른 세 건은 우리가 빨랐으니, 이번엔 먼저 오셔야죠. 요즘처럼 못된 녀석들이 하나둘 자살해 준다면, 매일 빈둥거리고 신날 것 같습니다. 이 녀석 죽었다고 어떤 경찰이 눈 하나 깜짝하겠습니까. 지난 번 죽은 세 놈이랑 똑같은 녀석인데."

"넷 모두 아는 사람들입니까?"

"그럼요, 왓슨 박사님. 그냥 아는 게 아니라, 모두 범죄자들이었죠. 새로 부임한 검찰총장이 이 녀석들 사건을 수사할지 어쩔지 결정하는 동안 보석으로 석방된 상태였습니다. 앨버트 퍼시스는 강도였는데 2년 동안 감옥에서 썩어야 했지요. 폭력과 절도혐의로 체포된 데렉 카스테어는 10년, 매춘을 했던 줄리아 닐슨은 4년, 그리고 엘리 스콰이어는 지폐위조 혐의로 5년 형을 받았을 겁니다. 그러니까 검찰총장이 형을 내렸다면 말이지요. 제 생각엔 검찰총장이 증거가 뚜렷한 사건인데도 기소하지 않는 것 같아요. 그래서 범죄자들이 마구 풀려나고 말입니다. 경찰력을 법조인들한테 넘기면 엄청난 일이 닥치지 않습니까."

"사인은 뭡니까?"

"사실은, 그게 말입니다, 어쩔 땐 자살 같기도 하고 또 어쩔 땐 타살 같기도 하더라구요. 자살일 수도 있을 겁니다. 하지만 범죄집단끼리의 알력 다툼 때문에 벌어진 일 같아요. 솔직히 런던에선 범죄집단을 거의 소탕했습니다. 하지만 완전히 일망타진할 때까지 노력할 겁니다. 물론 이 사건도 조사할 테구요. 하지만 홈스 씨, 솔직히 왜 선생님이 이런 일에 손수 나서시는지 모르겠군요."

홈스는 질문에 대답하는 대신 가만히 탁자를 가리켰다.

"여기에도 사탕이 있군요."

레스트레이드 경감은 고개가 넘어갈 정도로 웃음을 터뜨렸다.

"사탕에 관심이 많으시네요. 예, 홈스 씨. 다른 현장에도 비슷한 사탕이 있더군요. 모두 분석해 보았습니다. 하지만 설탕 말고는 아무것도 없던데요. 독약 같은 건 나오지 않았습니다. 우리 실험실을 못 믿으시겠다면 한두 개 드셔봐도 좋구요."

홈스는 고맙다고 말하며 사탕 두 개를 집었다. 하지만 주머니에 들어 있는 또 하나의 사탕에 대해선 아무 말도 하지 않았다. 잠시 후 우리는 베이커 가를 향해 걸었다.

"검찰총장 얘기는 뭔가?"

홈스는 빙그레 미소를 지었다.

"레스트레이드 경감은 범죄를 소탕하려 애쓰고 있다네. 스코틀랜드에서는 범죄자의 기소 여부를 경찰과 관계 없는 검찰총장이 결정하지. 피고가 유죄일 확률을 평가하고 유죄 판결이 나올 가능성이 높은 경우에만 기소한다네. 영국에선 그 동안 경찰이 기소를 결정했는데, 올해부터 스코틀랜드처럼 검찰총장을 임명해서 공금을 절약하고 기소의 성공률을 높일 수 있는지 시험해 보기로 했지. 이번에 새로 부임한 검찰총장은 그 유명한 변호사 조지 화이트야. 그래서 레스트레이드 경감은 자기 권한이 줄어들어 화가 난 거고. 하지만 내 생각에도 화이트 변호사가 사건을 너무 적게 기소하는 것 같네. 변호사가 왜 그러는지 좀 이상한데, 아마 공금을 줄이려고 그러는 것 같아."

"그가 벌였던 감옥 개혁운동이 기억나는군. 양심 때문에 아주 확실한 사건이 아니면 기각하는 거 아닐까."

"그럴지도 모르지. 당국이 관대하게 굴어도 결국엔 똑같은데 말이야. 영국 사법제도는 무고한 사람이 억울하게 유죄판결을 받지 않도록 조심하는데, 신변보호가 완벽하지 않아서 민간단체가 직접 범인을 처단하는 일이 있지."

"요즘 사건이 그 경우라고 생각하나?"

"그런 것 같아. 하지만 어떻게 보면 또 그렇게만도 생각할 수 없는 것이, 최근 죽은 범인들이 그런 일을 당할 만큼 대단한 죄를 저지른 게 아니란 말이야. 하지만 신문에선 최근 이상하게 죽은 사람들의 소행을 아주 자세히 실었지."

이렇게 말하며 방에 들어선 홈스는 최근 신문기사를 스크랩한 노트를 집었다.

"여기 《타임스》의 기사를 예로 들어보지. '앨버트 퍼시스(51세) 어제 강도 혐의 기소.' 이제 끝일세. 재판에 대해 선입견을 일으킬 만한 내용은 전혀 없어. 그리고 두 주 후에 난 기사일세. '앨버트 퍼시스(51세) 오늘 숙소에서 죽은 채 발견. 제조회사를 알 수 없는 사탕 아홉 개가 시체 앞 탁자에서 발견. 독극물로 추정.'"

"신문기사에선 왜 항상 나이를 밝히는지 모르겠어. 하긴 유명한 인물이 아니라서 독자들에게 그 인물을 설명해 주려는 거겠지."

"다른 기사들도 비슷해. 그렇군, 왓슨. 모두 나이가 적혀 있어. 데렉 카스테어(29세). 그의 앞에선 사탕 세 개가 발견됐어. 이번엔 독극물이라는 추측을 좀 더 강조해 놓았군. 줄리아 닐슨(45세). 이번엔 사탕 다섯 개가 발견됐지만, 분석 결과 독극물은 없었다고 했네. 위조지폐로 기소된 엘리 스콰이어(34세). 이 사람이 죽었다는 기사는 아직 없어. 내일에나 나오겠지."

홈스는 소매를 걷어올렸다.

"이제부턴 일을 좀 해야겠네, 왓슨. 사탕 속에 런던경찰국 실험실이 못 보고 지나친 게 있는지 확인해 봐야겠어."

나는 한동안 책이나 읽을 생각으로 두 권을 집었다. 20세기로 접어든 뒤 몇 달 동안 더 좋은 신세계를 위한 아이디어가 넘쳐나고 있었다. 전쟁과 범죄, 기아나 억압이 없는 찬란한 세계상이 출판됐던 것이다. 더구나 단순한 미치광이가 아니라 조지 버나드 쇼나 H.G. 웰스처럼 명석하고 저명한 인사들이 미래의 예언서를 집필하고 추천했다. 나는 놀라운 신세계가 도래하기 전에 그 세상을 이해해야 한다고 생각했다.

곧이어 환상적인 영상이 머릿속에서 춤을 추었다. 지난 19세기에 내가 제일 먼저 목격한 것은 전쟁의 공포였다. 유례 없는 초강국 대영제국의 수도 한복판에서조차 매일 극심한 기아로 고통받는 이들을 목격할 수 있었다. 그런 일이 더 이상 일어나지 않는다면 얼마나 놀라울 것인가!

셜록 홈스가 좀 더 과학적으로 결정하는 법을 익힌다면 내 인생이 훨씬 좋아질 거라고 강조했던 것처럼(까마득한 옛 일처럼 느껴진다. 하지만 그도 그럴 것이 사실 한 세기 전의 일이 아닌가!) 이 작가들도 논리적이고 과학적인 결정 원칙을 정치, 경제, 사법제도에 적용하려 한다는 게 어렴풋이 느껴졌다. 그러면 유토피아가 펼쳐질 것이다. 그런데 유토피아를 이룩하는 방법 중 몇 가지가 도무지 이해가 안 돼 한창 씨름하다가 어느 결에 그만 잠들었던 것 같다.

눈을 떴을 때, 셜록 홈스는 문 앞에서 사환 아이에게 무슨 말을 하고 있었다. 그는 아이가 준 봉투를 열었다.

"웬일이지? 마이크로프트 형이 차를 마시러 오라고 초대를 다하고."

"형제들끼리 우애가 좋으니 얼마나 좋나, 홈스."

홈스는 미소를 지었다.

"형이 하는 일에는 모두 이유가 있어, 왓슨. 이상한 부탁을 했어. 베이커가의 꼬마 유격대 중 얌전한 아이 셋을 데려오라는데. 가보면 이유를 알겠지. 자네 말도 일리가 있네. 초대를 승낙하지. 일이 끝난 다음 형이 우리 집에서 저녁 식사를 함께 한다는 조건으로 말이야. 허드슨 부인에게 저녁 식사 일인분을 더 준비해 달라고 해야겠군."

홈스가 간단한 메모를 써서 아이에게 건네주자 쏜살같이 달려갔다. 화학

약품으로 얼룩진 홈스의 손이 눈에 띄었다.

"사탕 분석은 어찌 되었나?"

홈스는 씁쓸한 미소를 지었다.

"예상이 빗나갔어. 스콰이어의 입에서 나온 사탕엔 다량의 청산가리가 들어 있었네. 런던경찰국 실험진이 그렇게 확실한 걸 못 보다니 이상한 노릇이지. 하지만 탁자에 있던 사탕 두 개엔 청산가리가 전혀 없더군. 다른 유해물질도 전혀 없었고."

"정말 이상한 걸." 그러다 잠시 후 손가락을 퉁겼다. "알았다! 홈스, 살인자가 저승사자처럼 찾아온 거야. 사탕 12개가 든 봉투를 들고 가서, 그중 사탕 하나에 독이 있다고 말하고는, 러시안 룰렛처럼 독이 든 사탕이 나올 때까지 하나씩 먹는 거야. 그러다 어느 한쪽이 죽고 나면 나머지 사탕은 그냥 두고 간 거지. 남아 있는 사탕 개수가 다른 건 당연히 확률 때문이고."

"맞을 수도 있을 거야, 왓슨. 사실 부분적으로는 그 말이 맞아. 하지만 그래도 석연치 않은 부분이 있네. 가면서 얘기하지."

"오늘은 왜 그렇게 말이 없나, 왓슨?"

세인트 제임스 공원의 산책길로 접어들었을 때 홈스가 말했다. 나는 어깨를 으쓱했다.

"생각 좀 하느라고. 사건과는 관계 없는 일이야. 환자 몇 명이 지난 몇 주 동안 갑자기 죽었거든."

"의심 가는 일은?"

"전혀 없었어! 모두 베어드 씨 병 말기 환자였기 때문에 살 날이 얼마 안 남았었다는 것만 빼고 말이야."

홈스는 날카로운 눈으로 나를 바라보았다.

"그런데 뭔가 걸리는 게 있군, 왓슨."

"솔직히 말하면 그래. 어이가 없어서 그러네. 얼마 전 우연히, 까마종이라는 가짓과 식물 추출물이 베어드 씨 병을 치료하는 데도 효과가 있다는 걸 알아냈지. 오래 전부터 다른 병을 치료하는 데 썼던 식물이야. 펜버리와 난 흥분했지. 그게 사실이라면《랜싯》지에 실릴 만큼 굉장한 발견이니까. 초기 실험 결과는 좋았어. 그런데 정작 투여해 보니 효과가 별로 없더군. 베어드 씨 병으로 고생하는 환자가 몇십 명은 되는데, 모두 까마종이 추출물을 처방해 주었어. 반은 기적적으로 금방 회복되었는데 나머지 환자들에겐 전혀 효과가 없더군. 아무 치료도 받지 않은 것처럼 금방 사망한 거야."

홈스는 곰곰이 생각에 잠겼다.

"자네가 처방한 약을 누가 조제했지?"

"나도 그 생각을 해봤어. 약사마다 실력차가 있어서, 이번 경우는 환자들 모두 똑같은 양을 복용하도록 확실히 신경 썼네. 펜버리에게만 제조하게 했지. 환자들에게 모두 똑같이 생긴 작은 파란색 약병을 주었는데, 그중 반만 효과를 본 걸세."

홈스는 어깨를 으쓱했다.

"똑같은 약이라도 환자들마다 다르게 반응한다는 건 자네도 알지 않나. 유감스러운 일이지만, 너무 실망하지 말게나."

우린 화이트홀에 들어섰다. 누가 우릴 봤다면 의아했을 것이다. 말쑥하게 차려 입은 홈스와 내 뒤로 남루한 차림의 아이 셋이 따르고 있었으니 말이다. 마이크로프트가 요구한 대로였다. 으리으리한 외무부 청사로 들어서자마자 직원이 나와 런던 최고급 클럽 못지 않게 천장이 높고 화려한 샹들리에로 장식된 큰 방으로 안내했다. 방 가운데에는 두툼한 카펫 위에서 의자 네 개가 마주 보고 있었고, 티 테이블에는 커다란 케이크 몇 조각이 놓여 있었다. 잠시 후 마이크로프트가 들어와 우렁찬 목소리로 인사했다.

"셜록, 박사, 잘 왔소. 개인적인 얘기는 나중에 하기로 하고, 바로 본론으로 들어가지. 자네 둘을 초대한 데에는 여러 가지 이유가 있지만, 무엇보다 발칸 반도에 대해 조언을 듣고 싶어서야. 특히 박사의 의견이 궁금하오."

나는 이 런던 최고의 석학이 잠시 머리가 어떻게 됐나 싶었다. 그의 전문 지식으로도 해결하지 못한 동부유럽 문제에 대해 내가 뭐라 할 수 있단 말인가.

"발칸 반도에서 일어나는 자잘한 문제가 유럽 전역의 갈등을 야기시킬 도화선 역할을 할 수 있다는 건 박사도 알고 있을 거요. 얼마 전 골치 아픈 문제가 벌어졌소. 실라라는 흑해의 작은 섬을 둘러싸고 최근 말바, 사르디나, 헤스피아 이 세 국가 간에 소유권 분쟁이 벌어진 것 말이오."

약간 자신이 생겼다.

"그 얘기는 최근 신문에서 여러 번 봤습니다."

"맞소! 이 세 국가가 원칙적으로 그 섬을 정확히 세 부분으로 나누려 하고 있소. 그런데 문제가 있소. 어떻게 똑같이 나누느냐는 거요. 아무렇게나 나눌 순 없소. 땅속에 묻혀 있는 자원도 생각해야 하니까 말이오. 그래서 협상은 난항에 빠졌고, 그 때문에 우리 외무부가 곤란에 빠졌소. 실라는 영국령이니 말이오.

그런데 얼마 전 도지슨이라는 목사님이 편지를 보냈더군. 이 분쟁을 해결할 수 있는 발명품을 만들었다는 내용이었소. 이번 분쟁뿐 아니라 그 어떤 토지 분쟁이라도 누구나 만족할 만한 방법이라면서, 그걸 정부에 무료로 제공하겠다는 것이었소.

워낙 그런 편지가 외무부에 많이 와서 대부분은 무시하지만, 도지슨 목사님이 왓슨 박사와 함께 논리학과 관련된 어려운 사건을 해결했다고 하더군. 셜록, 그게 사실이냐?"

"그렇습니다. 그분에 대해서는 저보다는 왓슨이 잘 알지요."

"그분은 천재적인 수학자입니다! 그분의 말씀이라면 꼭 들어볼 필요가 있습니다."

마이크로프트는 나를 뚫어져라 바라보더니 고개를 끄덕였다.

"그렇다면 박사의 판단을 믿어보겠소. 오늘 도지슨 목사님이 외무부에 오셨소. 사실 부하직원한테 만나보라고 할 생각이었지만, 정 그렇다면 이 자리에서 같이 뵙는 게 좋겠군."

마이크로프트가 벨을 두 번 누르자, 잠시 후 도지슨 목사가 들어왔다. 그와 함께 똑같은 옷을 입은 세 여자아이와 유모가 틀림없는 뚱뚱한 여자가 들어와 다소 의아했다. 도지슨 목사는 나와 셜록 홈스에게 다정한 눈으로 고개를 끄덕인 다음, 다소 딱딱하게 인사했다.

"제가 만든 장치를 보여드리겠습니다. 이 아이들이 도와줄 겁니다. 아이들 놀이를 보다가 아이디어를 얻은 것이지요. 여러분, 전 세계 아이들이 케이크 같은 것을 반으로 나눌 때 보통 어떻게 하는지 알고 계십니까?"

홈스 형제가 아무 말도 않기에 내가 입을 열었다.

"한 아이가 절반으로 나누고 다른 아이에게 고르게 합니다."

"그렇습니다! 한 아이가 케이크를 반으로 나누고 다른 아이가 그중 하나를 고르지요. 아이는 가능한 한 똑같이 나누려고 노력하겠지요. 크기가 다르면 다른 아이가 큰 걸 가져갈 테니까요."

맥이 빠졌다. 도지슨 목사가 겨우 이렇게 시시한 방법을 말하려고 이 멀리까지 왔단 말인가?

목사는 계속 말을 이었다.

"그런데 문제는 두 명 이상일 때입니다. 둘이 있을 땐 한 아이가 자르고 다른 아이가 고르겠지요. 하지만 제가 아는 한 아이가 셋으로 늘어났을 땐 방법이 없습니다."

"그래요. 제게 비슷한 또래의 조카가 셋 있는데, 어느 날 그 아이들을 데리고 놀러갔다가 그런 일로 싸우는 바람에―"

내 말 중간에 마이크로프트가 헛기침을 하며 끼어들었다.

"그래, 그 문제를 해결할 방법을 찾으셨다는 겁니까, 목사님?"

목사는 고개를 끄덕였다. 그는 커다란 가방에서 축음기를 개조한 물건을 자랑스레 꺼냈다. 턴테이블에 단두대 비슷한 것이 설치되어 있었다. 도지슨 목사는 버튼이 연결된 코드 세 줄을 풀어 사이드 테이블에 올려놓았다. 여자아이 셋이 축음기를 가운데 두고 둥글게 앉았다.

"이 장치를 작동시키면 턴테이블이 돌아갑니다. 하지만 1분에 한 번꼴로 아주 천천히 돌아갑니다. 그리고 여기 있는 버튼을 누르면 칼이 밑으로 떨어지고, 동시에 여기 연결된 전구에 불이 들어와 누가 단추를 눌렀는지 알 수 있지요."

목사는 시범을 보이고 턴테이블 가운데에 케이크를 조심스레 올려놓았다.

"이번 시범을 위해 이 세 아가씨들은 친절하게도 말바, 사르디나, 헤스피아라고 불러도 좋다고 허락해 주었습니다." 이때 아이들이 키득거렸다. "이 케이크 대신 최근 분쟁 중인 섬 지도를 놓아도 되겠지요."

목사는 케이크 가운데를 깨끗이 자른 다음 장치를 작동시켰다. 아이들은 버튼을 들고 천천히 돌아가는 케이크를 뚫어져라 바라보았다.

"맨 먼저 버튼을 누른 아이가 제가 자른 곳부터 자기가 자른 곳까지의 케이크를 가져갈 수 있습니다. 세 아이 모두 케이크 조각이 전체의 3분의 1이 넘을 때까지는 자르지 않아야 이익이겠지요. 하지만 3분의 1이 되는 순간 곧바로 버튼을 눌러야 합니다. 옆에 앉은 아이가 버튼을 더 빨리 누르면 자기 몫의 케이크는 그만큼 줄어들 테니까요."

정말로 케이크가 약 3분의 1 정도 회전하자, 아이들은 거의 동시에 단추를 눌렀다. 헤스피아의 불이 제일 먼저 들어와 케이크 조각을 가져갔다. 말바와 사르디나는 나머지 케이크가 다시 2분의 1 회전할 때까지 뚫어져라 바라보고 있었다. 이번엔 말바가 먼저 눌렀다. 그러고 나서 세 아이는 우리에게 무릎을 굽혀 인사하더니, 이내 자기가 가져간 케이크를 먹기 시작했다.

마이크로프트가 싸늘하게 말했다.

"인상적이군요. 하지만 그 방법을 직접 쓰기 전에 좀 더 실험하는 게 좋겠습니다. 이 아이들이야 훈련을 받아서 그런지 이걸 갖고 재미있게 노는 것 같지만, 말썽꾸러기 아이들, 이를테면 사내아이들을 데리고 하면 어떻게 될까 궁금하군요. 사내아이들에게도 실험해 보셨습니까?"

도지슨은 어깨를 으쓱했다.

"전 여자아이들만 좋아하지요. 하지만 사내아이들도 마찬가지일 겁니다. 중요한 건, 이 방법이 이타주의가 아니라 이기주의를 이용하기 때문에 확실한 분배를 보장해 준다는 점이지요. 그러니 제아무리 말썽꾸러기 남자아이라 해도, 심지어 교전 중인 국가들이라 해도 비슷한 결과가 나올 겁니다."

마이크로프트가 신호를 보내자 여자아이들과 유모는 나가고 우리가 데려온 베이커 가의 개구쟁이 세 명이 들어왔다. 도지슨 목사는 무뚝뚝하게 남자아이들에게 장치의 원리를 설명해 준 다음, 신선한 케이크를 턴테이블에 올려놓고 기계를 작동시켰다. 남자아이들은 경마장 기수처럼 등을 웅크린 채 케이크를 뚫어져라 바라보았다. 케이크가 3분의 1 정도 돌아갔을 때 갑자기 어이없는 사태가 벌어졌다. 한 소년이 단추를 누름과 동시에 옆에 있던 아이가 손을 뻗어 턴테이블을 꽉 잡았던 것이다. 그 바람에 케이크가 생각보다 작게 잘렸다. 단추를 맨 처음 누른 아이가 케이크를 집었지만, 이번엔 두 번째 아이가 화가 났는지 전구를 깨뜨렸다. 게다가 케이크가 깨끗하게 잘라지지 않아 첫 번째 아이가 케이크 밑부분을 조금 더 가져가버렸다.

곧이어 주먹과 케이크가 날아다녔다. 어른들이 모두 나선 다음에야 가까스로 아이들을 뜯어말릴 수 있었다. 케이크는 모두 압수되었다. 깨진 전구의 유리파편이 떨어져 먹을 수가 없었기 때문이다. 마이크로프트는 아이들을 내보낸 다음 숨을 거칠게 몰아쉬며 의자에 털썩 주저앉아 머리에 묻은 케이크 조각을 떨어냈다. 그는 크림이 널려 있는 카펫을 황망한 눈으로 바라보았다.

"다음에는 초콜릿 케이크 대신 스펀지 케이크로 하시는 게 좋겠습니다. 그래요, 스펀지 케이크가 훨씬 나을 거예요."

홈스가 나지막이 말하자 마이크로프트는 도지슨을 향해 매몰차게 쏘아붙였다.

"망나니들이 이런 짓을 하리라고는 상상도 못하셨나 보군요. 어쨌든 목사님, 어찌 됐는지 한번─"

"이건 속임수요!"

목사가 항의했다.

"그렇습니다. 문제는 인간이 호전적이고, 속임수를 쓰기 쉽고, 자기 이익을 위해서는 얼마든지 규칙을 깬다는 점입니다. 남자아이들이 흔히 하는 축구경기를 보면, 규칙을 융통성 있게 운영하고 심판의 판단력을 시험하는 것 역시 게임의 일부라는 걸 알 수 있지요.

아이들도 질서를 지키지 않는 이 장치가 세계 평화에 얼마나 큰 공헌을 할지 의심스럽군요. 동화나 재미있는 수학에나 열중하시는 게 어떻겠습니까, 목사님. 그 부분에서는 재능이 대단히 많으신 것으로 압니다만."

도지슨 목사는 잠시 풀죽은 얼굴로 말이 없다가 곧 기운을 차리고 말했다.

"충고 잘 알겠습니다. 저 장치는 좋으실 대로 하십시오. 언젠가는 다른 사람이 저 아이디어를 살려 좋은 걸 만들겠지요."

목사가 잔뜩 우울한 얼굴로 방을 나서자, 마이크로프트는 셜록 홈스에게 몸을 돌렸다.

"좀 더 심각한 문제로 돌아가보자. 도지슨 목사만 영국의 사회개혁가연하는 게 아니야. 셜록, 너도 알고 있겠지만 나도 부음란을 읽었다. 최근 아주 이상한 현상이 벌어지고 있더구나. 사탕을 앞에 두고 자살하는 사람들 말이야."

"요즘 그 사건을 조사 중입니다."

"아! 그렇다면 시체 앞에 남아 있는 사탕 개수가 왜 다 다른지 알고 있겠구나?"

셜록 홈스가 무표정한 얼굴로 바라보자, 마이크로프트는 그럴 줄 알았다는 듯 껄껄 웃었다.

"셜록, 자료를 표로 정리하는 습관을 들여야지. 사건과 관련된 숫자를 죽 적어보면 의미가 뚜렷이 드러난단다."

마이크로프트가 타자기로 친 표를 건네주었다. 잠시 표를 들여다보던 홈스는 이마를 딱 치며 내게 내밀었다.

"저런! 내가 왜 이걸 몰랐을까. 부끄럽네, 왓슨. 자네도 한번 보게. 이 속에 일정한 패턴이 있는 게 보일 걸세."

범죄와 처벌

	범죄유형	수감기간(년)	나이	발견된 사탕
앨버트 퍼시스	주거침입	2	51	9
데렉 카스테어	강도	10	29	3
줄리아 닐슨	매춘	4	45	5
엘리 스콰이어	위조지폐	5	34	6

마이크로프트가 몸을 일으켰다.

"다음 손님은 조금 고명하신 분이라, 내가 직접 모시고 오는 게 좋을 것 같구나."

나는 표를 뚫어져라 바라보았지만, 무슨 패턴이 보인다는 건지 도무지 알 수 없었다. 잠시 후 마이크로프트는 세로줄 무늬의 정장에 붉은 카네이

션을 가슴에 단 키 큰 남자를 동행하고 돌아왔다. 홈스와 나는 벌떡 일어섰다. 마이크로프트가 당당히 말했다.

"런던 지역의 검찰총장이신 조지 화이트 경을 소개하지. 앉거라. 총장님, 최근 감옥개혁에 적극적이시라구요."

화이트 경은 고개를 끄덕였다.

"그렇습니다. 지금 이 자리에 오르기 전엔 여왕 폐하의 교도소 시찰관이었습니다. 죄수들은 비인간적이고 열악한 환경에서 생활하고 있습니다. 그곳에서는 복역기간에 따라 갖은 모욕과 경멸을 받습니다. 끔찍한 만행도 자행되고 있지요. 감옥은 복역기간이 아무리 짧아도 죄수에게 돌이킬 수 없는 낙인을 찍습니다. 때로 그런 곳에 사람을 보내느니 차라리 사형시키는 게 더 인간적이라는 생각이 들더군요. 죄수를 개화시키기는커녕 다시 사회인이 될 수 없게 만드니까요."

"그러면 감옥 환경 개선을 주장하시는 겁니까?"

"그랬지요. 하지만 지금은 감옥 개선이 과연 이루어질 수 있을지 의심스럽습니다. 가능하다면 감옥에 보내는 대신 다른 방법을 쓰는 데 찬성하고 있습니다."

내가 보기엔 상당히 좋은 의견인 것 같았지만, 마이크로프트는 불만스러운 표정을 지었다.

"사소한 절도나 소매치기 같은 경범죄에 대해선 현실적인 대안이 있을 수 있지만, 중죄에 대해서도 달리 방법이 있을까 싶군요."

"있을 겁니다."

마이크로프트는 곰곰이 생각에 잠긴 것 같았다.

"감옥을 없애는 방법이 정말 있다면 얼마나 좋겠습니까. 모든 범죄에 대한 적절한 대안을 찾아낸다면 말이죠."

화이트 경의 얼굴이 갑자기 굳어지는 것 같았다. 하지만 이내 알 수 없는 미소를 지으며 대답했다.

"예. 그렇게 될 수 있다고 생각합니다."

"그렇게만 된다면 범죄자뿐 아니라 국고에도 이익이 되겠군요. 죄수를 사형시키는 데에는 비용이 거의 안 들지만, 몇 년씩 수감시키는 데에는 돈이 많이 드니까 말입니다."

마이크로프트의 말에 화이트 경은 매서운 눈으로 그를 바라보며 고개를 끄덕였다.

"방법이 있습니다. 50세 된 사람을 체포했다고 가정해 봅시다. 인간의 평균수명이 70세라고 한다면, 앞으로 20년을 더 살 수 있겠지요. 그런데 그가 5년형을 선고받았다고 가정해 봅시다. 남은 수명의 4분의 1이지요. 대안을 얘기해 볼까요. 그 사람과 도박을 하는 겁니다. 감옥에서 복역하는 대신 그 자리에서 사형될 확률은 4분의 1, 석방될 확률은 4분의 3인 도박 말입니다. 공평한 확률 아닙니까! 감옥에서 보낼 평균 연수는 5년, 그 동안에는 아무 희망도 없이 고통스럽게 살아가겠지요.

방법은 이렇습니다. 죄수를 앉혀 놓고 사탕 네 개를 보여줍니다. 그중 하나엔 독이 들어 있습니다. 그러고는 그 네 개 중 하나를 먹으면 감옥에 가지 않아도 된다고 말하는 겁니다!"

마이크로프트는 아까 우리에게 보여줬던 표를 화이트 경에게 내밀었다.

"사탕 하나를 먹이고 확률을 어림 계산하면, 당신이 죄수에게 제시한 사탕 개수가 남은 수명을 예상 복역기간으로 나눈 연수와 일치하는군요. 이 표의 공식이 바로 그것 아닙니까."

화이트 경은 체념한 듯 털썩 주저앉았다.

"녀석들이 말했나 보군요. 그리고 당신이 절 범인으로 지목한 거고요. 변장을 한다고 했는데, 위험한 일이라는 걸 모르진 않았지만, 독이 든 사탕을 먹지 않은 범인은 약속대로 풀어주었습니다."

"녀석들?"

내가 말했다. 셜록 홈스는 빙그레 미소를 지었다.

"그래. 발견된 시체는 재수 없는 죄인들이었네. 하지만 운 좋게 독 없는 사탕을 먹고 살아남은 범인도 많을 걸세. 하지만 그 이상한 재판을 경찰에 고발할 수는 없었겠지. 그러면 감옥에 가야 할 테고 그 얘길 믿어줄 사람은 없을 테니 말이야. 무사히 도망친 사람이 줄잡아 몇십 명은 되겠지."

화이트 경은 고개를 끄덕였다.

"정확히 23명입니다. 더 될지도 모르겠지만, 중죄를 저질러 예상 복역기간이 긴 사람들, 다시 말해 죽을 확률이 높은 사람들만 기억나는군요. 그런데 그중에 주책없는 수다쟁이가 있었나 봅니다."

"아닙니다, 화이트 경. 누가 말한 게 아니라, 마이크로프트 형 혼자 추리한 것입니다. 그런데 당신이 자백을 한 거지요."

화이트 경은 신음소리를 냈다.

"체포되기 전에 한 말씀 더 드려도 되겠습니까?"

나는 화를 버럭 냈다.

"사람에게 억지로 청산가리를 먹이고는 이제 와 우리에게 자비를 베풀어 달라고요?"

화이트 경은 나를 바라보더니 고개를 저었다.

"아니오. 억지로 청산가리를 먹은 사람은 없었소. 검찰총장으로 임명되고 나서 처음 맡은 게 바로 애니 풋슨 사건이었습니다." 그는 허탈한 듯 웃었다. "매매춘으로 체포되면 엄청난 세월을 복역해야 합니다. 그 얼마나 위선인지. 변호사와 판사 중에 몇 명이나 그녀의 지붕 밑에서 희희낙락했을까 싶더군요. 게다가 감옥은 남자보다 여자에게 훨씬 열악한 곳입니다.

저는 변장을 하고 그녀를 찾아가 내가 사건을 기각할 수 있는 위치에 있지만, 양심상 무조건 풀어줄 수는 없다고 말했습니다. 그리고 선택을 하라

했습니다. 사탕 열 개 중 하나를 골라 내 앞에서 먹으라고 했습니다. 그중 하나는 독이 든 것이었지요. 사탕을 먹고도 죽지 않으면 사건은 기각되지만, 사탕을 먹지 않겠다면 여느 죄인과 똑같은 절차를 밟을 거라고 했습니다. 그녀는 주저 없이 사탕을 먹었고, 살아남았습니다.

다른 사건들도 마찬가지였습니다. 항상 범죄자에게 선택권을 주었습니다. 하나같이 도박을 하겠다고 하더군요. 대안적 재판 방법이 좋다는 걸 단적으로 보여주는 증거가 아닐까요?

정말로 처음 사람이 눈앞에서 죽었을 땐 충격이 컸습니다. 하지만 그때부터 결심은 더욱 굳어졌습니다. 제가 일종의 개혁운동을, 도덕적 개혁운동을 하는 거라 생각했지요. 전 세계가 그 방법을 채택한다면 엄청난 이익이 돌아올 겁니다. 머지 않아 강도나 절도 같은 재산 범죄는 완전히 사라질 겁니다."

나는 얼굴을 찌푸렸다.

"전 그렇게 생각하지 않습니다."

"강도는 자기가 체포됐을 때 몇 년형을 받을지 예측할 수 있습니다. 훔친 액수가 클수록 죽을 확률은 그만큼 높아집니다. 훔친 돈 1파운드당 사탕 개수가 늘어나니까요. 하지만 예상 수감기간을 남은 수명으로 나누었을 때 나머지는 반올림까지 해주니, 유리한 게임 아닙니까! 그렇게 하면 강도들은 나라에서 운영하는 카지노를 찾아가 자기 목숨을 걸고 도박을 할 겁니다. 자발적으로 말이지요.

거지와 빈곤 문제도 그렇게 해결할 수 있을 겁니다. 가난한 사람들에게 최저생활비를 주어야 한다고들 합니다. 하지만 그건 게으름을 부추기는 일이 아닐까요? 차라리 가난한 사람이 돈이 없다고 불평하면 국립 카지노로 보내 원하는 금액으로 도박을 하게 하는 게 낫지요! 카지노가 유리한 확률을 제시하는데 누가 구걸이나 강도짓을 하겠습니까?"

화이트 경은 얘기에 열중해 침까지 튀기면서 팔을 내둘렀다.

"웰스와 몇몇 사람들이 생각한 훌륭한 신세계가 보입니다. 그 세상에는 감옥도 없고 빈민굴도 없습니다. 그 대신 시민들이 마을 광장의 작은 유리 부스 앞에 길게 줄 서 있습니다. 범죄자, 가난한 자, 너무 게을러 일하기보다는 도박하기를 좋아하는 사람들. 모두가 사회의 짐입니다.

한 명씩 부스 안에 들어가 손잡이 두 개를 손에 쥡니다. 사례별로 적당한 확률이 설정된 룰렛 휠이 돕니다. 약한 전류가 흘러 피고가 핸들을 꽉 잡았는지 확인합니다. 녹색불이 켜지면 피고는 석방됩니다. 하지만 가끔은 빨간불이 켜집니다. 발전소에서 보낸 엄청난 전류가 불쌍한 범죄자를 고통 없이 순식간에 한줌 재로 만듭니다. 그 얼마나 깨끗한 세상입니까! 갈수록 더욱 좋아질 겁니다. 세대를 거듭할수록 쓰레기 같은 인간들이 서서히 제거되면, 틀림없이 우생학적 개선이 이루어질 테니까요."

마이크로프트는 고개를 저으며 나지막이 말했다.

"당신이 볼 때만 좋은 겁니다. 그렇다 해도 당신의 죄가 사면될 수는 없습니다. 지금까지 그래왔던 것처럼 사람이 법을 대신해 집행하는 건 법과 인간의 정의에 대해 죄를 저지르는 것이니까요."

화이트 경은 미소를 지었다.

"저런, 잊지 마십시오. 전 변호사입니다. 내게 어떤 죄목을 붙일 수 있을까요. 살인죄는 아니지요, 모두들 자발적으로 선택했으니까요. 공갈 갈취도 아닙니다. 그들이 죽어서 제게 어떤 이익이 생겼습니까? 자살을 도운 죄? 글쎄요, 모두들 생존 확률이 높은 도박을 했는데, 그것도 죄가 될까요?"

"법을 악용한 죄!"

마이크로프트가 내뱉은 이 짧은 말에 화이트 경은 한숨을 내쉬었다.

"그렇군요. 그런 죄가 있었군요."

"전직 판사께서 감옥에서 잘 지내실 수 있을지 모르겠습니다."

화이트 경은 손수건을 꺼내 입가를 닦으며 들릴 듯 말 듯 말했다.

"전 감옥에 가지 않을 겁니다. 위대한 운동에는 늘 순교자가 있게 마련이지요."

그때 셜록 홈스가 벌떡 일어섰지만, 화이트는 고개를 저었다.

"너무 늦었습니다! 언젠가는 이런 때가 올 줄 알았습니다. 그래서 늘 주머니에 사탕을 갖고 다녔지요. 이것만은 기억해 주십시오. 죽은 사람 모두 자발적으로 사탕을 먹었다는 것을. 범죄자들도 제가 만든 방법이 좋다고 생각했음을……."

그러고 나서 그는 기침을 시작하더니 곧이어 숨을 쉬지 못했다. 잠시 후 조용히 숨을 거두었다.

우리는 시체가 누워 있는 접견실을 정리했다. 총경이 간략하게 상황을 전해들었다. 나는 집에 가도 될 것 같아 몸을 일으켰다. 하지만 마이크로프트가 다시 앉으라고 손짓했다.

"앉으시오, 박사. 아직 끝나지 않았소. 내가 최근 전해들은 의문의 죽음이 모두 화이트 경 소행은 아니더군요. 다른 사람도 관계 있었소. 오늘 오후에 만난 목사님과 변호사 외에도 유리한 위치에서 완벽하게 살인할 수 있는 사람이 누군지 알고 있소?" 그는 나를 가리켰다. "최근 박사의 환자들 이름이 부음란에 유난히 많이 보이더군요. 어제 박사의 체포영장을 발부하려 했소."

나는 간담이 서늘해지는 것을 느꼈다. 셜록 홈스는 가끔 실없는 농담을 했지만, 그의 형은 농담을 할 위인이 아니었던 것이다. 게다가 그 싸늘한 얼굴은 그 말이 진담임을 가리키고 있었다.

"그 뒤 내가 또 다른 가능성을 간과해 왔음을 깨달았소. 파커, 다음 손님을 들여보내게."

제복 차림의 안내원이 황급히 밖으로 나갔다. 잠시 후 그가 데리고 온 사람은 다름 아닌 펜버리였다. 착오가 있었던 게 틀림없었다. 펜버리는 간혹 짓궂은 장난을 치기는 해도 양심적인 의사였던 것이다. 경주마 내기 문제로 홈스 형제가 나 대신 그에게 겁주려는 것일까? 하지만 이건 너무 지나치다. 내가 항의하려고 벌떡 일어났을 때, 마이크로프트가 내 말을 가로막았다.

"펜버리 박사, 이 알약에는 당신의 병원 도장이 찍혀 있습니다. 박사가 직접 제조했다는 증거지요." 그는 내가 익히 알고 있는 파란색 작은 알약병을 열었다. "이 병이 최근 런던에서 베어드 씨 병으로 사망한 모든 환자들 침대 밑에서 발견되었습니다. 경찰 실험실로 보내 분석했더니, 까마종이 추출물이 아니라 분유와 물밖에 없다고 하더군요. 어찌된 일인지 설명해 주시겠습니까?"

죄를 부인하기는커녕 그냥 고개를 끄덕이는 펜버리를 보고 나는 경악할 수밖에 없었다. 그는 양해도 구하지 않고 의자에 털썩 앉아 고개를 뻣뻣이 들었다.

"옛날에 이런 농담이 있었지요. 의사들은 모두 자기가 처방한 약의 반이 환자에게 도움이 되기는커녕 오히려 해가 될지 모른다는 걸 알고 있다고. 문제는 그 반이 어느 쪽인지 모른다는 겁니다! 전 그 얘기에 진리가 들어 있다고 생각했습니다.

얼마 전 여기 있는 왓슨 박사는 까마종이 추출물로 베어드 씨 병을 치료할 수 있다고 생각했습니다. 그게 정말일까요, 아니면 단순한 희망일까요? 베어드 씨 병은 저절로 치유되는 경우도 많습니다. 진실을 알아야 하는 것 아닙니까. 까마종이 추출물은 독이 될 수도 있습니다. 무턱대고 처방해선 안 되지요. 그때 진실을 확인할 기막힌 방법이 생각났습니다. 객관적으로 확인할 수 있는 방법 말입니다.

전 환자들을 무작위로 두 집단으로 나누었습니다. 그리고 겉으로 보기에만 똑같은 두 가지 약을 만들었습니다. 그러고 나서 왓슨 몰래 한 집단에게는 진짜 약을, 다른 집단에게는 분유와 물로 만든 약을 주었습니다."

펜버리는 나를 바라보았다.

"왓슨, 이 아이디어를 떠올리게 한 건 바로 자네였네. 동전을 무수히 던졌을 때 어느 쪽이 더 많이 나올까 설명할 때였지. 난 환자 백 명에겐 진짜 약을, 또 다른 백 명에겐 위약을 주었네. 알겠지만, 위약은 유효성분이 없는 대신 아무 해가 없지. 1년이 지나면 양쪽 집단에서 몇 명이 살았는지 확인할 생각이었네. 역사상 최초로 신약의 효능을 통계학적으로 가장 확실히 보여주는 실험이지!

난 그걸 이중맹검법이라고 부르기로 했네. 의사도 환자도 누가 진짜 약을 먹는지 위약을 먹는지 알 수 없네. 그러면 심리적인 효과를 배제할 수 있지. 심리적 기대감 때문에 병이 낫기도 하고 악화되는 경우도 있으니 말이야."

난 더 이상 참을 수가 없었다.

"펜버리, 대체 무슨 짓을 한 건가. 어이가 없군. 실험은 단 몇 번만 해도 돼. 왜 쓸데없는 짓을 한 건가. 진짜 약을 먹은 환자들은 모두 살았지만 다른 사람들은 죽었어. 실험 결과가 그렇게 확실한데 왜 그런 미친 짓을 계속했단 말인가?"

펜버리는 입을 비죽거렸다.

"난 그 결과를 믿을 수가 없었네. 첫 실험이 끝난 다음 통계를 내보려 했지. 하지만 실험 기간 동안 결과가 좋을 때도 있고 나쁠 때도 있어서 제대로 계산할 수가 없었지. 정확하게 계산해 내고 싶었네. 결단력 없는 자넨 분명히 반대했겠지만 말일세."

그 말을 하면서 펜버리는 조롱의 눈빛으로 날 바라보았다. 마이크로프트는 나지막이 말했다.

"통계학자에게 물어보지 그랬소? 당신의 실험 대상은 도박 칩이 아니라 인간의 목숨이었단 말이오."

펜버리는 거만하게 자리에서 일어섰다.

"전 의사입니다. 전문가는 스스로 판단하지 다른 사람에게 판단을 미루지 않지요. 목적은 수단을 정당화해 줍니다. 백신이 없었다면 현대 의학은 어떻게 되었을까? 우리가 백신을 얻을 수 있었던 건 백 년 전 에드워드 제너가 건강한 아이에게 우두를 주사했기 때문입니다. 우두 주사로 천연두를 예방할 수 있을 것이라는 희박한 가능성을 붙들고 말입니다. 의사는 더 많은 사람을 살릴 수 있다면 의학 발전을 위해 환자를 얼마든지 실험할 수 있습니다. 장군이 전쟁터에서 병사들을 희생시키는 것과 다름없습니다. 무식한 환자들에게 제 행동을 일일이 설명해야 할 의무는 없습니다!"

펜버리는 더 이상 아무 말도 하지 않았다. 결국 마이크로프트는 구슬픈 듯 고개를 가로 저은 뒤 벨을 세 번 눌렀다. 내 옛 친구는 경찰에게 끌려갔다. 대량학살 혐의로 기소될 것이다.

시원한 외무부 건물을 나서자 늦은 오후의 열기로 숨막힐 듯 답답했다. 우리는 하이드 파크를 향해 무거운 발걸음을 옮기고 있었다.

"괴팍한 목사와 미친 변호사, 그리고 완전히 돌아버린 의사로군요. 시민들의 존경을 받는 사람들이 그런 미친 짓을 하다니. 그중에서도 제 동료가 가장 형편없군요. 목사는 아무에게도 해를 입히지 않았고 변호사는 범죄자들만 처단했는데, 펜버리는 아무 죄 없는 사람들을 마구잡이로 죽게 했으니 말입니다. 제 동료가 그런 짓을 하다니. 앞으로 다시는 그런 일이 없도록 철저히 신경 써야겠습니다."

마이크로프트가 나를 바라보았다.

"글쎄, 과연 그럴까요. 신약의 효능은 반드시 확인해 봐야 하오. 하지만 병원에서 살인을 저지른다는 건 있을 수 없는 일이지요. 박사, 솔직히 펜버리가 유죄판결을 받을지 잘 모르겠소. 다만 그가 조금만 겸손한 마음으로 수학자에게 도움을 청했으면 좋았을 거라고 생각하는 수밖에. 수학자들이 참여하지 않는다면 필요 이상의 인명이 희생될 테니 말이오. 무능한 장군이 물밀 듯 밀려오는 적에 질려 아무 전략도 없이 병사들을 쓸데없이 희생시키는 것과 뭐가 다르겠소."

나는 아주 적절한 비유라고 생각했다. 우리는 한동안 아무 말 없이 묵묵히 걷기만 했다. 공원 어귀에 이르자 셜록 홈스가 걸음을 멈추었다.

"이쪽이 지름길이긴 하지만, 잔디밭으로 가면 좀 돌아가기는 해도 풍경이 훨씬 좋습니다. 이쪽으로 가는 게 어떻겠습니까, 형?"

마이크로프트는 걱정스러운 듯 하늘을 올려다보았다. 맑고 푸른 하늘 저 멀리 검은 먹구름이 다가오고 있었다.

"비가 올 것 같구나. 지름길로 가지 그러니."

"1대 1이군요. 왓슨, 자네가 판결을 내려주게."

나는 머뭇거리며 둘을 바라보았다. 입을 벌린 순간 내 마음처럼 무거운 공기가 가슴을 파고들었다. 이렇게 우울할 땐 차라리 가벼운 말이 더 심오하게 들리는 법이다.

"비가 오려면 아직 먼 것 같습니다. 비가 올 때쯤엔 집 안에 들어가 있을 겁니다. 많이 내릴 것 같긴 해도 즐길 수 있을 때 마음껏 즐기는 게 좋지요. 공원으로 가지요."

마이크로프트는 썩 내키지 않는 표정으로 고개를 끄덕였다. 공원에 접어들자 군데군데 연설하는 사람들이 눈에 띄었다. 약간 미쳤지만 마음은 순수한 사람들이 비누 상자 위에 서서 야유하는 사람들에게 자기 생각을 연설하고 있었다. 나는 서글픈 생각이 들었다.

"난 저들이 반쯤은 미친 것 같습니다. 몽상에 빠진 사회개혁가 말입니다. 자기가 세상을 바꿀 수 있다고 생각하는 사람들은 망상에 사로잡혀 있는 것이죠."

마이크로프트가 내 말에 반박했다.

"다 그런 건 아니오. 근대 사회는 우리 조상들이 살았던 야만 사회와는 전혀 다르오. 사회가 진보하기 위해선 개혁을 외치는 몽상가가 필요한 법이오. 그중에 실제로 위인으로 기억되는 인물도 있고 말이오."

"하지만 형님도 아까 말한 대안적 재판 방법을 반대하셨지 않습니까?"

마이크로프트는 고개를 저었다.

"아니오, 박사. 박사도 인간이 우주의 법칙과 겨룰 때 적용하는 확률 법칙을 알고 있을 거요. 또 확률 법칙을 좀 더 정교하게 다듬은 게임 이론도 알 거요. 상대방을 이기기 위해서라면 얼마든지 전략을 바꿀 수 있는 이와 겨룰 때 적용하는 이론 말이오. 하지만 사회를 개혁한 다음의 결과를 예측하기 위해선 한 차원 높은 게임 이론을 알아야 하오. 다시 말해 사람들이 새로운 사회에 게임 이론을 이용하려 할 때 사회에 어떤 결과가 올지 예측해야 한다는 것이오.

대안적 재판은 천사가 도와준다면 효과가 있을지 모르겠소. 하지만 이 세상엔 유혹이 너무나 많소. 화이트 경은 자기가 만든 방법으로 범죄자를 벌할 수도 있고 빈민을 없앨 수도 있다고 했소. 하지만 그렇게 적은 비용으로 쉽게 처벌할 수 있다면, 범죄의 범위가 지나칠 만큼 확대될 거요. 나중엔 집시 같은 방랑자까지 처벌해야 한다고 할지도 모르오.

정부가 많은 사람을 처벌할 수 없는 이유는 수감비용이 너무 크기 때문이오. 역사상 둘째 가라면 서러워할 독재자도 비용 때문에 투옥시키는 인구엔 한계가 있었지요. 전체 인구의 일정 비율 이상을 감옥에 넣는다는 건 있을 수 없는 일이오. 이번 백 년 동안에도 무서운 일이 많이 벌어질 테지만, 화이트 경의 아이디어가 실현되리라고는 생각지 않소."

우리는 공원 한가운데 노점상 앞에서 발을 멈추었다가, 라임주스를 마시며 다시 걷기 시작했다. 마이크로프트의 이야기는 계속되었다.

"오래 전부터 의도는 좋았지만 현실적인 문제를 외면한 채 사회 개혁만 부르짖던 이들이 많았소. 드 콩도르세 후작이 좋은 예가 될 거요. 파스칼 등 프랑스 수학자에게서 자극받은 그는 편견을 줄이기 위해 재판정에 많은 배심원을 동원해야 한다고 주장했소. 그렇게 하면 판결이 정확해질 거라 생각했지.

후작의 주장대로 사법제도의 개혁이 이루어진 다음, 그가 억울한 누명을 쓰고 많은 배심원 앞에서 재판을 받게 되었소. 그런데 배심원들이 하나같이 그를 유죄라고 말한 거요. 결국 단두대의 이슬로 사라졌지. 아이러니컬하지 않소. 사회 개혁에 대해 잘 알지 못하는 이론가들에게 경종이 될 만한 이야기요."

"그렇다면 형님은 게임 이론 같은 과학적 방법으로는 사회를 개혁할 수 없다고 생각하시는 겁니까?"

"박사, 아니오. 정반대지. 반드시 과학적 논리를 따라야 하오. 하지만 그게 충분조건은 아니오. 목사의 아이디어를 생각해 보시오. 이기적이기만 하면 물건을 공평하게 나눌 수 있다는 생각은 맞소. 완벽한 사회에선 누구나 열심히 일하고 모두가 선해서 재산을 공평하게 나눌 거라고 생각했던 웰스 같은 사회주의 몽상가들보다는 목사가 훨씬 현실적이지요. 하지만 불행히 케이크 자르는 장치는 공평한 분배 문제를 완전히 해결해 주진 못했소.

솔직히 난 더 나은 사회를 만들려는 사람들과 같은 생각이오. 자유방임주의는 해답이 아니오. 어떤 규칙이 사람을 한가하게 만들 수 있다면, 또 어떤 규칙은 다람쥐 쳇바퀴를 돌리듯 끊임없이 일하게 만들 수도 있을 테니 말이오. 백 년 뒤엔 1주일에 단 몇 분만 일하고도 먹고 살 만큼 효율적인 기계가 나올 거요."

"결국엔 누구나 공부하고 누구나 명상하고 누구나 철학을 논할 시간이 있겠군요."

내가 곰곰이 생각에 잠겨 말했다.

"글쎄, 그렇진 않을 거요, 박사. 인간이 현명하게 올바른 규칙을 만들지 못한다면 결국엔 지금보다 더 뼈빠지게 일해야 할 거요. 남녀를 막론하고 온종일 일만 할지도 모르오. 하지만 쓸모 있는 물건을 생산하기 위해서가 아니라 다른 사람을 이기기 위해서 일을 할 거요. 거의가 쓸데없는 일일 테고, 다른 사람을 힘들게 하기 위해 복잡한 일을 더 복잡하게 만들 테지. 그렇게 끝없이 악순환이 이어질 거요.

스스로 판 함정에 빠지는 거지. 하지만 그보다 더 무서운 건, 인간에게 미칠 결과를 충분히 생각하지 않은 채, 다시 말해 게임 이론과 한 차원 높은 게임 이론을 고려하지 않은 채 사회에 대한 '과학적' 규칙을 주장한다면, 끔찍한 일이 일어날 거라는 점이오. 경제 개혁, 범죄와 처벌, 의약, 우생학 등 모든 선의의 주장이 자칫 남용될 가능성도 있다는 얘기라오. 결국 20세기가 기술 발전과 함께 몰락의 시대로 기억될지도 모르지요. 제도 개선이라는 개념이 신빙성을 잃어버려 아예 그런 생각을 말하는 것조차 금지될지도 모를 일이고 말이오."

백 년 뒤에도 나아진 게 없는 세상이 머릿속을 어지럽혔다. 어이가 없어 아무 말도 나오지 않았다. 나는 눈부신 과학 발전이 세상을 저절로 개선시켜 주리라 생각했던 것이다.

허드슨 부인은 당황한 낯으로 우리를 맞았다.

"저런, 너무 늦으셨군요. 몇 분만 빨리 오셨으면 좋았을 텐데. 그분들이 얼마나 뵙고 싶어 하셨는지 몰라요. 나이 많은 분이 몹시 안타까워하셨답니다."

"누구 말씀이십니까?"

홈스가 공손히 물어보았다.

"성함은 여쭙지 않았는데, 명함을 두고 가셨어요. 나이 드신 신사분과 젊은 분이 오셨지요. 금방 오실 줄 알고 응접실로 모셨답니다." 부인이 살짝 얼굴을 붉혔다. "복도 청소를 하다가 그분들 말씀을 조금 엿들었어요. 노신사분은 무슨 수학 얘기를 하시더군요. 게임 이론이라나 뭐라나 하는 거였어요. 자세한 건 모르지만 경제 얘기도 하시는 것 같더군요. 책을 쓰다가 새로운 수학을 발견했다면서 마이크로프트 씨의 충고를 듣고 싶어 하셨답니다.

젊은 분은 열심히 듣긴 했지만, 좀 불안해하시더군요. 안절부절못하고 계속 왔다갔다하면서 기차를 놓칠 것 같다며 걱정했답니다. 파리 회의에 참석해야 한다고 하는 것 같았어요." 부인은 나지막이 속삭였다. "사실은 그 신사가 '혁명' 회의라고 하는 말을 똑똑히 들었어요. 그러다 바로 몇 분 전에 돌아가셨답니다."

"명함을 갖고 계십니까, 허드슨 부인?"

마이크로프트가 허드슨 부인의 수다를 꾹 참고 물어보았다. 은쟁반에서 명함을 집어 든 그는 눈을 휘둥그레 떴다.

"세상에! 세상에서 제일 유명한 경제학자 칼 마르크스가 우리한테 자문을 구하러 왔었다니."

"다른 사람은 누굽니까?"

홈스의 질문에 마이크로프트는 고개를 저었다.

"아무도 아니야. 이상한 일이지. 우리 부서는 항상 혈기왕성한 젊은이들의 표적이 된단 말이야. 가명인 것 같구나. '레닌'이라고 적혀 있어. '블라디미르 일리히 레닌'."

글을 마치며

나는 일상생활과 관련된 수학, 논리학, 의사 결정론의 대표적인 내용을 쉽고 재미있게, 그리고 폭넓게 이야기하려 했다. 그밖에 더 알고 싶은 것이 있다면 앞으로 설명하는 참고서적을 보기 바란다. 최신정보에 대해서는 나의 웹사이트 http://members.aol.com/OxMathDes/ColinBruce.html을 참고하라.

먼저 역사적 정확성에 대해서 이야기해야겠다. 이 책의 내용은 물론 순수 허구지만, 간혹 역사 속의 인물이 등장하기도 한다. 책의 시대적 배경은 1900년이다. 사실 찰스 도지슨 목사(루이스 캐럴이라는 필명으로 활동했던)는 1898년에 사망했다. 《이상한 나라의 앨리스》로 유명한 그는 이 책의 배경보다 몇십 년 전에 이미 검은공과 흰공이 나오는 수학 퍼즐 문제를 만들었다. 또 칼 마르크스가 사망했던 1883년 당시, 레닌은 겨우 열세 살이었다. 그러므로 이 책에 나온 것처럼 이들이 성인이 되어 만날 수는 없는 노릇이었다. 하지만 이 정도 조작쯤은 독자들도 적당히 눈감아주리라 생각한다.

1장 재수 없는 사업가는 기업계의 유명한 세 가지 오류, 즉 마부의 오류, 우선 투자의 오류, 그리고 절대적 절약과 상대적 절약을 혼동하는 오류를 중점적으로 다루었다. 내가 특별히 이 오류에 대해 이야기한 이유는 이 세 가지 모두가 작은 집안 살림부터 대기업에 이르기까지 경영상의 결정과 관련이 있고, 완벽해 보이는 사업 원칙을 제대로 응용하지 못해 빚어지기 때문이다. 목표를 설정할 때는 흔히 '마부의 오류'를 저지른다. 다시 말해 여러 가지 가능성을 외면한 채 이미 결정된 방향만 고집하느라 쓸데없는 노력을 낭비하는 것이다. 또 모든 것을 다 잘 하고 싶다는 욕망이 '우선 투자의 오류'를 일으킨다. 즉, 어떤 투자에 실패한 다음 그 손실을 만회하기 위해 그보다 더 큰 돈과 노력을 낭비하는 것이다. 또 돈을 절약하려는 욕망은 상대적/절대적 절약의 오류를 낳는다("푼돈 아끼려다 큰 돈 잃는다."는 속담이 바로 이것이다). 즉, 얼마 안 되는 돈을 아끼려고 그에 걸맞지 않은 노력을 낭비하는 것이다. 사업 결정의 오류에 대해 좀 더 포괄적으로 이해하고 싶은 독자에겐 루소와 슈메이커가 공동 집필한 《결정의 함정》[1]을 추천하고 싶다.

여담이지만, 1장 처음에 나오는 사기 사건은 데이비드 모러가 1940년에 쓴 고전 《위대한 사기》[2]에서 아이디어를 빌어온 것이다. 실화로 추정되는 이 대규모 사기 사건은 유사한 작품을 많이 낳았는데, 그중 가장 유명한 것이 영화 〈스팅The Sting〉이다. 《위대한 사기》는 지금도 출판되고 여전히 재미있으나, 통계는 신빙성 있는 자료를 바탕으로 해야 한다는 통계학의 기본 개념을 역설적으로 보여주고 있다. 작품을 위해 은퇴한 사기꾼들을 직접 인터뷰한 모러는 재미있는 소설을 창작하는 과정에서 사기꾼들을 우러러보는 듯하다. 그렇게까지 성공한 범죄자들이 왜 그리 열악한 환경에서 살고 있는지 의아하게 여겨질 정도로 말이다. 따라서 소설의 내용을 곧이곧대로 믿으면 안 될 것이다. 그중 어떤 부분은 얼마 전 사기를 당했던 내 친구의 친구 이야기와도 비슷하다. 1장의 요지는, 그럴 듯한 제안 뒤에는 법을 조금만 어기기 때문에 별 것 아닌 것 같지만 사실은 잘못될 경우 감옥

---

[1] J. Edward Russo and Paul J.H. Schoemaker, Decision Traps: Ten Barriers to Brilliant Decision-Making and How to Overcome Them (Doubleday Books, 1989).
[2] David W. Maurer, The big Con: The Story of the Confidence Man (Anchor Books, 1940; 1999 재판)

에 들어갈 만큼 심각한 무언가가 숨어 있을 수 있다는 점이다. 그 실체는 엄청난 희생을 치른 다음에야 비로소 드러난다. 따라서 어떤 사업계획이 의심스럽다면, 성급히 뛰어들기 전에 상대가 믿을 만한 사람인지 확인해 봐야 좋을 것이다.

2장 **노름에 빠진 귀족**은 가장 흔히 저지르는 도박의 양대 오류에 대해 이야기하고 있다. 즉, 동전의 뒷면이 연속해서 나왔다면 다음엔 앞면이 나올 확률이 크다는 개념과 엄청나게 큰 돈을 잃을 가능성은 지극히 낮다는, 정확히 말하면 엄청나게 큰 돈을 잃을 가능성은 너무 낮아서 무시해도 좋다는 개념이 바로 그것이다. 일반적인 도박 요령에 대해 알고 싶다면, 존 헤이그의 《기회를 잡아라》[3]를 참고하라. 하지만 가장 좋은 충고를 한 마디로 요약할 수 있을 것이다. 도박은 절대로 하지 말라!

3장 **상속인을 찾아라**는 유명한 생일 역설Birthday Paradox 이상의 것을 다루고 있다. 이 장의 주제는 우연이 일어날 확률은 생각보다 낮으며, 진짜 인과 관계가 때로는 조작된 인과 관계처럼 보일 수 있다는 것이다. 우리가 미신에 빠지는 이유는 이 점을 간과한 탓이다.

4장 **늙은 선원의 비밀**은 저 유명한 정규분포곡선을 통해 확률 분포 개념을 소개하고 있다. 93쪽에 나오는 숫자들의 삼각형은 정확히 '파스칼의 삼각형(Pascal Triangle)'이라고 하며, 응용수학의 많은 분야에 적용되고 있다. 확률과 통계에 대한 책이라면 어디나 파스칼의 삼각형이 나오지만, 그 모든 책이 주정뱅이의 발자국과 파스칼 삼각형, 그리고 정규분포곡선 사이의 절묘한 관계를 지적해 주진 않는다. 내가 보기엔 이 연관 관계야말로 인

---

3 John Haigh, Taking Chances: Winning with Probability (Oxford University Press, 2000)

공과 자연의 산물을 막론하고, 왜 그리도 많은 개체군이 정규분포곡선을 그리고 있는지를 가장 잘 설명해 주고 있다.

4장 끝 부분에서 왓슨이 파이프 담배 대신 궐련를 피우겠다고 말할 때 저질렀던 실수는 다른 사람들도 흔히 저지르는 실수다. 똑똑한 제조업자들은 자기네 제품이 위험하다는 것이 '증명'될 때까지는 제품 사용을 막을 수 없다고 주장하면서, 높은 수준의 증거를 내놓으라고 주장하곤 한다. 이는 언어도단이다. 예를 들어, 약물 중독자에게는 유죄가 증명되기 전까지는 누구나 무죄라는 무죄 추정의 원칙이 적용되지 않는다. 약간의 비용이나 불편을 감수해 큰 위기를 모면할 수 있다면, 일상생활에서 어떤 결정을 내릴 때 그 정도의 손해쯤은 감수하는 게 옳을 것이다.

5장 **무덤을 찾아서**에는 여러 개의 퍼즐이 나오는데, 거기엔 공통점이 하나 있다. 즉, 사실은 모두 아주 간단한 문제이지만, 실제론 답을 구하는 사람이 거의 없다는 점이다. 앞에 나오는 두 퍼즐, 즉 원과 직선이 새겨진 바위와 미성년자에게 술을 주면 안 되는 문제는 기본적인 웨이슨 테스트 Wason test다. 웨이슨은 인간의 두뇌가 진화되는 과정에서 속임수를 발견하기 위해 복잡하게 발달되었다는 가설을 세웠다. 그래서 똑같은 내용을 담고 있다 해도, 추상적인 문제보다는 속임수를 찾아내는 문제를 훨씬 쉽게 푼다는 것이다. 이 책에 나온 원과 직선이 새겨진 바위 문제는 웨이슨 테스트와 똑같다. 하지만 웨이슨 테스트의 추상적인 문제는 전혀 다른 형태로 제시되고 있어, 사실은 똑같은 내용이라는 것을 눈치채는 사람이 거의 없다. 한쪽에는 글자가, 반대쪽에는 숫자가 적힌 카드가 제시된다. 그리고 피실험자는 '한쪽에 짝수가 적힌 카드는 반드시 반대쪽에 모음이 적혀 있다'와 같은 전제가 사실인지 확인하기 위해 카드를 뒤집어봐야 한다. 내가 보기엔 이러한 차이 때문에 문제가 어려워보이는 것 같다. 그래서 나는 '추상적인' 문제와 '속임수를 찾아내는' 문제가 똑같음을 독자들이 쉽게 눈치채지는 못하되 사실은 같은 문제를 만들려고 노력했다. 추상적인 문제가 정말 그렇게 어려울까? 여러분은 어떻게 생각하는가? 전통적인 웨이슨 테스트에 대해 자세히 알고 싶다면, 스티븐 핀커의 《정신은 어떻게 작용하는가?》[4]와 맷 리들리의 《덕의 기원》[5], 혹은 브라이언 버터워스의 《중요한 것》[6]을 참고하라.

132쪽에 나오는 다차원 나무의 정식 명칭은 '확률 나무probability tree'다. 나는 이 확률 나무를 통해 우리가 또 다른 차원의 현실 속에 살고 있을지 모른다는 양자역학의 개념을 소개하고자 했다. 이 또 다른 차원의 현실 속에서는 일어날 수 있음직한 모든 사건이 일어나고, 그 모두가 '실재'이다. 그래서 양자역학은 여러 가지 가능성을 정확히 평가하기 위해서는 그 모든 전개 과정을 살펴보고, 있음직한 모든 나뭇가지를 고려해 보아야 한다고 강조한다. 다른 차원의 현실에서 일어나는 사건이 '진짜 현실'에서는 실제로 일어나지 않는다 해도 말이다. 이 책에 나온 것과 비슷한 현대 물리학의 퍼즐 문제는 나의 책 《셜록 홈스의 과학 미스터리(원제: The Einstein Paradox)》[7]을 참고하라.

6장 **화성 침공**은 종교서적에 숨겨진 암호나 예언을 찾아내려 했던 오래된 관습을 풍자하고 있다. 이 장의 요지는 물론, 방대한 경전에 적용할 수 있는 순열의 개수가 무한하기 때문에, 원하는 메시지가 있다면 거의 모두 찾을 수 있다는 것이다. 특히 컴퓨터를 이용한다면 더욱 쉽게 찾을 수 있을

---

4   Steven Pinker, How the Mind Works (W.W. Norton and Co., 1999).
5   Matt Ridley, The Origins of Virtue: Human Instincts and the Evolution of Co-operation (Viking Books, 1997).
6   Brian Butterworth, What Counts: How Every Brain Is Hardwired for Math (Free Press, 1999).
7   Colin Bruce, The Einstein Paradox, And Other Science Mysteries Solved by Sherlock Holmes (Perseus Books, 1998).

것이다. 또 헤브루어로 된 성서에서는 원하는 이름을 찾기가 훨씬 쉽다. 성서에 나오는 이름을 번역할 때에는 특별한 번역 방법이 따로 없다. 예를 들어, 통계학의 토대를 형성한 러시아 수학자의 이름을 찾아보자. 그의 이름을 색인에서 찾아내기란 하늘의 별 따기다. 체비쉐프, 쉐비체브, 쩨비세프 등 어떻게 번역해도 무방하기 때문이다. 더구나 고대 헤브루어는 보통 자음으로만 되어 있고, 모음은 읽는 사람이 나름대로 삽입해 읽어야 한다. 영어판 성서에서 '셜록 홈스Sherlock Holmes'라는 철자를 완벽하게 찾기란 힘든 일이지만, 모음을 제외하고 자음만 순서대로 찾기는 그리 어려운 일이 아니다.

농작물이 원형으로 누운 현상이 제초제 때문이라는 설명은 순전히 내가 생각한 것이다. 한 친구가 정원에 기르는 난초에 아무리 약을 뿌려도 벌레를 없애기가 힘들다고 얘기했을 때 떠오른 아이디어였다. 그의 옆집에선 친구와 똑같은 난초를 길러 팔고 있었는데, 유독 그 집 난초에만 벌레가 없어 이상히 여겼다 한다. 그런데 옆집에 놀러가보니 연약한 식물이나 농작물에는 사용이 금지된 강한 제초제 통이 있더라고 했다. 내 아이디어는 단순한 추측에 지나지 않지만, 플라스마 소용돌이나 소규모 태풍 때문이라는 순진한 물리학자들의 가설보다는 훨씬 그럴 듯할 것이다. 그런 현상이 실제로 발생했다면, 이렇게 인구가 많은 영국에서 아무도 눈치채지 못했다는 게 오히려 이상한 일이다. 과학자들은 보통 사람들만큼 속기 쉽고, 거짓말에는 여러 가지 동기가 있다는 사실을 곧잘 잊어버린다. 사실 전문 사기꾼 ― 제임스 랜디 같은 사람들이나 브리티시 매직서클 같은 집단 ― 이 과학자들보다 가짜 '현상'을 훨씬 그럴 듯하게 조작하지 않는가.

비행기 엔진 고장과 관련한 어마어마한 숫자는 물론 허구다. 초기 내연 엔진은 그럴 수도 있었지만, 제트 엔진을 장착한 현대의 비행기 대당 고장률은 100분의 1이 아니라 10만분의 1에 가깝다. 하지만 안전성을 지나치게 과장하고 있다는 요지는 사실이다. 엔진을 네 개 장착한 비행기의 엔진이 모두 서로 다르고 무관한 이유 때문에 고장날 확률은 극히 낮지만, 실제로 비행기의 엔진 네 개가 한꺼번에 고장난 사례를 나는 최소 두 건은 알고 있다. 하나는 화산재 구름을 통과해 엔진이 모두 타버린 보잉 747 사건이고, 또 하나는 운행기간이 오래 된 비행기가 승객을 태우지 않은 채 시험 비행을 하다 추락한 사건이다. 조종사는 엔진 네 개의 오일 방수 밸브를 모두 제대로 잠그지 않은 채 출발했고, 그 결과 엔진 네 개가 거의 동시에 모두 고장났던 것이다. 다행히 두 비행기 모두 인명 피해 없이 비상착륙에 성공했다. 여러 개의 엔진이 한꺼번에 고장나는 일이 극히 드문 일이긴 하지만, 확률로만 따졌을 때 아주 불가능한 일은 아니다. 마찬가지로 원자력발전소가 일반적인 기준으로 보면 안전하다 할지라도, 여러 개의 안전장치가 똑같은 결함을 갖고 있고 제대로 테스트하지 않은 탓에 그 결함을 간과하지 못했다면, 혹은 누군가 안전 시험을 하기 위해 안전장치 하나만 남겨놓고 다른 안전장치를 모두 꺼버렸을 경우, 방사능이 유출될 가능성은 엄연히 존재한다. 바로 그렇게 해서 체르노빌과 같은 사고가 일어나는 것이다.

7장 **야누스의 두 얼굴**은 눈에 보이는 서열 관계가 곧 절대적인 위계 질서라고 가정하는 오류에 대해 이야기한다. 정수의 세계에서는 x가 y보다 크고 y가 z보다 크다면, x는 z보다 크다. 하지만 고등수학에서는 x가 y보다 크고 y가 z보다 클지라도, z가 x보다 클 수 있다. 일부 심리학자들은 절대적 위계 질서라는 오래 된 가설이 부족의 서열 개념에서 비롯됐다고 주장한다. 즉, A가 B를 이기고 B가 나를 이기면, 나는 A와 싸우지 않는 게 낫다고 가정하는 것이다. 내가 아는 한, 이렇게 주장할 만한 뚜렷한 증거는 없다. 그저 키와 몸무게 등 일차적 성질을 비교했을 때 그 말이 맞는 경우가 많았기 때문에 위계 질서가 존재한다고 막연히 생각하는 것 같다.

8장 **앤드루스의 처형**에서는 베이즈의 논리학을 소개하고 있다. 직관은 때로 엉뚱하게 확률을 계산하게 한다. 극단적인 경우가 바로 범인을 심문하는 경찰이 다음과 같이 말하는 경우일 것이다. "당신은 범행을 부인하고 있습니다. 범죄자 중 99퍼센트가 범행을 부인합니다. 따라서 당신이 범인일 확률은 99퍼센트입니다."

이 책에 나온 사례는 현실적으로 대단히 중요한 것들이다. 95퍼센트 이상의 의사들이 왓슨 같은 실수를 저지르고 있다는 연구 결과가 수차례 보고되었다. 즉, 환자가 테스트 결과 양성반응을 보이면, 그가 희귀한 병에 걸렸을 확률을 지나치게 과장하는 것이다. 재판정의 배심원들이 잘못 판단하는 경우도 많을 것이다. 영국 변호사들은 최근 혼동을 일으킬 소지가 있다는 이유로 배심원들에게 베이즈의 통계학을 설명하지 못하게 금지했다. 어이없는 일이다. 그런데 이 책을 쓰고 있을 때, 영국에서는 확률이 독립적이라는 가정이 얼마나 잘못됐으며 베이즈의 증명이 얼마나 중요한지를 단적으로 보여주는 항소심 재판이 진행 중이었다. 한 가정에서 두 아이가 요람사할 확률이 '7천3백만분의 1'이라는 점을 근거로 하여, 한 여자가 자녀 둘을 살인한 혐의로 유죄판결을 받은 것이다. 모르긴 몰라도 이 수치는 특별한 위험요인(기나 심한 담배연기 등)이 없는 가정의 아이 하나가 요람사할 확률인 1/8,500에 다시 1/8,500으로 곱해서 나온 수치일 것이다. 첫째, 요람사를 유발하는 유전학적 혹은 환경적 요인이 무엇이든 간에, 한 가정의 두 아이는 어떤 공통적 원인을 공유하고 있다. 둘째, 이 엄청난 수치가 맞다손 쳐도, 베이즈의 증명은 그 수치와 피고가 유죄일 확률이 똑같지 않음을 말해준다.

윌리엄 베이즈 목사는 18세기 사람이지만, 확률과 결정론에 대한 그의 직관은 너무나 심오해서, 지금도 그의 철학에 대한 회의가 '베이지아니즘'이라는 이름으로 개최되고 있다. 그는 우리에게 베이즈의 정리와 베이즈의 결정 규칙, 베이즈의 결정 나무, 그리고 베이즈의 확률 나무라는 것을 선사했다. 베이즈가 제기한 몇 개의 난제는 아직까지 해결되지 않아 수학자들 사이에 뜨거운 논쟁거리가 되고 있다. 하지만 J.J. 마틴의 《베이즈의 결정 문제와 마코프 연쇄》[8]라는 좋은 입문서 외에는, 베이즈라는 위대한 사람과 그의 철학을 이해할 수 있는 쉬운 대중서가 없다는 게 의아할 따름이다.

9장 **장교의 살인**에선 교묘한 게임 이론을 소개하고 있다. 사실 게임 이론은 20세기 중반이 되어서야 컴퓨터 과학에 지대한 공헌을 한 폰 노이만von Neumann 같은 수학자들에 의해 제대로 연구되었다. 공교롭게도 폰 노이만이 처음 예로 든 상황이 다름 아닌 《최후의 문제》에 나오는 셜록 홈스가 겪은 캔터베리와 도버의 딜레마였다! (폰 노이만과 모르겐슈테른의 원전을 찾아볼 열성 독자를 위해 한마디 덧붙이자면, 이 책에는 약간 다른 결과가 나왔는데 그 이유는 누가 잘못했기 때문이 아니라 편하게 계산하기 위해 내가 숫자를 약간 바꾸었기 때문이다.)

게임 이론가들은 왜 사람들이 죄수의 딜레마와 같은 상황에서조차 협력하고 정직하게 행동하는지 이해할 수 없었다. 그 문제는 현실이 한 차례로 끝나는 '게임'이 아니라 무한히 반복되는 상황으로 이루어져 있다는 것을 자각하면서 해결되었다. 이기적인 술수를 쓰는 사람들은 단기적으로는 이익이 있으나 장기적으로는 잃는 것이 더 많았던 것이다. 다행히 게임 이론의 초기 발견들은 그리 큰 호응을 얻지 못했다. 냉전기 동안 케네디와 후손들이 핵 보복은 대칭적으로 이루어져야 한다는, 즉 상대가 우리측 도시를 핵 공격할 경우, 우리도 상대측 도시를 공격해야 한다는 수학적 전략가들의 제안을 막무가내로 거부했다는 소문이 있었다. 대신 케네디는 러시아에게 미국의 도시 하나를 단 한 번이라도 공격하면 러시아 전역에 대한 전면 공격이 가해질 것이라고 통보했다고 한다. 당시 여론은 예측 불가능하고

---

8 J.J. Martin, Bayesian Decision Problems and Makov Chains (Krieger Publishing Co., 1975).

비대칭적인 대응이 가장 좋은 핵무기 전략이라고 말했다. 최신개정판 리처드 도킨스의 고전《이기적 유전자》[9]에는 게임 이론과 인간 및 동물의 행동의 의미에 대한 새로운 장이 추가되었다. 게임 이론에 대해 더 자세히 알고 싶다면, 모턴 데이비스가 쓴《게임 이론》[10]을 참고하라.

10장 **불쌍한 관찰자**와 11장 **완벽한 회계장부**는 같이 얘기해야겠다. 이 두 장은 주관적 인상은 그릇될 수 있으며 간접적으로 전달된 보고가 선택적일 때 정확한 세계상을 그릴 수 없다는 같은 문제를 다루고 있기 때문이다. 통계 수치를 남용하는 여러 가지 사례에 대해 알고 싶다면, 대럴 허프의 고전《통계로 거짓말하는 법》[11]을 참고하라. 이 책은 50년 전에 쓰인 책이지만 지금 읽어도 좋은 책이다. 하지만 이 책은《이기적 유전자》와 마찬가지로, 그 제목을 인용하는 사람은 많으나 실제로 읽고 그 진짜 의미를 제대로 이해한 사람은 거의 없다. 편견을 담고 있는 정보는 주의해서 살펴봐야 한다. 정치가와 상인은 숫자와 말로 진리를 왜곡할 줄 안다. 하지만 정확히 파악한 통계 자료는 선택적 자료보다 훨씬 신빙성 있는 세계상을 보여준다. 신문지상에 통계 자료가 나오는 경우는 많지 않지만, 대체로 정확히 제시된다. 하지만 애석하게도 많은 사람들이 정확한 통계 자료보다는 유별난 사건 기사를 읽고 세계상을 형성한다. 충격적인 뉴스는 신문을 팔리게 하지만, 진부한 이야기는 신문 판매율을 떨어뜨린다. 따라서 우리는 드물지만 끔찍한 위험에 대해 지나치게 과장되게 인식하고 있다.

예를 들어, 아이들은 비극적 사고를 당하는 경우가 많다. 따라서 아이가 차에 치였다는 이야기는 '뉴스'가 되지 못한다. 하지만 아동 살해사건은 대서특필된다. 똑똑하고 교육수준이 높은 부모 중에 자녀가 미치광이에게 유

---

9   Richard Dawkins, The Selfish Gene, 2nd ed. (Oxford University Press, 1989).
10 Morton Davis, Game Theory: A Nontechnical Introduction (Dover Publications, 1997).
11 Darrell Huff, How to Lie with Statistics (W.W. Norton and Co., 1954; 1993 재발행).

괴되고 살해당할 것이 두려워 학교에 걸어서 등교하는 것은 금지하지만 자전거를 타고 등교하는 것은 허락하는 이들이 많다. 아이가 교통사고를 당할 확률은 낯선 사람에게 살해당할 확률보다 엄청나게 높다(영국에서는 30배가 넘는다). 마찬가지로 유럽 간 도시를 연결하는 버스는 자가용보다 몇 배는 더 안전하다. 차량과 운전사 모두 엄격하게 관리하기 때문이다. 하지만 자가용 사고는 너무 흔한 일이라 뉴스거리가 되지 못하고, 대형 버스사고는 뉴스거리가 된다. 그 결과 버스는 최근 자가용보다 최고시속을 16킬로미터 정도 낮춰 달리도록 제한되었고, 때문에 대중적인 교통수단이 되지 못했다. 교통사고 사망률을 낮추기 위해서는 자가용보다 버스의 속도제한을 높여 전체 운전자수를 낮추는 것이 훨씬 합리적일 것이다.

얼마 전 텔레비전에서 저녁뉴스를 보다가 선택적 보고의 결과가 얼마나 엄청난 위력을 갖는가 다시금 생각했다. 거의 모든 뉴스가 대형 화제를 다루고 있었다. 산림화재, 유전사고, 전쟁 등. 물론 이성적으로는 이 사건들 사이엔 아무런 연관 관계가 없다는 것을 알면서도, 나는 본능적으로 '세상에! 지구가 온통 불바다구나!'라고 생각했다. 신문편집자들은 "어젯밤 여러분들의 거주지역에서는 단 한 건의 범죄도 보고되지 않았습니다."라거나 "우리 나라에 연쇄살인범은 없지만 과속운전자는 많습니다. 지루하시더라도 도로안전수칙을 다시 한 번 읽으십시오." 같은 기사가 신문 발행 부수에 아무 도움이 되지 못한다는 것을 알고 있다. 우리는 그저 언론이 일반적인 뉴스가 아니라 전 세계에서 발생한 극단적이고 보기 드문 사건들만 보여주고 있음을 잊지 말아야 할 것이다.

바넘 상점의 물건값처럼 엄청나게 큰 (즉, 크기의 등급이 다양한) 데이터에서 맨 처음 오는 숫자는 큰 것보다 작은 것일 확률이 높다는 법칙은 두 번 발견되었다. 한 번은 1881년에 사이먼 뉴컴이, 그리고 1938년에 벤퍼드가 발견했다. 이것은 현재 '벤퍼드 법칙Benford Law'으로 알려져 있다. 이러한 현상이 일어나는 이유는, 양量은 직선자보다는 계산자처럼 대수적 비율로 적을 때 균등하게 분포될 확률이 높기 때문이다. 달리 표현하자면, 양은 일반적인 **차이**보다는 일반적인 **비율**로 분포될 확률이 높다는 것이다. 물리학자의 눈으로 볼 때 이 법칙은 그리 대단한 발견은 아니지만, 이 현상의 정확한 원인에 대해선 지금도 수학자들이 격렬히 논쟁하고 있다. 웹사이트를 검색해 보면 이 문제에 대한 수많은 논문을 찾아볼 수 있을 것이다.

12장 **독이 든 사탕**에 나오는 경악할 만한 아이디어 중에서 이중맹검법은 현재 실제로 이용되고 있다. 얼마 전까지만 해도 이중맹검법은 윤리적인 이유로 맹렬히 비난받고 있다. 생명의 위협을 받는 수많은 환자들이 위약을 처방받고 죽은 사례가 많았던 탓이다. 하지만 다행히 어느 정도 개선이 이루어졌다. 신약을 시험할 때, 구약이지만 효과적인 처방이 있을 경우 비교집단에게 위약이 아니라 구약을 주어야 한다는 국제 지침이 마련된 것이다. 그렇게 하는 게 윤리적이기도 하거니와, 환자나 의사가 속을 가능성이 현저히 낮아진다. 게다가 시험 중인 신약에는 부작용이 있을 수 있으나 구약에는 부작용이 없기 때문에, 특정 환자가 어느 집단에 속해 있는지 판단하기 힘들고 관찰자가 편견을 가질 가능성이 줄어든다. 또 시험 초기에 신약이 구약보다 낫다(혹은 못하다)는 것이 확연히 드러날 경우에는, 정확한 통계자료를 작성하려는 단순한 목적으로 시험을 계속할 수 없게 되었다. 시험은 즉각 중단되고 모든 환자가 더 효과적인 치료를 받게 된다. 하지만 아직도 개선할 부분이 남아 있다. 수집된 정보의 가치를 정확하게 판단하기 위해 효과적인 치료를 받지 않은 환자 수를 최소한이나마 확보해야 할 경우에는 국제 지침을 따르지 않아도 되기 때문이다. 다행히 이제는 이 과정에 수학자들이 적극 동참하고 있다. 최근 임상실험에 대한 베이즈적 분석 관련 책이 출간을 준비하고 있다고 한다.

대안적 재판과 비슷한 내용은 여러 공상소설에서 수차례 소개된 바 있다. 물론 여기 제시된 대안적 재판 방법은 순전히 내 아이디어지만 말이다. 물론 내가 이 방법을 실제로 응용하자고 진지하게 주장하는 것은 아니다. 마이크로프트가 말한 걸림돌 외에도, 새로운 정보가 드러났을 때 이미 사형된 사람을 되살릴 수 없다는 심각한 문제도 있다. 또 무거운 형을 받을 낮은 확률이 가벼운 형을 받을 높은 확률보다 범죄 심리를 억제하는 효과가 높다는 증거도 많이 있다. 음주운전자들이 몇만 원의 벌금을 낼 때보다는 자기 목숨이 왔다갔다하는 위기의 순간을 겪었을 때 음주운전을 하지 않는 것과 같다. 하지만 나는 사회 문제를 해결할 새로운 해결방법도 있을 수 있다는 것을 소개하고자 한 것이다.

　이러한 문제에 대해서는, 게임 이론을 통해 좀 더 현실적으로 접근할 수 있을 것이다. 사람들은 대부분 어느 정도 이기적이어서, 다른 사람보다는 자기 자신과 자기 가족을 우선시한다. 하지만 적절한 법을 만들 수만 있다면, 이기심을 추구하는 게 사실은 더 공평한 결과를 낳을 수도 있을 것이다. 앞 장에서 마이크로프트가 범인의 자백을 받아내기 위해 고안한 죄수의 딜레마라는 게임이 바로 그러하다. 케이크를 나누는 장치도 마찬가지 개념이다. 모두가 이기적으로 자신의 이익을 추구할 때 가장 공평한 분배가 이루어지기 때문이다. 그보다 더 복잡하고도 공평한 분배 방식이 꾸준히 탄생되고 있다. 공평한 분배 방식에 대한 최신 자료는 브람스와 테일러가 쓴 《윈/윈 해법》[12]을 참고하라. 각국이 자국 상황에 비추어 '공평한' 비율이라고 여겨지는 무기만이라도 폐기한다면, 점차적으로 전 세계를 무장해제시킬 수 있다는 야심찬 계획도 그 안에 들어 있다. 그러나 브람스와 테일러의 아이디어는 해저 광물권에 대한 국가간 분배 같은 사례에서는 성

12　Steven J. Brams and Alan D. Taylor, The Win/Win Solution: Guaranteeing Fair Shares to Everybody (W.W. Norton and Co., 1999).

과를 거두었지만, 전 세계 무장해제라는 문제에서는 별다른 성과를 거두지 못했다. 하지만 게임 이론 및 관련 수학 분파들은 최근 수십 년 간 엄청난 성과를 이루었다. 21세기의 공상가들은 전쟁과 기아가 없는 새롭고 더 좋은 사회를 설계하려 했던 20세기 초반의 공상가들보다 더 많은 지식으로 무장했다. 하지만 놀라운 신세계는 아직도 이룩되지 못했다.